OCÉANOS

EL MUNDO SECRETO DE LAS PROFUNDIDADES MARINAS

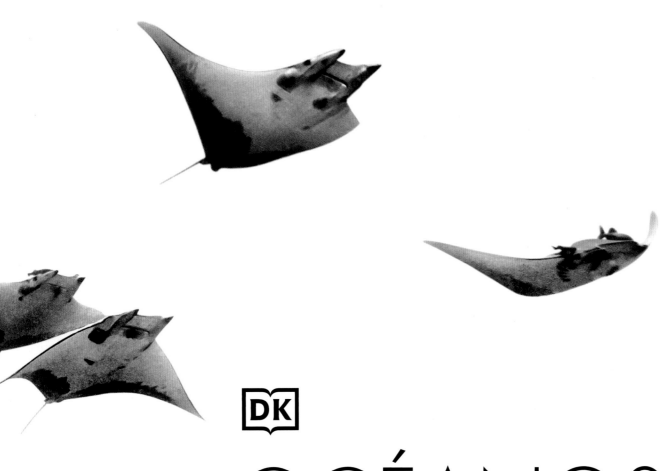

DK

OCÉANOS

EL MUNDO SECRETO DE LAS
PROFUNDIDADES MARINAS

Penguin
Random
House

DK LONDON

Edición sénior Peter Frances
Edición Polly Boyd, Jemima Dunne,
Cathy Meeus, Annie Moss,
Steve Setford y Kate Taylor
Coordinación editorial Angeles Gavira Guerrero
Producción editorial Kavita Varma
Producción Meskerem Berhane
Subdirección de publicaciones Liz Wheeler
Dirección de publicaciones Jonathan Metcalf

Edición de arte sénior Duncan Turner
Diseño Francis Wong y Simon Murrell
Fotografía Gary Ombler
Ilustración Phil Gamble
Diseño de cubiertas Akiko Kato
Coordinación de diseño de cubiertas Sophia MTT
Coordinación editorial de arte Michael Duffy
Dirección de arte Karen Self
Dirección de diseño Phil Ormerod

DE LA EDICIÓN EN ESPAÑOL

Coordinación editorial Cristina Sánchez Bustamante
Asistencia editorial y producción Malwina Zagawa

Publicado originalmente en Gran Bretaña
en 2020 por Dorling Kindersley Limited
DK, One Embassy Gardens, 8 Viaduct Gardens,
London SW11 7BW

Parte de Penguin Random House

Título original: *The Science of the Ocean*
Primera edición 2021

Copyright © 2020 Dorling Kindersley Limited

© Traducción en español 2021 Dorling Kindersley Limited

Servicios editoriales: deleatur, s.l.
Traducción: Pilar Comín

ISBN: 978-0-7440-4924-4

Impreso y encuadernado en China

Para mentes curiosas
www.dkespañol.com

Colaboradores

Jamie Ambrose es una escritora, editora y becaria Fullbright con un especial interés en la historia natural. Entre sus libros se incluyen *Vida salvaje* y *Fauna*, ambos de DK.

Amy-Jane Beer es bióloga y naturalista. Comenzó su carrera en la Universidad de Londres estudiando el desarrollo de los erizos de mar, para luego convertirse en escritora sobre temas de ciencia y naturaleza y en defensora de la vida salvaje y el mundo natural.

Derek Harvey estudió zoología en la Universidad de Liverpool y es un naturalista con un particular interés en la biología evolutiva. Entre sus libros se cuentan *Ciencia: la guía visual definitiva*, *El libro de la naturaleza* y *Fauna*, todos ellos de DK.

Frances Dipper es bióloga marina y escritora, y ha estudiado la vida marina en la costa y bajo el agua por todo el mundo durante cuarenta años. Ha escrito numerosos libros tanto para niños como para adultos. Su *Guía de los océanos* ganó en 2003 el Premio Aventis de la Royal Society al mejor libro de divulgación científica en la categoría juvenil.

Esther Ripley fue editora y actualmente escribe sobre temas culturales, especialmente sobre arte y literatura.

Dorrik Stow cuenta con una larga carrera de investigación y publicación sobre los océanos. Es profesor de geociencias en el Institute of Geo-Energy Engineering de la Heriot-Watt University (Reino Unido) y profesor distinguido de la Universidad de Geociencias de China (Wuhan, China).

Asesora

Maya Plass, ecóloga marina, escritora y presentadora de televisión, es también jefa de comunicación de la Marine Biological Association (Reino Unido) y miembro honorario de la British Naturalists' Association..

Museo de Historia Natural

El Museo de Historia Natural de Londres conserva una extraordinaria colección de más de 80 millones de especímenes que abarcan 4600 millones de años, desde la formación del sistema solar hasta el presente. Asimismo, es una importante institución de investigación científica, con innovadores proyectos en 68 países. En el museo trabajan unos 300 científicos, que estudian las valiosas colecciones para entender mejor la vida en la Tierra. El museo acoge cada año a más de cinco millones de visitantes de todas las edades y con muy diversos intereses.

Portadilla Pulpo pálido *(Octopus pallidus)*
Portada Manta mobula *(Mobula mobular)*
Arriba Cardumen de barracudas *(Sphyraena)* en el mar Rojo
Página de contenidos Medusa *Olindias formosus*

contenido

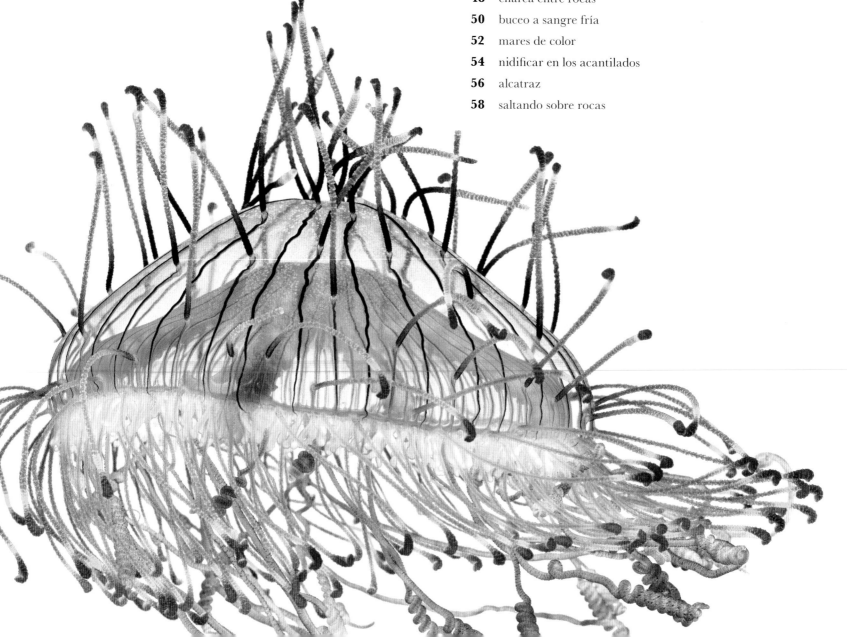

prólogo

Sentimos una fascinación esencial por las cosas que están en el límite de nuestro conocimiento. Hay un idilio, un anhelo, casi una necesidad de preguntarnos sobre lo que queda fuera de nuestro alcance, como el espacio lejano, los otros planetas o los extraterrestres; pero, como a menudo se menciona, quizá sepamos más sobre todo eso que sobre los habitantes del mar, ya que el 80 % de los océanos no se ha cartografiado ni explorado por la sencilla razón de que ese entorno está lejos del alcance humano. Somos mamíferos terrestres y respiramos aire, y, a pesar de que algunos humanos nadan bien y otros hacen buceo libre o con equipos cada vez más sofisticados, y aunque incluso hay robots que exploran los fondos marinos desconocidos, el resto de nosotros, marineros de agua dulce, nos limitamos a mirar las olas.

Debajo de esas olas hay otro mundo, un mundo del que, gracias a la ciencia y la tecnología, vamos sabiendo mucho más y cada vez más deprisa. Como muestra este fabuloso libro, es casi incomprensible que ese mundo pueda ser tan hermoso y fantástico: desde los más pequeños hasta los más grandes, desde los superficiales hasta los que viven en el abismo, desde los agresivos hasta los asustadizos, los organismos del mar forman parte del planeta, pero viven en una dimensión diferente. ¡Qué emocionante!

Este libro ofrece la oportunidad de conocer a esos vecinos «mojados» y la increíble diversidad de vida que ha evolucionado en los océanos. Por remoto que parezca, los aspectos culturales de nuestra relación con el mar revelan que siempre hemos tenido una estrecha conexión con ese carismático, peligroso y gratificante reino. Pero el curso de las corrientes ha cambiado; ahora, nosotros somos la mayor amenaza para el mar, y cada gota de sus aguas está en peligro: algunos arrecifes de coral se han blanqueado; los plásticos y microplásticos, que se acumulan en grandes extensiones, acaban en los estómagos de tortugas y ballenas, y hasta ahogan a las crías de albatros; y la acidificación del agua, la contaminación y la sobrepesca amenazan todo el ecosistema marino. Nunca ha habido un momento tan decisivo para sumergirnos en las maravillas del mundo salado y para aprender a amarlo y protegerlo. Sumérgete, nada entre cosas y seres desconocidos y, luego, defiende nuestros océanos.

CHRIS PACKHAM
NATURALISTA, PRESENTADOR DE TELEVISIÓN,
ESCRITOR Y FOTÓGRAFO

TIBURONES SEDOSOS, JAQUETONES LOBO, PUNTA NEGRA Y DE GALÁPAGOS SE ALIMENTAN DE ATÚN DE ALETA AMARILLA Y MACARELAS EN UN BANCO DE PECES

mundo marino

Casi tan antiguos como la Tierra, los océanos dominan la superficie del planeta. La vida evolucionó primero en el mar, que hoy en día alberga una gran diversidad de especies. Al transportar una enorme cantidad de energía, los océanos potencian y modifican los climas de la Tierra.

¿qué son los océanos?

La Tierra es un mundo acuático, pues el 68 % de la superficie está cubierta por la salada agua marina. Cada una de las cinco grandes cuencas oceánicas (la ártica, la atlántica, la índica, la pacífica y la antártica) es una depresión profunda de la superficie terrestre. Conectados a los océanos, y, en parte, cercados por tierra firme, hay muchos mares pequeños, como el Mediterráneo y el mar de Bering. Los océanos están todos interconectados, si bien se encuentran parcialmente separados por masas de tierra.

La segunda cuenca oceánica más grande, la atlántica, abarca alrededor del 20 % de la superficie terrestre

Los océanos desde el espacio
Las imágenes obtenidas por satélite muestran que en la superficie terrestre predomina el mar. En esta vista del hemisferio occidental del planeta se ve el océano Atlántico.

La fuerza del mar
El mar manifiesta su fuerza en las olas que se estrellan en las costas de todo el mundo. De camino hacia un arrecife poco profundo, esta ola de aspecto montañoso avanza frente a la costa sur de Nueva Gales del Sur (Australia), y se romperá cuando su base toque el fondo marino y la fricción por arrastre la frene.

LAS PROPORCIONES DE LA TIERRA

Los océanos son inmensos. Contienen la mayor parte del agua de la Tierra, con un volumen total de unos 1340 millones de kilómetros cúbicos, y alcanzan una profundidad promedio de unos 3700 metros. Por otra parte, el agua ocupa el 71 % de la superficie terrestre; de ella, en torno al 2 % es nieve o hielo, y solo el 1 % es agua dulce circulante. El océano más grande es el Pacífico, con 153 millones de kilómetros cuadrados y el 49 % del agua salada de la Tierra.

CLAVE

Agua marina (68 %)
Tierra (29 %)
Agua dulce (3 %)

Las complejas suturas **onduladas** sirven para identificar las especies

La cabeza y los tentáculos del amonites salían por aquí

Fragmentos de material **del caparazón** permanecen después de la fosilización

La vida pasada

Los amonites eran cefalópodos comunes en los océanos del Jurásico (hace 200–145 Ma) y del Cretácico (hace 145–66 Ma). Se extinguieron más o menos en la misma época que los dinosaurios. Los amonites muertos quedaron en el lecho marino, se cubrieron de sedimento y, luego, se fosilizaron. Este fósil (*Desmoceras latidorsatum*) de mediados del Cretácico procede de la costa de Madagascar.

Fósil de coral
Prueba de que la fría
Escocia fue parte de
una masa terrestre
cercana al ecuador
es este fósil de coral
de hábitats cálidos
que se encontró allí
y que procede de
hace ʃæunos 350 Ma.

historia del océano

La disposición actual de los continentes y los océanos es muy
diferente a la de la prehistoria. Los océanos de hoy y sus mares
surgieron gradualmente al dividirse las primeras masas de tierra
que se separaban. Las pruebas científicas indican que el océano
se formó a partir del vapor de agua que escapaba de la superficie
fundida de la Tierra. Hace unos 3800 Ma, el ambiente se enfrió,
y ese vapor comenzó a condensarse y a caer en forma de lluvia.

LOS OCÉANOS DEL PASADO

Los continentes se han unido y separado
varias veces. La prueba de ello es cómo
«encajan» los contornos enfrentados de
Sudamérica y África, así como diversos
descubrimientos paleontológicos. Los
continentes cambian lentamente su
posición mediante procesos volcánicos
que ocurren en el fondo marino. Hoy,
el océano Atlántico se va ensanchando,
mientras que el océano Pacífico y el mar
Rojo son cada vez más pequeños; los
cambios son de menos de 2 cm al año.

Océano
cretácico

Continente
cretácico

LAURASIA

GONDWANA

CRETÁCICO, HACE UNOS 130 MA

Los foraminíferos tienen un caparazón fino llamado testa

Termómetro oceánico
El análisis de la composición química de las conchas fósiles de los foraminíferos (microorganismos del tamaño de un grano de arena) sirve para determinar la temperatura de la superficie del mar en épocas remotas. En el mar sigue habiendo foraminíferos vivos, como *Rosalina globularis*.

Mares tormentosos
La interacción del mar, la atmósfera y la superficie terrestre conforman el clima y el tiempo. Cuando el viento causa intensas corrientes ascendentes giratorias, se forman supercélulas tormentosas sobre la tierra o el mar, como estas de la costa de Queensland (Australia). La frecuencia y la intensidad de los fenómenos meteorológicos extremos están cada vez más vinculadas al cambio climático inducido por el hombre.

los climas oceánicos

Los océanos y su clima están relacionados en una compleja red de interacciones. El mar absorbe el calor del sol y lo almacena, sobre todo en el ecuador. Desde ahí, las corrientes oceánicas superficiales, impulsadas por el viento, hacen circular el agua hacia cada una de las cuencas oceánicas. A su vez, el calor del sol y la rotación de la Tierra determinan el patrón de circulación de los vientos predominantes. La precipitación es mayor en las zonas tropicales porque en ellas los océanos son más cálidos y, por tanto, la evaporación es mayor. El mar libera calor lentamente, por lo que el clima siempre es más suave en la costa que en el interior.

OSCILACIONES TÉRMICAS

El aumento de dióxido de carbono en la atmósfera incrementa la retención de calor y hace que suba la temperatura del mar. Eso provoca alteraciones como El Niño y La Niña. El primero consiste en que se interrumpe la circulación del viento y de las corrientes en el Pacífico ecuatorial, lo que hace aumentar la temperatura de la superficie del mar por encima de la media. El índice de El Niño oceánico registra la desviación de la temperatura reciente respecto de la temperatura media de treinta años.

Los valores por encima de 0,5 indican eventos de El Niño más cálidos

Los valores por debajo de −0,5 indican eventos de La Niña más fríos

Índice de El Niño oceánico (ONI) °C

3,0 / 2,5 / 2,0 / 1,5 / 1,0 / 0,5 / 0,0 / −0,5 / −1,0 / −1,5 / −2,0 / −2,5 / −3,0

2008   2010   2012   2014   2016   2018   2020

Año

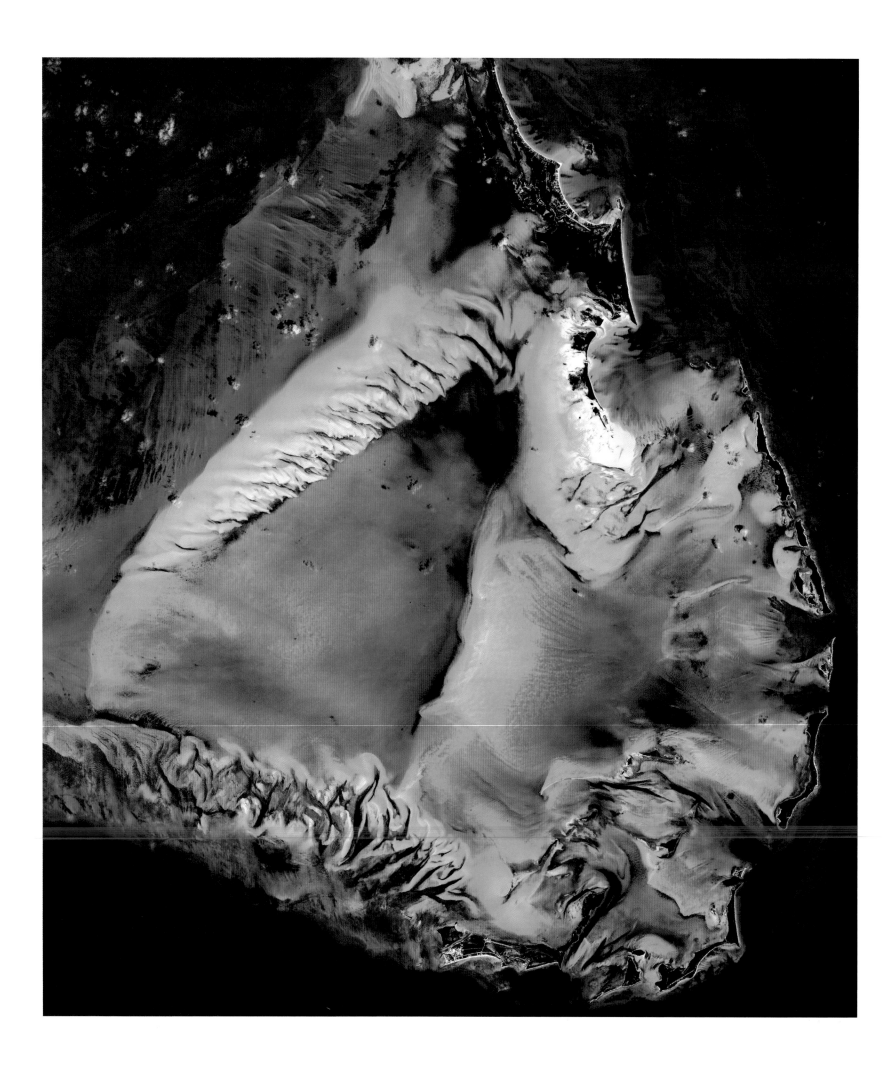

profundidades
marinas

Los organismos marinos habitan un vasto espacio tridimensional y se encuentran desde la superficie hasta una enorme profundidad. Un organismo cercano a la superficie vivirá en condiciones muy diferentes a las del océano profundo. Los científicos dividen el mar en zonas que siguen un gradiente de mayor a menor luz solar y temperatura; pero la presión aumenta con la profundidad. Las capas superficiales están bien iluminadas y son ricas en nutrientes. En las zonas profundas, la luz se atenúa y la temperatura disminuye, lo que limita la vida.

Océano profundo y arena poco profunda

En las Bahamas, las islas Berry forman un semicírculo que encierra mesetas arenosas protegidas. Esta imagen de satélite muestra los contornos en el fondo bajo el agua transparente. En la parte superior, el océano profundo bordea la tierra, mientras que Chub Cay, abajo, cae en la lengua de un cañón submarino.

Los tentáculos atrapan el plancton a la deriva y las partículas orgánicas

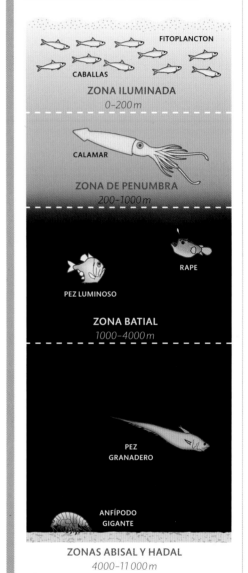

ZONAS PROFUNDAS

La vida marina está adaptada a diferentes profundidades. El fitoplancton, base de las redes tróficas marinas, vive en la zona iluminada. Por la noche, los animales de la zona de penumbra nadan hacia arriba para alimentarse de plancton, y durante el día van hacia abajo por seguridad. En la zona batial, algunos animales producen bioluminiscencia para cazar o comunicarse. Los de la zona abisal recogen materia muerta o partículas que caen desde arriba. Las profundas fosas oceánicas forman la oscura zona hadal.

FITOPLANCTON

CABALLAS

ZONA ILUMINADA
0–200 m

CALAMAR

ZONA DE PENUMBRA
200–1000 m

RAPE

PEZ LUMINOSO

ZONA BATIAL
1000–4000 m

PEZ GRANADERO

ANFÍPODO GIGANTE

ZONAS ABISAL Y HADAL
4000–11 000 m

Corales de agua fría

La mayoría de los corales viven en aguas poco profundas, pero los de aguas frías, como *Lophelia pertusa*, forman arrecifes en las zonas en penumbra y oscura. Sin los nutrientes que proporcionan las algas simbiontes de la superficie, estos corales crecen muy despacio.

costas rocosas

Las costas rocosas proporcionan una base firme y segura para muchas plantas y animales. Aunque a menudo se corre el riesgo de ser arrastrado, las charcas originadas por la marea o un acantilado de gran altura también proporcionan refugio.

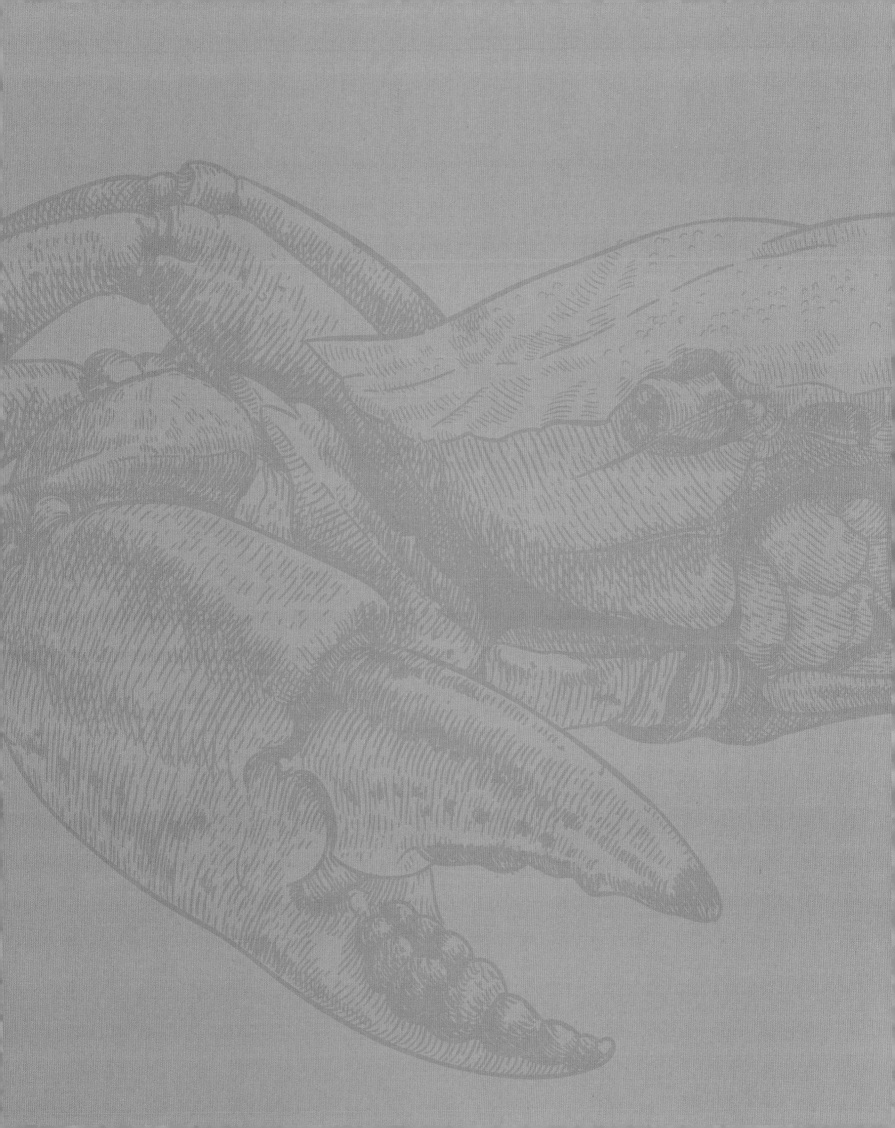

Las tiras ramificadas de *Ramalina* forman grupos dispersos en las rocas

Penachos de liquen
Algunos líquenes, como la grisácea *Ramalina siliquosa*, crecen como mechones. Esta especie suele vivir en las costas europeas más arriba que la amarilla *Xanthoria* (dcha.).

Liquen marítimo
El reluciente liquen *Xanthoria parietina* suele estar tierra adentro, pero también tolera el hábitat salobre de las costas rocosas. Su tallo plano anaranjado llega a estar, ocasionalmente, cubierto por las mareas primaverales más altas.

vivir donde
salpica el agua

Poca vida prospera en las rocas salpicadas por el oleaje, que están demasiado lejos de la marea para que sobrevivan los organismos submarinos, y son demasiado duras para que arraiguen las plantas. Pero los líquenes sí pueden crecer ahí; de hecho, tienen tanto éxito que en algunos lugares forman placas prominentes y coloridas a lo largo de la costa. La clave de su éxito es una asociación: los líquenes están formados por un hongo, que absorbe nutrientes y se adhiere a la roca, y un alga pigmentada, que fotosintetiza y produce alimento.

ASOCIACIÓN ESTRECHA
Los filamentos del hongo, o hifas, constituyen la mayor parte del liquen. Las hifas se adhieren al sustrato y, como en todos los hongos, proporcionan mucha superficie para absorber nutrientes de la materia orgánica, como restos de otros seres y excrementos de aves. Pero más del 50 % de la nutrición de los líquenes procede del dióxido de carbono atmosférico captado por el alga, que es fotosintética y comparte con el hongo la comida que produce.

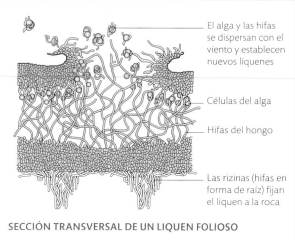

El alga y las hifas se dispersan con el viento y establecen nuevos líquenes

Células del alga

Hifas del hongo

Las rizinas (hifas en forma de raíz) fijan el liquen a la roca

SECCIÓN TRANSVERSAL DE UN LIQUEN FOLIOSO

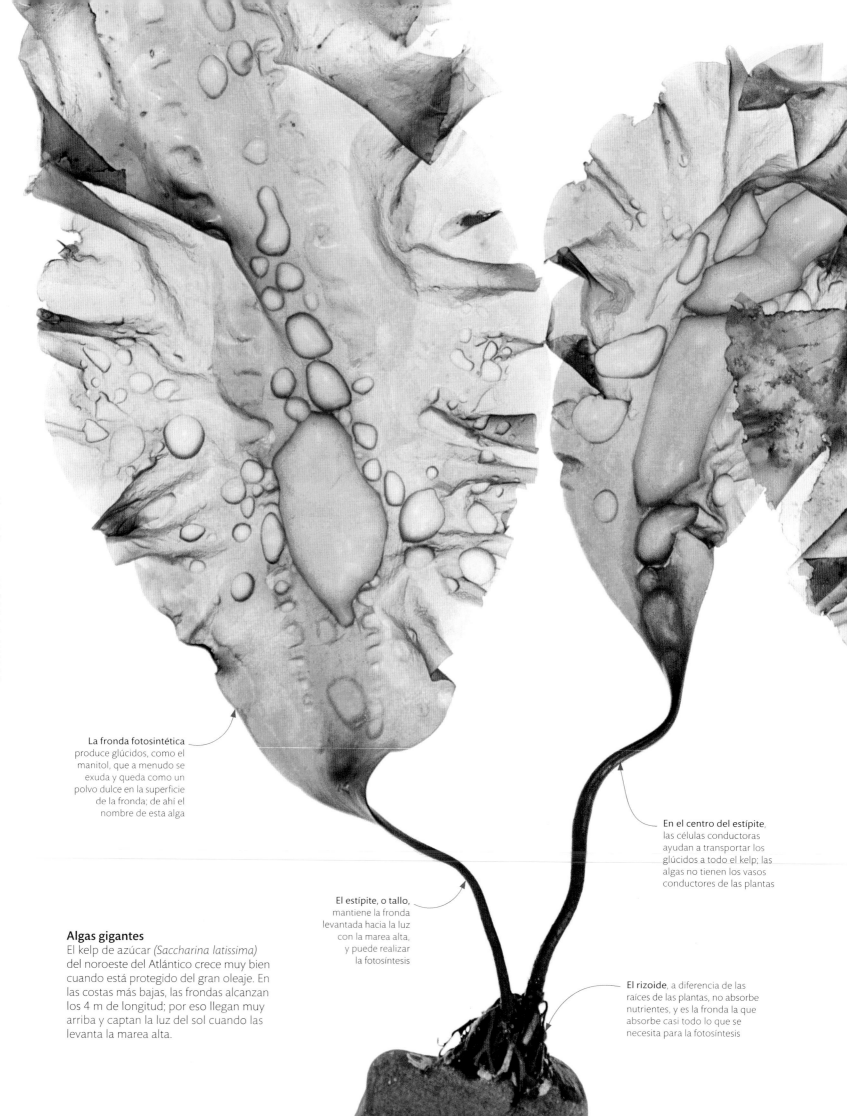

La fronda fotosintética
produce glúcidos, como el
manitol, que a menudo se
exuda y queda como un
polvo dulce en la superficie
de la fronda; de ahí el
nombre de esta alga

En el centro del estípite,
las células conductoras
ayudan a transportar los
glúcidos a todo el kelp; las
algas no tienen los vasos
conductores de las plantas

El estípite, o tallo,
mantiene la fronda
levantada hacia la luz
con la marea alta,
y puede realizar
la fotosíntesis

Algas gigantes

El kelp de azúcar *(Saccharina latissima)*
del noroeste del Atlántico crece muy bien
cuando está protegido del gran oleaje. En
las costas más bajas, las frondas alcanzan
los 4 m de longitud; por eso llegan muy
arriba y captan la luz del sol cuando las
levanta la marea alta.

El rizoide, a diferencia de las
raíces de las plantas, no absorbe
nutrientes, y es la fronda la que
absorbe casi todo lo que se
necesita para la fotosíntesis

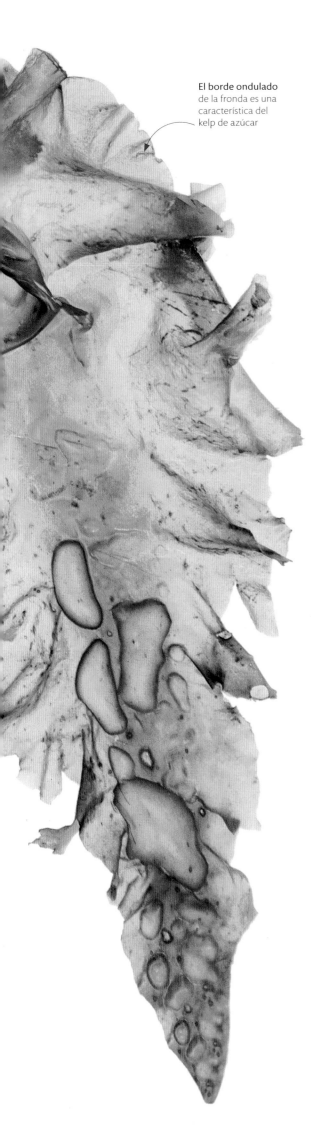

El borde ondulado de la fronda es una característica del kelp de azúcar

Comunidades del rizoide
Las ramificaciones del rizoide son el microhábitat de algunos invertebrados marinos. Entre las algas de la costa californiana del Pacífico viven quebradizas ofiuras que escarban entre las algas y los erizos violetas que comen a estas últimas.

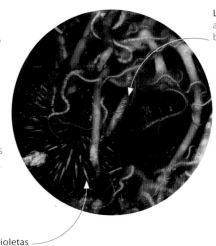

Las ofiuras se aferran al rizoide con sus brazos sinuosos

Los erizos violetas son los herbívoros dominantes entre los kelp de California

anclado en el fondo del mar

Las costas rocosas son hábitats en los que las plantas no pueden echar raíces; pero en la zona intermareal las condiciones son perfectas para las algas marinas frondosas. En vez de raíces, las algas tienen rizoides, unas estructuras que se adhieren al sustrato. Algunos rizoides son como una ventosa, pero otros crecen como un denso entramado de zarcillos que ancla el alga al fondo marino y alberga pequeños invertebrados, mientras que las largas hojas flotantes absorben la luz para la fotosíntesis.

RIZOIDE

Un alga joven se convierte en una fronda, un estípite (tallo) y un rizoide. El rizoide está formado por ramificaciones como dedos que envuelven rocas y piedras y se hacen más frondosas en aguas profundas. Secreta mucopolisacáridos, un adhesivo natural, a medida que crece, lo que le permite aguantar una fronda más grande.

Crecimiento espeso y tupido

El crecimiento es sobre todo horizontal

Aumentan las ramificaciones del rizoide

AGUAS SOMERAS   **PROFUNDIDAD MEDIA**   **AGUAS PROFUNDAS**

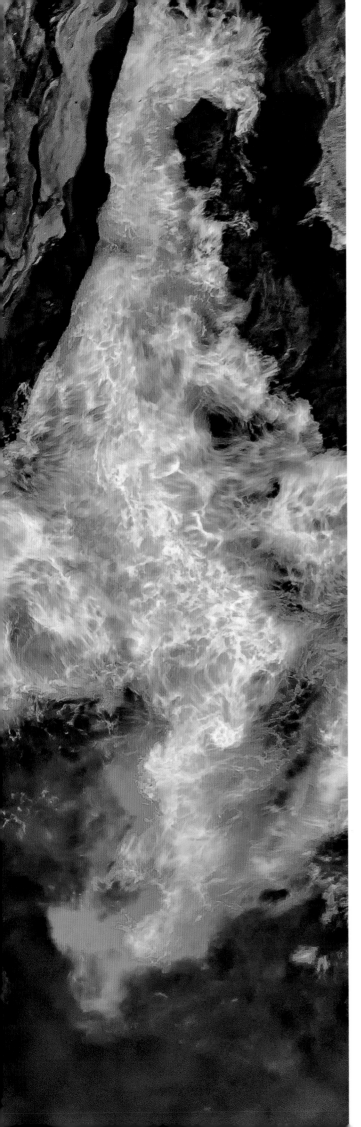

Desgastado por las olas
Durante milenios, la fuerte acción batiente de las olas rompiendo contra esta costa de la isla hawaiana de O'ahu ha desgastado de manera desigual la roca y ha dado lugar a una red de ensenadas y acantilados.

erosión costera

La costa está en constante cambio. En algunas zonas, la tierra se expande, pero en otras la costa se desgasta por la erosión, que depende de tres factores: la energía marina (olas, tormentas y mareas), la dureza de la roca y la actividad tectónica (terremotos y levantamientos). La costa puede retroceder más de cien metros por siglo allí donde los temporales baten contra una costa de arena fina y limo; en cambio, los acantilados de granito permanecen estables durante cientos de años. Los corrimientos de tierra, los desprendimientos de rocas, la acción química, el impacto de las olas y la abrasión incesante de la arena y la grava contribuyen a que se desprendan las rocas a lo largo de la costa. Las tormentas, las corrientes de marea y las corrientes de resaca se llevan los sedimentos mar adentro.

CABOS, ARCOS Y FARALLONES

En una bahía, las rocas blandas se desgastan por la acción de las olas, mientras que las más duras ofrecen más resistencia y forman cabos, que quedan expuestos a la acción intensa de las olas. Eso da lugar a hendiduras y cuevas marinas en la línea de costa. Las cuevas se agrandan a ambos lados del cabo y el mar acaba por abrirse paso y forma arcos, que luego se colapsan y dejan farallones aislados.

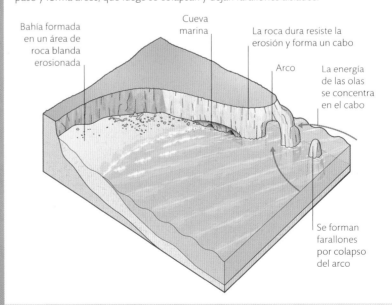

Bahía formada en un área de roca blanda erosionada

Cueva marina

La roca dura resiste la erosión y forma un cabo

Arco

La energía de las olas se concentra en el cabo

Se forman farallones por colapso del arco

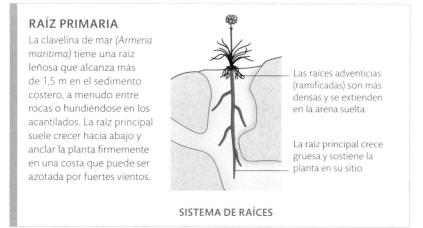

RAÍZ PRIMARIA

La clavelina de mar (*Armeria maritima*) tiene una raíz leñosa que alcanza más de 1,5 m en el sedimento costero, a menudo entre rocas o hundiéndose en los acantilados. La raíz principal suele crecer hacia abajo y anclar la planta firmemente en una costa que puede ser azotada por fuertes vientos.

Las raíces adventicias (ramificadas) son más densas y se extienden en la arena suelta

La raíz principal crece gruesa y sostiene la planta en su sitio

SISTEMA DE RAÍCES

Planta resistente
La clavelina de mar (*Armeria maritima*) prospera en costas azotadas por el viento del hemisferio norte. Al agarrarse al suelo, las hojas resisten a los elementos; además, sus tejidos tolerantes a la sal le permiten a la planta crecer en un suelo que se inunda de vez en cuando si hay mareas extremas.

crecer por encima
de la marea

En el borde del mundo marino, más allá del alcance de la pleamar, hay una comunidad de especies costeras que pertenecen a la tierra firme, pero viven expuestas a la salpicadura del mar. La sal y el viento las deshidratan: la sal que se deposita sobre las hojas extrae agua de los tejidos por ósmosis, y el viento aumenta la evaporación. Las plantas con flores que sobreviven aquí deben adaptarse para resistir esos efectos. Las hojas estrechas de algunas, como la clavelina de mar, reducen la evaporación gracias a su pequeña superficie y a su cutícula gruesa.

Una mariposa que se alimenta de néctar ayuda a la polinización cruzada de la clavelina de mar; en esta planta, incluso el polen tolera la sal

Polinizador costero
Hay pocos insectos marinos, pero algunas especies terrestres, como esta mariposa blanca del majuelo (*Aporia crataegi*), se sienten atraídas por el néctar de las flores costeras, como la clavelina de mar. Hay otros insectos que se alimentan en la playa.

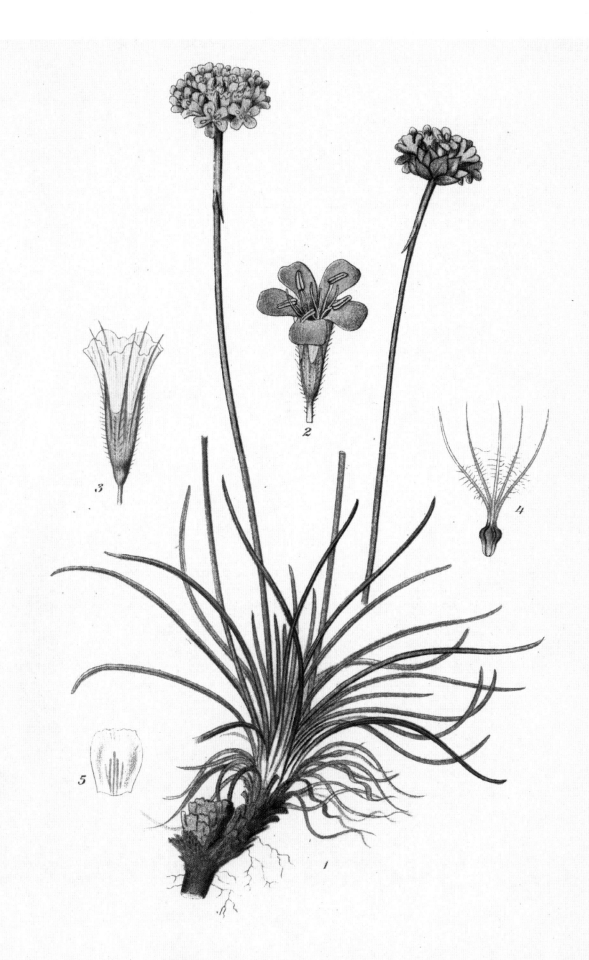

TRIFT, ARMERIA VULGARIS WILLD.

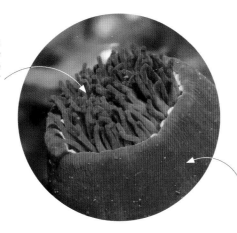

Los tentáculos retraídos reducen la superficie del animal, por lo que hay menos evaporación cuando no lo cubre el mar

Lidiar con la exposición
Al retirar los tentáculos hacia dentro del cuerpo, la anémona llamada tomate de mar no solo evita a los depredadores, sino que también retiene más agua mientras está expuesta al aire durante la marea baja.

El cuerpo contiene fibras musculares que se contraen para tirar de los tentáculos hacia dentro

sobrevivir a la marea baja

La zona intermareal es el lugar en el que el mar se encuentra con la tierra; pero los seres vivos que hacen de ella su hogar proceden del mar. La mayoría de ellos necesitan estar sumergidos para respirar, alimentarse y reproducirse. Durante la marea baja, los que caminan, como los cangrejos, van a buscar el agua o se refugian bajo las rocas. Los que viven fijados en el sustrato, como las anémonas, no tienen más remedio que esperar a que regrese el agua.

Poza de marea
Una poza, o piscina natural, producida por la marea en una costa rocosa es un refugio seguro para las anémonas llamadas tomates de mar *(Actinia equina)*. Ahí, los animales marinos se mantienen activos, incluso cuando a su alrededor todo está seco.

ADAPTACIONES INTERMAREALES

Estas anémonas, o actinias, ilustradas en *Kunstformen der Natur* (1904), de Ernst Haeckel, están adaptadas a la zona intermareal. La actinia solar (*Cereus pedunculatus*, arriba en el centro) vive medio enterrada y se retrae por completo cuando la molestan o queda expuesta. Las especies menos retráctiles dependen de tener un lugar protegido para sobrevivir: la anémona joya (*Corynactis viridis*, abajo a la izda.), dibujada aquí con los tentáculos caídos, prefiere las cuevas rocosas, mientras que la actinia plumosa (*Metridium senile*, abajo a la dcha.), con los tentáculos como plumas, cuelga de salientes rocosos en la bajamar. Estas especies son más abundantes si están sumergidas permanentemente.

ANÉMONAS DE HAECKEL

West Point, Prouts Neck (1900)
El artista estadounidense Winslow Homer (1836–1910) pintó su acuarela favorita justo después de la puesta del sol, en la que capturó una columna de espuma marina saltando por encima de las rocas. El artista realizó varios días de intensa observación de la luz y las mareas en la bahía de Saco, muy cerca de su estudio, en Maine. Los rojos y rosas vivos que empapan el cielo y el mar, así como la atrevida composición, muestran cierta inclinación hacia el expresionismo.

El bote salvavidas (1881)
En la década de 1880, el arte de Winslow Homer se centró en la lucha de las comunidades pesqueras contra el mar. Este evocador estudio a lápiz y aguada, que sirvió de base para una acuarela más grande, muestra hombres con impermeables que se dirigen hacia un barco en peligro.

el mar en el arte

de costa a costa

En la segunda mitad del siglo XIX, Estados Unidos era un país joven y buscaba una definición artística que reflejara la gloria de la nueva nación. Los artistas le ofrecían al público del este las montañas, las llanuras y los paisajes marinos del oeste. El espíritu patriótico reflejado en su trabajo lo reforzaron canciones como «America the Beautiful», homenaje a una tierra que se extendía «de mar a mar resplandeciente».

Los artistas impresionistas europeos ya rechazaban las formas clásicas, pero en Estados Unidos muchos aún las preferían. Los paisajes del estadounidense nacido en Inglaterra Thomas Cole, fundador de la escuela del río Hudson (movimiento artístico que floreció a mediados del siglo XIX), se basaron en el romanticismo y en los estilos realista y naturalista. Los picos y llanuras del pintor germano-estadounidense Albert Bierstadt, esbozados durante una expedición por el Oeste, eran construcciones románticas que les vendían a los nuevos colonos la idealización de la frontera estadounidense; también viajó a la Costa Oeste, donde pintó escarpados acantilados y olas rompientes. En Nueva Inglaterra, Fitz Henry Lane pintó las costas de Maine y Massachusetts en el estilo del luminismo, pintura de paisaje realista caracterizada por pinceladas precisas y una luz etérea.

Se podría decir que Winslow Homer fue el artista de marinas más destacado de Estados Unidos en el siglo XIX, conocido sobre todo por pinturas al óleo y acuarelas. Sus primeras obras representaban escenas de la vida contemporánea estadounidense, pero su arte adquirió profundidad después de pasar 18 meses en la costa británica del condado de Tyne y Wear, donde pintó la vida cotidiana de los pescadores y las mujeres. Más tarde se retiró a una cabaña remota y un estudio en la península Prouts Neck, al norte de la bahía de Saco, en el sur de Maine, donde produjo marinas magníficas, que captaban la energía y la belleza pura del océano. Aunque viajó y pintó los mares iridiscentes de las Bermudas y de Florida, siempre regresaba a Prouts Neck, donde el mar continuó siendo su fuente de inspiración hasta que murió, en 1910.

> " Cuando pintes, trata de anotar exactamente lo que ves. Todo lo demás que tengas para ofrecer saldrá de todos modos. "

WINSLOW HOMER, A SU AMIGO ARTISTA WALLACE GILCHRIST (*c.* 1900)

RÁDULA DE MOLUSCO

La «lengua» del caracol, llamada odontóforo, entra y sale de la boca, y hace así que la rádula frote el sustrato. La rádula está cubierta con unos dientecitos de quitina dura (el mismo material que el caparazón de los invertebrados). A medida que se desgastan los dientes, la rádula se regenera creciendo desde un saco que está en la base del odontóforo.

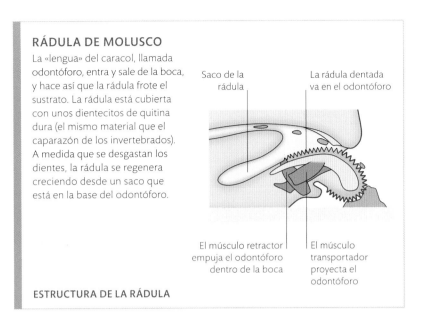

Saco de la rádula

La rádula dentada va en el odontóforo

El músculo retractor empuja el odontóforo dentro de la boca

El músculo transportador proyecta el odontóforo

ESTRUCTURA DE LA RÁDULA

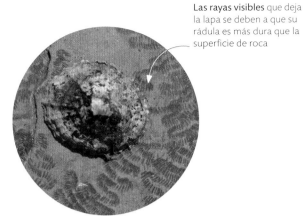

Las rayas visibles que deja la lapa se deben a que su rádula es más dura que la superficie de roca

Lapa abrasiva
La rádula de la lapa *(Patella vulgata)* tiene dientes reforzados con un compuesto de hierro, con los que raspa las algas más resistentes. El material de esos dientes es el más duro producido por cualquier animal.

rocas ásperas

Las rocas cubiertas de mar están revestidas por una película de microorganismos, algas y restos orgánicos, que son fuente de alimento para muchos animales. Entre ellos predominan los moluscos, con una gran variedad de caracoles herbívoros y lapas que raspan la superficie mientras se arrastran de un lugar a otro. La clave de su éxito está en su equipo para obtener alimento: una «lengua» muscular que raspa las rocas con la rádula, una especie de cinta abrasiva que va retirando el material nutritivo para luego ingerirlo.

La ranura del pie suelta una baba pegajosa mediante abundantes células secretoras, lo que ayuda a que la concha se adhiera a las rocas

El cuerpo se retrae en el caparazón cuando el peligro amenaza; el opérculo, una puerta córnea, sella la abertura

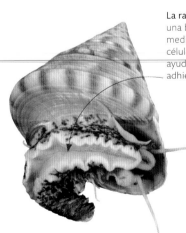

El pie musculoso soporta el peso de la concha mientras se arrastra sobre las rocas

Caracol barrendero

La peonza de mar *(Calliostoma zizyphinum)* es un herbívoro submareal que come microorganismos habitantes de las rocas. Vive hasta a 300 m de profundidad. Como en la mayoría de las especies de concha, la rádula funciona como un cepillo fino que barre las partículas de comida sueltas de las rocas; a diferencia de la lapa, carece de la capacidad de resistencia para hacerse con algas que se adhieren con fuerza.

El caparazón se mantiene brillante y sin desgaste, quizá porque el caracol pasa el pie cubierto de baba sobre la superficie y eso evita que crezcan algas sobre él

La concha presenta manchas y bandas de porfirinas, pigmentos púrpura y carmesí, que pueden proceder de la dieta del caracol

El tentáculo contiene sensores táctiles y químicos que ayudan a navegar cuando come en las rocas

Un ojo pequeño en forma de copa sobre un tallo corto percibe la luz y la oscuridad; los ojos ayudan al animal a permanecer en la sombra, y así evita ponerse a la luz y exponerse a los depredadores cuando come

Unido por un hilo
El mejillón *Mytilus californianus* no
tiene pie como la lapa. En cambio,
se fija a la roca con el biso, que es
un haz de fibras de proteínas.

Las fibras se adhieren a la roca
con una especie de pegamento
de proteínas distintas de las que
forman las fibras

organismos aferrados

Los organismos que viven en costas rocosas expuestas a las olas están
siempre en peligro de ser arrastrados. Los que no tienen agilidad para
moverse y encontrar refugio en las grietas deben hacer como las lapas:
agarrarse con fuerza. Las lapas están bien equipadas para sobrevivir
a la furia del océano: un caparazón en forma de cono que se sujeta
firmemente, un pie musculoso que funciona como una ventosa y una
baba pegajosa que actúa como pegamento.

Vida intermareal
La lapa común *(Patella vulgata)*, que en la
imagen comparte el hábitat rocoso con
pequeños bígaros y cirrípedos, se mantiene
fijada con la bajamar durante el día. Solo
emerge del caparazón cuando está sumergida
o por la noche para alimentarse de algas.

OLAS Y FORMA DE CONCHA

La lapa se sujeta contrayendo los
músculos que tiran del caparazón
hacia la roca y reduciendo la presión
debajo del pie para que funcione
como una ventosa. Además, el pie
secreta una baba pegajosa que
fortalece la fijación. Donde las olas
baten poco, las lapas desarrollan
conchas más planas. El oleaje fuerte
hace que los músculos de la lapa se
contraigan más para aguantar el
empuje; eso afecta a los tejidos
secretores de la concha, que le
dan una forma más alta y cónica.

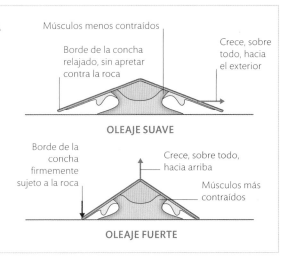

Músculos menos contraídos

Borde de la concha
relajado, sin apretar
contra la roca

Crece, sobre
todo, hacia
el exterior

OLEAJE SUAVE

Borde de la
concha
firmemente
sujeto a la roca

Crece, sobre todo,
hacia arriba

Músculos más
contraídos

OLEAJE FUERTE

peinando el plancton

Las bellotas de mar pueden ser tan abundantes en las costas rocosas
que las conchas en forma de volcán llegan a formar una banda blanca
característica. Cada «volcán» se abre con la marea alta, y los apéndices
plumosos del crustáceo asoman del interior y alcanzan el agua. Al
agitarlos adelante y atrás como si fueran un peine o dejando que la
resaca corra a través de las «plumas», se retienen restos orgánicos,
algas y los animales más pequeños del zooplancton.

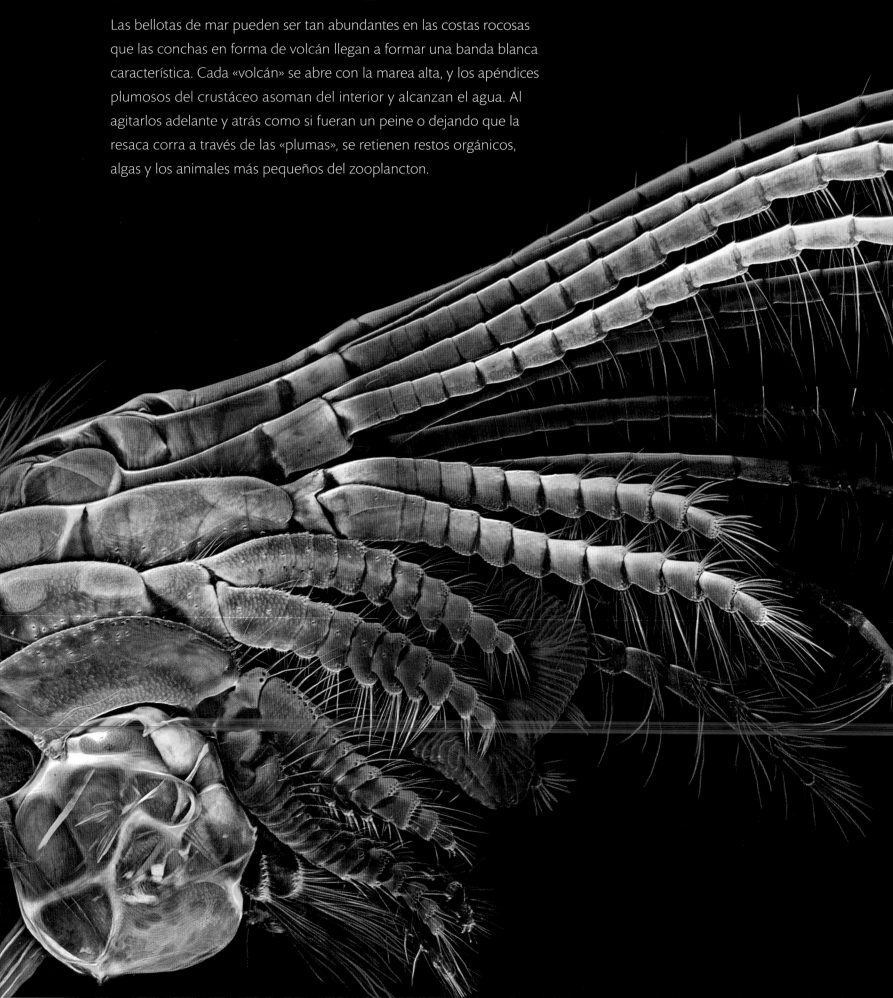

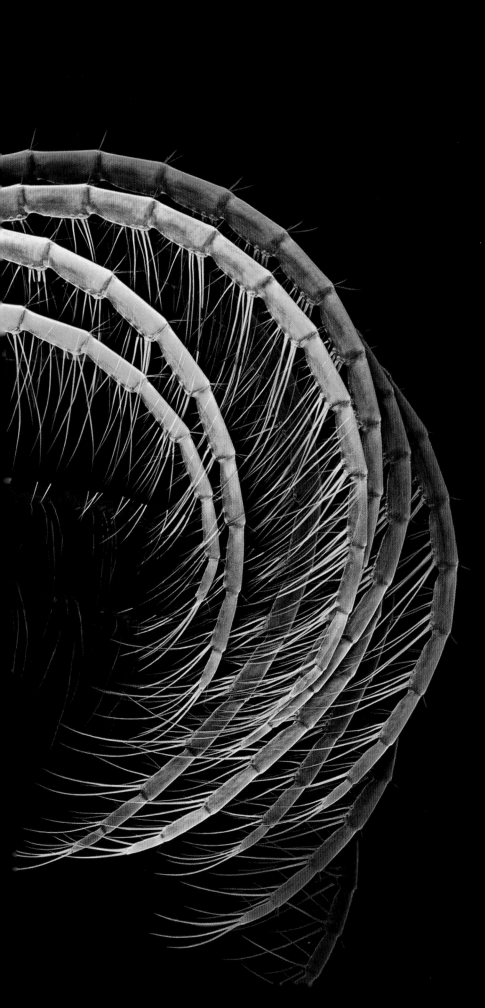

ZONAS EN LÍNEAS COSTERAS

Los cirrípedos más tolerantes a la deshidratación viven más lejos de la orilla, donde la bajamar los deja expuestos mucho tiempo. Por ejemplo, en Europa, *Chthamalus montagui* sobrevive por encima de *Semibalanus balanoides*, pero no prospera abajo porque compite por el espacio para alimentarse con *S. balanoides* En todo el mundo se da una zonación similar de cirrípedos.

Chthamalus montagui, más pequeño, predomina en la costa alta

PLEAMAR

Semibalanus balanoides, más grande, predomina en la costa media

La depredación por parte de otros animales y la competencia impide que los cirrípedos colonicen la zona más baja

BAJAMAR

Echar la red

Si se amplían mucho, los apéndices torácicos, o cirros, de una bellota de mar gris *(Chthamalus fragilis)*, de la costa oriental de América del Norte, se ve que tiene unos pelos largos, llamados setas, que al solaparse forman una trampa que atrapa partículas de dos milésimas de milímetro.

La abertura romboidal (en la imagen, cerrada durante la marea baja) es típica de la bellota de mar *(Semibalanus balanoides* propia de Europa y de América del Norte

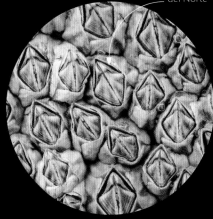

Expuesto y cerrado

Los cirrípedos no pueden alimentarse con marea baja, por lo que retraen los apéndices y cierran la concha con placas móviles que sellan la entrada. Así, el animal queda protegido de la desecación hasta que sube la marea y se reactiva.

El **pulpo** extiende los brazos para abrir la concha de la almeja

El **caparazón que toma prestado el cangrejo** puede ser colonizado por otros animales; esta concha de buccino está cubierta por *Hydractinia echinata*, un hidrozoo colonial

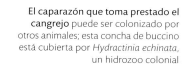

Los brazos flexibles se enrollan alrededor del cuerpo para que el pulpo quepa en la concha

Las ventosas sujetan la concha a medida que los brazos la cierran

Pulpo con concha
Los cangrejos ermitaños no son los únicos animales que utilizan conchas para protegerse. El pulpo *Amphioctopus marginatus* vive en las costas tropicales y se instala dentro de objetos, como cáscaras de coco o caparazones bivalvos de almejas.

Los dos pares de patas más grandes se usan para caminar; los dos más pequeños, escondidos, se emplean para agarrarse dentro del caparazón

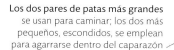

alojamiento en una concha

Solo la parte superior de la cabeza de los cangrejos ermitaños está protegida por un caparazón; la mitad posterior es blanda y vulnerable. Por eso, para protegerse, viven alojados en el caparazón de un caracol. Usan sus fuertes extremidades para arrastrar este refugio móvil a todas partes. Cuando el cangrejo crece demasiado para estar dentro, busca otro y va probando cuidadosamente el tamaño y el peso del nuevo caparazón antes de mudarse.

ANATOMÍA COMPARADA DEL CANGREJO

La mayoría de los cangrejos tienen el abdomen corto, como una aleta plegada bajo el duro caparazón, y queda casi oculto. Pero, en los ermitaños, el abdomen largo y blando se inclina a un lado y encaja en la concha de un caracol. Los urópodos son apéndices diminutos en forma de gancho ubicados en la punta del abdomen y de las patas pequeñas que se agarran al interior del caparazón y hacen que el cangrejo quede sujeto.

CLAVE

- Caparazón
- Abdomen
- Pata caminadora
- Garra/pinza
- Telson
- Urópodo

CANGREJO COMÚN

CANGREJO ERMITAÑO

Conchas por tamaño

En su hábitat a la orilla del mar, los individuos jóvenes de ermitaño común (*Pagurus bernhardus*) aprovechan las conchas vacías que encuentran, como la de los bígaros y otros caracoles. A más profundidad, los cangrejos más maduros usan la concha de especies de moluscos más grandes.

Las largas antenas son sensores táctiles que detectan el movimiento

La quela derecha (pinza) es mucho más grande que la izquierda, y la suele usar para defenderse

Cuando rompe la ola
La imagen muestra el momento en el que una ola formada en mar abierto se acerca a la orilla y la masa de agua rodante se colapsa y la ola rompe.

olas

Una ola es una perturbación en la superficie del mar producida por la transferencia de energía del viento al agua. Las olas generadas por el viento van desde una superficie apenas ondulada y serpenteante hasta enormes olas de 10 m de altura que pueden partir un petrolero por la mitad. Las grandes olas de los temporales que se generan alrededor de la Antártida pueden viajar casi dos semanas a través del Pacífico antes de romper en la costa de Alaska; su tamaño se reduce, pero el patrón distintivo es el mismo que cuando se formaron. La cantidad de energía almacenada en las olas es enorme: una sola ola de tempestad puede ejercer una presión de hasta 3 t/m^2 al romperse.

costas rocosas

ASÍ SE FORMAN LAS OLAS

Las tres etapas del desarrollo de las olas se conocen como mar de viento, mar de fondo y oleaje costero. El estado de agitación que genera olas irregulares es el mar de viento. A medida que las olas abandonan la zona donde se generaron, se produce un patrón característico: el mar de fondo. Por último, cuando un tren de olas entra en aguas poco profundas, interactúa con el fondo marino. El movimiento se ralentiza, y la distancia entre las olas se reduce, lo que resulta en un aumento relativo de su altura. La relación entre la altura y la longitud de la ola se va reduciendo hasta que la ola cae hacia delante y rompe como oleaje costero.

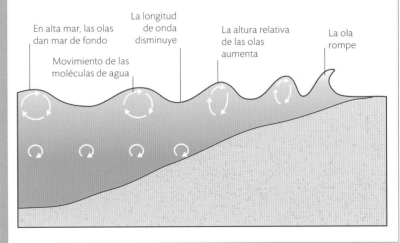

En alta mar, las olas dan mar de fondo

La longitud de onda disminuye

La altura relativa de las olas aumenta

La ola rompe

Movimiento de las moléculas de agua

Cazador flexible

La pintarroja colilarga ocelada *(Hemiscyllium ocellatum)* es un pequeño escualo (o tiburón) que presenta varias adaptaciones que le permiten cazar en charcas intermareales muy someras, donde busca gusanos, cangrejos, camarones y peces más pequeños. Este escualo, que mide 70–90 cm de largo, es delgado y flexible, por lo que maniobra con facilidad en espacios pequeños usando sus robustas aletas. La parte inferior aplanada y la coloración a manchas le permiten no ser detectado hasta que la presa queda a su alcance.

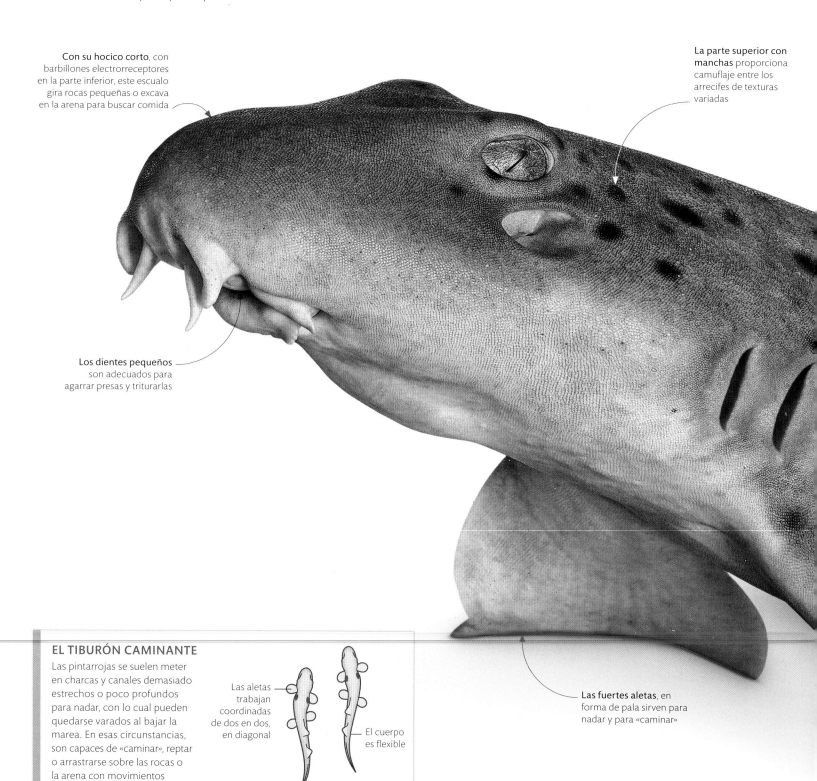

Con su hocico corto, con barbillones electrorreceptores en la parte inferior, este escualo gira rocas pequeñas o excava en la arena para buscar comida

La parte superior con manchas proporciona camuflaje entre los arrecifes de texturas variadas

Los dientes pequeños son adecuados para agarrar presas y triturarlas

EL TIBURÓN CAMINANTE

Las pintarrojas se suelen meter en charcas y canales demasiado estrechos o poco profundos para nadar, con lo cual pueden quedarse varados al bajar la marea. En esas circunstancias, son capaces de «caminar», reptar o arrastrarse sobre las rocas o la arena con movimientos coordinados de sus pares de aletas pectorales y pélvicas.

Las aletas trabajan coordinadas de dos en dos, en diagonal

El cuerpo es flexible

MOVIMIENTO DE REPTACIÓN

Las fuertes aletas, en forma de pala sirven para nadar y para «caminar»

pez en tierra

La zona intermareal es un hábitat desafiante donde la temperatura, la salinidad y el oxígeno del agua fluctúan en gran medida. También ofrece la oportunidad de alimentarse resguardándose de los grandes depredadores marinos. Entre los peces que viven en estas aguas están la pintarroja, que puede permanecer unas horas fuera del agua, y el pez saltarín del fango, que permanece hasta 18 horas al día en tierra. Para hacer frente a las aguas con poco oxígeno durante la marea baja, estos animales bloquean las funciones metabólicas no esenciales, reducen la frecuencia cardíaca y la presión arterial y priorizan el suministro de oxígeno al cerebro.

Los ojos se retraen dentro de pliegues de la piel llenos de agua para evitar su desecación al estar en tierra

Pez fuera del agua
En marismas, estuarios y pantanos, los saltarines del fango (como este *Periophthalmus barbarus*) son los únicos peces que caminan, comen y se aparean en tierra. Sobreviven porque llevan agua en las cámaras branquiales.

Las marcas **prominentes** parecen ojos enormes y disuaden a los depredadores

La flexible columna vertebral le permite moverse en espacios reducidos

La parte inferior aplanada le permite apretarse contra el fondo marino sin proyectar la sombra que revelaría su presencia, y también le da estabilidad en tierra

El estrechamiento en la cabeza
y la cola proporcionan velocidad
natatoria en aguas abiertas

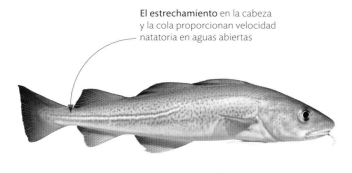

FUSIFORME
Bacalao
Gadus morhua

La compresión lateral
permite ráfagas rápidas
de velocidad, giros
bruscos y maniobrabilidad
en espacios estrechos

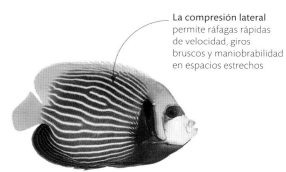

COMPRIMIDO
Pez ángel emperador
Pomacanthus imperator

La forma aplanada es propia
de peces que viven en el fondo;
para nadar, mueven las aletas
arriba y abajo como los pájaros

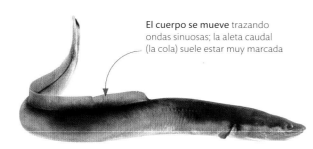

DEPRIMIDO
Lenguado leopardo del Pacífico
Bothus leopardinus

Los peces de cuerpo esférico nadan
lentos y dependen del camuflaje y
las adaptaciones para evitar a los
depredadores y capturar presas
en el fondo marino

GLOBIFORME
Pez sapo verrugoso
Antennarius maculatus

El cuerpo se mueve trazando
ondas sinuosas; la aleta caudal
(la cola) suele estar muy marcada

ANGUILIFORME
Anguila
Anguilla anguilla

El pico alargado y el cuerpo en
forma de flecha confieren velocidad
natatoria en distancias cortas

SAGITIFORME
Catán aguja
Lepisosteus osseus

El cuerpo delgado y
filiforme desliza por el
agua como una serpiente

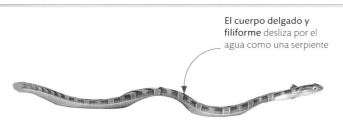

FILIFORME
Blenio cola melena
Xiphasia setifer

La forma de cinta le permite
al pez esconderse en las grietas
de las rocas, pero hace que sea
un nadador lento

TENIFORME
Pholis laeta

El cuerpo puede alcanzar 1,5 m de largo, pero solo pesa 170–200 g

Las hembras y los machos inmaduros tienen un pico parecido al de los pájaros, que se curva hacia afuera y no se cierra del todo

La aleta dorsal recorre todo el cuerpo

forma de pez

La forma de un pez típico refleja que se mueve en el agua, un medio más denso que el aire, y que le afecta menos la gravedad que a los animales terrestres. Para cortar el agua es mejor el cuerpo liso e hidrodinámico, de sección transversal redondeada y parte delantera puntiaguda; mientras que las aletas (en lugar de patas que aguanten el peso) controlan la posición y ayudan a impulsar el cuerpo. No obstante, en su evolución, muchos peces se han apartado de esta fisonomía ideal para aprovechar formas de vida especializadas.

Longitud extraordinaria
El pez agazadicha, o tijera esbelta (*Nemichthys scolopaceus*), tiene unos 750 huesos en la columna vertebral: más que cualquier otro animal. Vive en mares de todo el mundo, entre 90 y 1800 m de profundidad. Las observaciones sugieren que se pone vertical y se alimenta de crustáceos pelágicos a media profundidad.

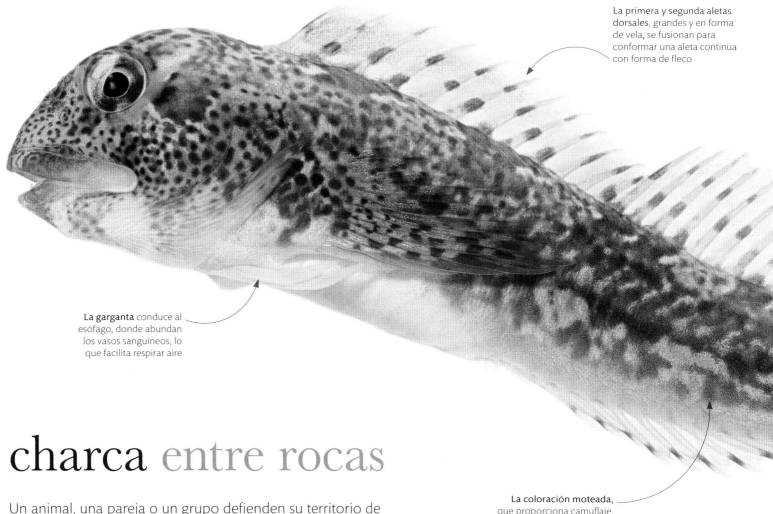

La primera y segunda aletas **dorsales**, grandes y en forma de vela, se fusionan para conformar una aleta continua con forma de fleco

La garganta conduce al esófago, donde abundan los vasos sanguíneos, lo que facilita respirar aire

La coloración moteada, que proporciona camuflaje, es mucho más oscura en los machos que están incubando huevos

charca entre rocas

Un animal, una pareja o un grupo defienden su territorio de otros de la misma especie o de especies diferentes. Así acceden a alimento, pareja y refugio. Para el blénido *Lipophrys pholis*, la ventaja de vivir en una poza rocosa, aislado de otros durante la marea baja, contrarresta las dificultades que presenta la zona intermareal (p. 45). En una poza custodiada por un macho pueden depositar sus huevos varias hembras. Con la marea alta, el macho atacará a casi cualquier animal que se acerque.

Las grandes aletas pectorales, con una base robusta, sirven de palanca para moverse sobre superficies

Blénido en tierra
Si queda varado por la bajamar, el blénido se esconde en grietas o se mueve sobre rocas. La cola se agita adelante y atrás generando tracción suficiente para ayudar a empujar al pez hacia delante.

La aleta caudal propulsa un poco durante la natación cuando se mueve de un lado a otro

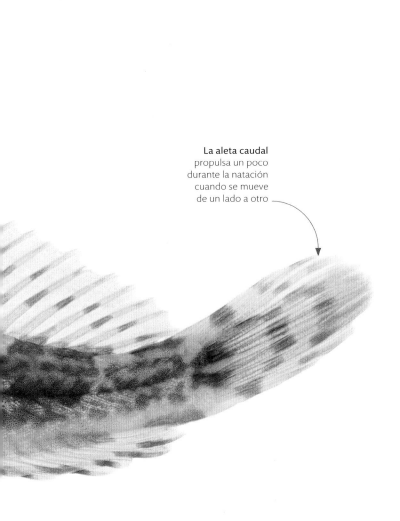

TIPOS DE ALETAS

Todos los peces óseos tienen una disposición similar de las aletas dorsal, anal y caudal a lo largo de la línea media, así como pares de aletas pélvicas y pectorales. Pero algunas aletas se modifican según el modo de vida de la especie. Por ejemplo, las aletas de los blénidos les permiten nadar deprisa contra la marea de corriente y arrastrarse sobre la tierra.

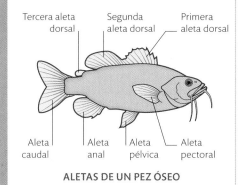

Tercera aleta dorsal   Segunda aleta dorsal   Primera aleta dorsal

Aleta caudal   Aleta anal   Aleta pélvica   Aleta pectoral

ALETAS DE UN PEZ ÓSEO

Vivir con límites

La capacidad del blénido de intercambiar gases tanto en el aire como en el agua es una adaptación al entorno sin oxígeno de una charca entre rocas. Durante la marea baja, cuando hay poco alimento, los peces gastan poca energía, acechando escondidos hasta que llega la marea alta o hasta que se activan para defender el territorio.

Los grandes ojos proporcionan buena visión tanto en el agua como fuera de ella

La piel sin escamas puede absorber oxígeno del agua y del aire, lo que ayuda a respirar

buceo a sangre fría

Parece poco probable que un lagarto, que depende del sol para mantenerse caliente y activo, bucee en aguas frías; pero eso es lo que hace la iguana marina *(Amblyrhynchus cristatus)* en las costas rocosas de las islas Galápagos, en el océano Pacífico oriental. En ese archipiélago volcánico, donde la competencia por el alimento de origen terrestre es fuerte, la iguana marina ha evolucionado para comer algas. Las hembras y las crías suelen comer entre una marea y otra. Los machos grandes se sumergen y soportan la fría corriente de Humboldt, que llega desde la Antártida y fluye alrededor de estas islas.

La cara roma permite que los dientes frontales se acerquen a la roca a alimentarse de algas

Dientes especializados
En las mandíbulas de la iguana hay dientes de tres puntas, que atraviesan las frondas de algas que arranca de la roca.

La capa de escamas en forma de cuentas que recubre la piel protege el cuerpo de lesiones y reduce la pérdida de agua por evaporación

Los parches de piel oscura absorben bien la radiación solar y calientan la sangre

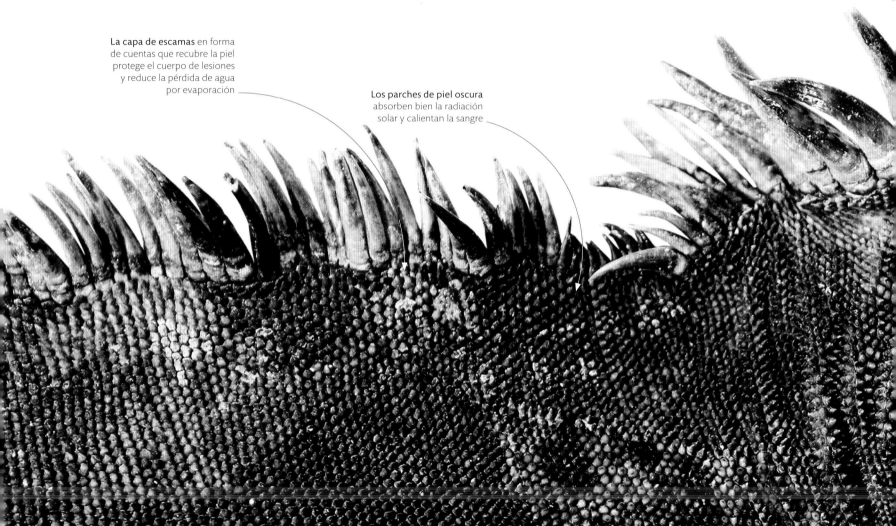

ESTORNUDOS DE SAL

La dieta a base de algas puede saturar el cuerpo de sal, lo que perturbaría el equilibrio orgánico y dañaría las células. Los reptiles y las aves que se alimentan en el mar poseen glándulas que bombean la sal de la sangre a glándulas secretoras, desde donde sale del cuerpo. La iguana marina, como las aves marinas, tiene glándulas nasales en pares; en ellas, el exceso de sal se mezcla con la mucosidad y en intervalos regulares se expulsa por las fosas nasales.

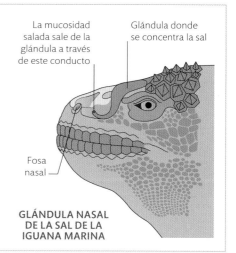

La mucosidad salada sale de la glándula a través de este conducto

Glándula donde se concentra la sal

Fosa nasal

GLÁNDULA NASAL DE LA SAL DE LA IGUANA MARINA

Las púas cónicas de la cabeza se desarrollan en los adultos sexualmente maduros

Una costra blanca, formada por sal expulsada de las glándulas de las fosas nasales, suele cubrir la parte superior de la cabeza

Buceador de sangre fría

Como todos los reptiles, la iguana marina es ectoterma, lo que significa que su temperatura depende del ambiente. Puede estar poco más de una hora en el frío mar de las Galápagos. Luego, antes de que se enfríe demasiado para funcionar, tiene que regresar a tierra firme y ponerse al sol para acumular calor.

Port-Miou (1907)
La zambullida de Georges Braque en el fauvismo se manifiesta en su apasionado colorido de las altas montañas y los árboles que bordean la larga ensenada de Port-Miou, cerca de Marsella (Francia). Hay un apunte de cubismo en los diamantes de su mar azul cobalto.

Una barca de pesca en el mar (1888)
La carga emocional capturada hasta en el más pequeño trazo o la más pequeña pincelada de la obra de Vincent van Gogh fue una inspiración para los fauvistas.

el mar en el arte

mares de color

Cuando se exhibieron las primeras pinturas fauvistas en el Salón de Otoño de 1905, evento celebrado en París, un crítico las comparó con los «juegos ingenuos de un niño que se entretiene con una caja de pinturas». Había paisajes, marinas, retratos y desnudos, que prescindían de todo rasgo de figuración y fidelidad a la naturaleza. El color se redefinió: las formas aplanadas de tonos saturados eran elementos de la pintura por derecho propio y vehículos para expresar las emociones de los artistas.

Los fauvistas se inspiraron en los postimpresionistas de fines del siglo XIX, como Vincent van Gogh, que les dio al color y a la pincelada una euforia y una angustia que transformó sus temas pictóricos. En 1881, Paul Gauguin instó a su compañero Paul Sérusier a que no se limitara a utilizar el color verde para un árbol o el azul para una sombra, sino que buscara el verde más hermoso y el azul más azul.

Las teorías fauvistas, puntales del arte expresionista, cubista y moderno hasta hoy, surgieron en los paseos del verano de 1905 de Henri Matisse y André Derain por el puerto pesquero de Colliure (Francia), quienes experimentaron con la línea y el color para captar el brillo de la luz mediterránea. Y Georges Braques pintó su primera obra fauvista en L'Estaque, cerca de Marsella, en 1907. Los tres artistas inundaron sus lienzos de puertos y costas con colores atrevidos y formas sencillas, que expresaban su intensa respuesta y sus sentimientos subjetivos más que la realidad objetiva.

66 Siempre estuvimos ebrios de color, de palabras que hablan de color y del sol que hace vivir los colores. 99

ANDRÉ DERAIN (1880–1954)

El rosetón, o roseta abierta es un colgajo carnoso que rodea la base de la abertura del pico; se vuelve amarillo anaranjado y más grande en los individuos en fase reproductiva

La capa exterior córnea del pico, o ranfoteca, se vuelve más gruesa y pigmentada en los frailecillos que están listos para reproducirse, lo que hace que el pico sea más grande y más colorido; eso ayuda a reforzar el vínculo entre parejas monógamas

El plumaje corporal sombreado (negro arriba y blanco abajo) camufla el pájaro contra el agua del mar cuando pesca y lo protege tanto de los predadores aéreos como de los marinos

El ancho pico le permite a cada progenitor sostener a la vez muchos aguaciosos u otros pequeños peces

Polluelos de acantilado
Como el frailecillo, el alca común (*Alca torda*), su pariente cercano, comparte la responsabilidad de criar los polluelos entre ambos progenitores, que los alimentan con aguaciosos que capturan buceando.

HUEVOS EN LA CORNISA

En el acantilado, los huevos corren peligro. Los de los araos, parientes de los frailecillos, tienen forma de pera y manchas, y están en las cornisas, lo que contrasta con los de los frailecillos, más blancos, redondos, sin manchas y escondidos en las fisuras u oquedades. Las manchas son características y ayudan a los padres a reconocer sus huevos. La forma menos redondeada hace que se aguanten mejor y de forma más segura en el nido, y ayuda a que la presión de las aves posadas sobre ellos se reparta sobre una superficie mayor, lo que reduce el riesgo de rotura.

HUEVOS DE ARAO

nidificar en los acantilados

Muchas aves dependen del mar para alimentarse, pero todas deben regresar a tierra para reproducirse y poner huevos de cáscara dura. Su vuelo hace fácilmente accesibles algunos hábitats costeros, como los acantilados escarpados y las paredes rocosas. En las inestables e inseguras cornisas y entre las rocas, a salvo de depredadores que no vuelan, se reúnen frailecillos, araos, alcatraces y otras aves para formar parejas y criar a la generación siguiente.

En los adultos sexualmente maduros, sobre cada ojo se proyecta un «cuerno» carnoso y oscuro, a diferencia de los frailecillos del Atlántico Norte

Colono colorido
En verano, el frailecillo corniculado (*Fratercula corniculata*) luce sus colores de cría: la cara gris invernal se convierte en una máscara blanca inmaculada, y el pico se vuelve amarillo y rojo brillante. Alrededor de las costas del Pacífico Norte, los frailecillos corniculados se reúnen en colonias y anidan en acantilados rocosos. Las colonias más densas se encuentran donde hay muchas grietas y cavidades en las que alojar los huevos y los polluelos.

alcatraz

Con una envergadura de hasta 1,8 m, el alcatraz común *(Morus bassanus)* es el ave marina más grande del Atlántico Norte. Es un volador corpulento que pasa la mayor parte de su vida en el mar y llega a desplazarse 540 km para alimentarse. Sobrevuela las aguas costeras del noroeste de Europa durante todo el año, pero su área de distribución se extiende desde el Ártico meridional hasta el golfo de México, según la temporada.

Pescado azul y calamares constituyen la mayor parte de la dieta de los alcatraces (sus presas preferidas son los arenques, las caballas y las sardinas), pero, como son oportunistas, también obtienen pescado de las redes o se lo quitan a otras aves marinas. A menudo siguen a los barcos de pesca mar adentro con la esperanza de darse un festín con los descartes de capturas. Suelen permanecer cerca de la costa, volando sobre el agua a 10–40 m de altura y con una velocidad promedio de alrededor de 15 km/h. Buscan en la superficie bancos de peces, y localizan el alimento siguiendo a los delfines o a peces depredadores más grandes. Aunque los hay que cazan en solitario, suelen alimentarse en bandadas de hasta mil alcatraces. Cuando ven una presa, cientos de ellos se lanzan de cabeza al mar, a menudo desde una altura considerable, para comer.

Los alcatraces se aparean de por vida, y refuerzan los lazos a través de comportamientos rituales de reconocimiento como la esgrima, en el que frotan o baten sus picos en alto. Además, regresan todos los años para anidar en colonias grandes y ruidosas. La mayoría de los alcatraces del hemisferio norte se reproducen en 32 colonias ubicadas entre Bretaña (Francia) y Noruega, que albergan más de 70 000 parejas. Al final de la primavera, la hembra pone un huevo en un nido de algas, plumas y materia vegetal. Los progenitores se turnan para incubarlo cubriéndolo con las patas y defienden los nidos y las crías, para lo que llegan a apuñalar a los intrusos con el pico.

Bucear por comida
Los alcatraces cazan sumergiéndose en el mar. Primero, meten el pico, con las alas plegadas hacia atrás, a velocidades de hasta 86 km/h. La mayoría de las inmersiones son poco profundas, pero pueden alcanzar hasta los 22 m.

Nido rocoso
Los alcatraces suelen habitar en costas rocosas, protegidos por el terreno accidentado, como este en las islas Shetland. Aunque los adultos tienen pocos depredadores naturales, huevos y polluelos pueden ser el botín de gaviotas, cuervos, zorros o comadrejas.

saltando sobre rocas

Para la mayoría de las aves marinas, el viaje entre el agua y la tierra presenta pocos problemas. Pero para los pingüinos, no voladores, una costa rocosa batida por las olas es un desafío constante. Los pingüinos saltarrocas tienen que lidiar con aguas agitadas al sumergirse en busca de krill, y deben escalar las rocas con la sola ayuda de las patas palmeadas y dotadas de garras, y con su voluntad.

El dedo vestigial
orientado hacia atrás
no llega al suelo

Caminantes con suela
Los pingüinos son plantígrados, es decir, caminan sobre la planta del pie, lo que mejora la tracción. Otras aves son digitígradas: caminan de puntillas.

Pingüino insular
Los saltarrocas, o pingüinos de penacho amarillo *(Eudyptes chrysocome)*, viven en las Malvinas y otras islas subantárticas, en costas irregulares de lava solidificada, donde salvan barrancos escarpados de un salto. El hábitat, aunque duro y escarpado, proporciona refugio a los nidos y alberga charcos de agua potable entre las rocas.

El pico corto y robusto le sirve para atrapar el krill mientras bucea, y también como gancho de agarre al subir pendientes pronunciadas

Los tres dedos que apuntan hacia delante tienen garras gruesas con las que se sujeta a las rocas; esos dedos están conectados por membranas que sirven para remar

Las patas cortas y gruesas presentan fuertes músculos en los muslos, que ayudan al ave a saltar de una roca a otra

POSTURA DEL PINGÜINO

De cuerpo hidrodinámico y patas hacia atrás, el pingüino atraviesa el agua como un torpedo. Pero las adaptaciones que perfeccionan la natación y el buceo del pingüino hacen que en tierra sea un animal desgarbado. Sus patas están más abajo en el cuerpo que las de una gaviota, lo que lo obliga a estar más erguido y caminar como un pato.

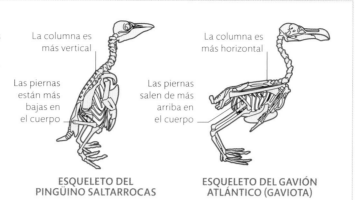

La columna es más vertical

Las piernas están más bajas en el cuerpo

ESQUELETO DEL PINGÜINO SALTARROCAS

La columna es más horizontal

Las piernas salen de más arriba en el cuerpo

ESQUELETO DEL GAVIÓN ATLÁNTICO (GAVIOTA)

Las alas rígidas y planas hacia fuera equilibran el ave al saltar, y se utilizan como remos de propulsión cuando se zambulle

playas de arena

La superficie cambiante de una playa de arena es un lugar difícil para echar raíces o cavar una madriguera, pero también ofrece oportunidades. Los restos flotantes que llegan a la playa atraen a los carroñeros, y las playas de poca pendiente les permiten a los animales grandes que respiran aire llegar a tierra.

Formación de dunas
La arena arrastrada por el viento se acumula alrededor de las plantas y otros obstáculos, formándose así las dunas. Con su profunda red de raíces, la planta llamada barrón estabiliza las dunas y hace que crezcan.

Nuevas plantas aparecen a partir de rizomas que crecen horizontalmente entre la arena

crecer en la
arena arrastrada
por el viento

Una playa arenosa expuesta al viento puede ser un medio adverso para una planta: el viento salobre deseca los brotes, y la arena que transporta arranca las hojas y entierra los nuevos brotes. En esas condiciones, los barrones no solo sobreviven, sino que prosperan. Tienen hojas resistentes al viento y un sistema de rebrote que empuja continuamente las plantas hacia arriba desde debajo de la arena.

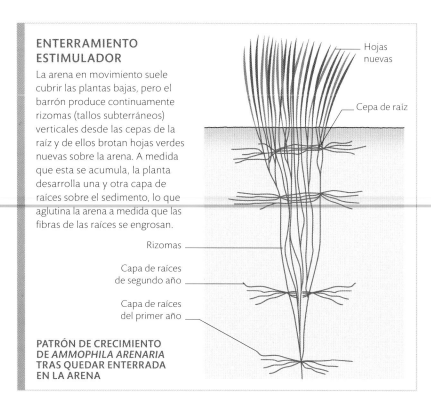

ENTERRAMIENTO ESTIMULADOR

La arena en movimiento suele cubrir las plantas bajas, pero el barrón produce continuamente rizomas (tallos subterráneos) verticales desde las cepas de la raíz y de ellos brotan hojas verdes nuevas sobre la arena. A medida que esta se acumula, la planta desarrolla una y otra capa de raíces sobre el sedimento, lo que aglutina la arena a medida que las fibras de las raíces se engrosan.

Hojas nuevas

Cepa de raíz

Rizomas

Capa de raíces de segundo año

Capa de raíces del primer año

PATRÓN DE CRECIMIENTO DE *AMMOPHILA ARENARIA* TRAS QUEDAR ENTERRADA EN LA ARENA

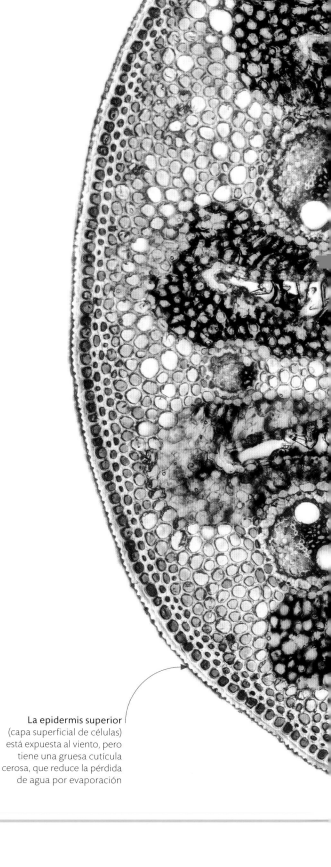

La epidermis superior (capa superficial de células) está expuesta al viento, pero tiene una gruesa cutícula cerosa, que reduce la pérdida de agua por evaporación

Tolerancia al viento

Una sección transversal del barrón (*Ammophila arenaria*) muestra que la hoja se enrolla hacia dentro y, así, protege los estomas, poros diminutos a través de los que se intercambian gases en la respiración y la fotosíntesis. La forma curva protege los estomas del efecto secante del viento, mientras que el canal central mantiene la humedad atrapada cerca de las capas de tejido poroso más vulnerables.

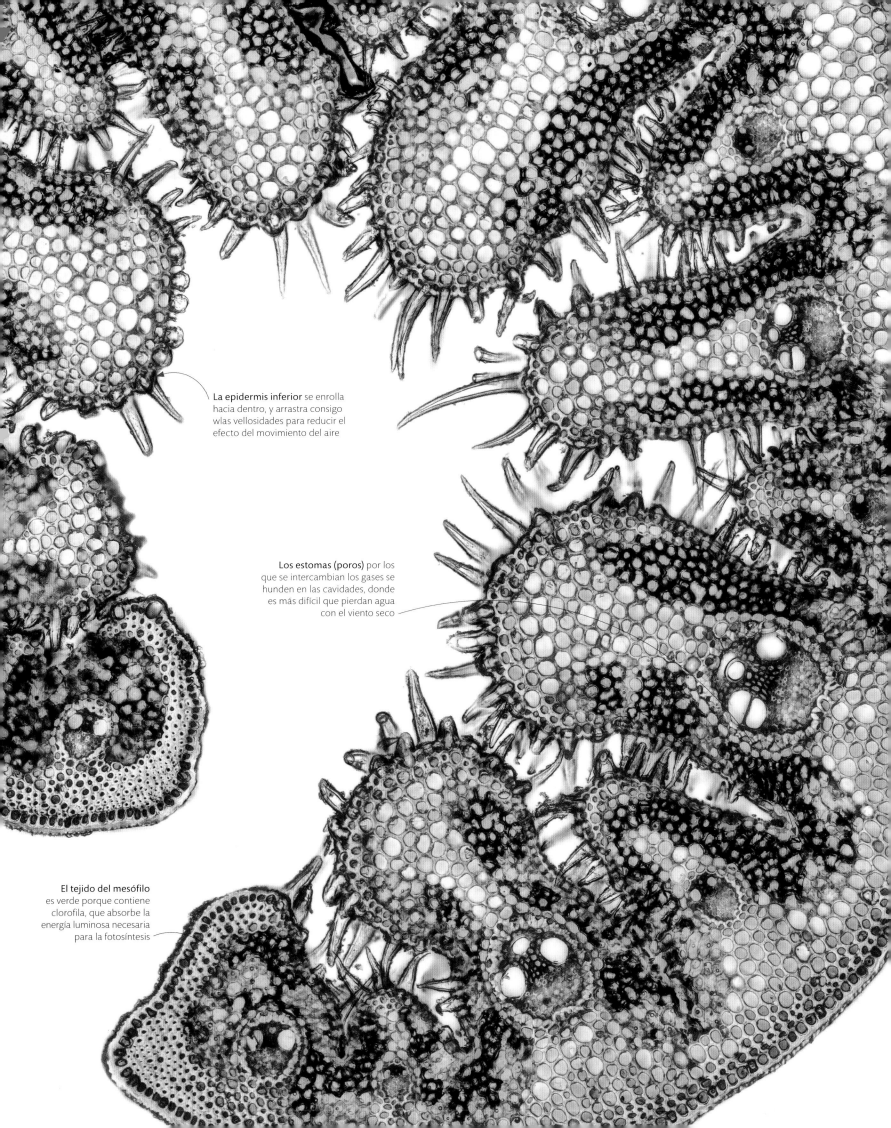

La epidermis inferior se enrolla hacia dentro, y arrastra consigo wlas vellosidades para reducir el efecto del movimiento del aire

Los estomas (poros) por los que se intercambian los gases se hunden en las cavidades, donde es más difícil que pierdan agua con el viento seco

El tejido del mesófilo es verde porque contiene clorofila, que absorbe la energía luminosa necesaria para la fotosíntesis

Superficie del océano (1983)
En esta obra maestra de la observación y la precisión técnica, Vija Celmins recrea las olas oceánicas de forma monocromática y usando el grabado a punta seca, que consiste en plasmar la imagen en una plancha con punzones de punta afilada, para después entintar, limpiar y prensar para estampar sobre el papel. Con este tipo de grabado solo se puede realizar un número limitado de copias.

el mar en el arte

mares realistas

En el siglo XX surgió un nuevo movimiento artístico conocido como fotorrealismo. En él estaban artistas que usaban la fotografía como primera referencia visual para producir imágenes tan realistas que no parecen pintadas. Esta forma de arte evoluciona de la mano de artistas que utilizan las últimas tecnologías. Entre las obras más sorprendentes se encuentran las marinas hiperrealistas, en las que casi se pueden tocar las olas y la arena.

Inspirado por el arte pop de la década de 1960, el trabajo de los primeros fotorrealistas en la década de 1970 ilustró la competencia entre el arte y la explosión de la fotografía en el siglo XX. Los artistas proyectaban la fotografía en lienzo o papel, y, luego, imitaban con gran destreza las texturas, las formas, la luz y los colores, a menudo con aerógrafo. Su intención era exactamente representar una fotografía, y solían plasmar temas banales, que incluían iconos de la cultura del consumo, como autocaravanas y botes de salsa, pero con la habilidad técnica de los retratistas del siglo XVIII. Desde la década de 1990, los avances en fotografía digital condujeron al surgimiento del hiperrealismo (como evolución del fotorrealismo), cuya intención es representar la realidad (y no ya una foto) lo más fielmente posible.

La artista estadounidense Zaria Forman ha volado con misiones de reconocimiento de la NASA sobre los océanos Ártico y Antártico, y ha viajado a Groenlandia para fotografiar el hielo polar. En las Maldivas, la región más baja y llana de la Tierra, fotografió costas amenazadas por la subida del nivel del mar. El mensaje de Forman sobre la belleza y la fragilidad de nuestro mundo queda reflejado en grandes lienzos de inmaculadas masas de hielo o de olas tropicales. Cada obra captura un instante fotográfico, y se tarda hasta 400 horas en recrearla.

La artista letona-estadounidense Vija Celmins también trabaja en meticulosas representaciones de fenómenos naturales, como olas, cielos nocturnos y desiertos, a menudo en tonos grises oscuros y sombríos. A fines de la década de 1960, hizo dibujos a lápiz muy realistas de las ondulaciones de la superficie en una zona del océano Pacífico; más recientemente, ha repetido esos dibujos en forma de magníficos grabados.

> ❝ Mis dibujos celebran la belleza de lo que todos podemos perder. Espero que sirvan como registro de paisajes sublimes en constante cambio. ❞
>
> ZARIA FORMAN, *CHARLA TED* (NOVIEMBRE DE 2015)

Maldivas n.º 11 (2013)
Zaria Forman evoca las fascinantes olas que rompen
en la costa de las Maldivas con crayones de colores
pastel aplicados con los dedos y la palma de la mano.
Los lienzos gigantes, producidos a partir de sus propias
fotografías de costas ecuatoriales que desaparecen y el
hielo que se derrite en las regiones polares, reflejan un
planeta amenazado por el cambio climático.

Carrera por el mar
Dos crías de tortuga boba *(Caretta caretta)* se
dirigen al mar en la costa este de Florida. La mayoría
de las tortugas marinas nacen de noche, cuando es
menos probable que las detecten los depredadores
terrestres. Se escabullen hacia la luz, es decir, hacia
el agua, donde se reflejan la luna y las estrellas, y se
alejan de las sombras de la vegetación en tierra.

anidar en la playa

Con extremidades como remos, las tortugas marinas están muy bien adaptadas
a la vida en el agua, pero su existencia no es ajena a la tierra firme. Las crías, al
igual que las de las tortugas terrestres, nacen de un huevo de cáscara dura a través
de la cual respiran aire. La hembra entierra los huevos en una playa de arena, y
esa estrategia tiene sus riesgos. Desde el nido, las crías tienen que escapar de los
depredadores terrestres en el corto pero peligroso camino hasta el mar. Las hembras
compensan la pérdida de crías poniendo muchos huevos, a menudo más de cien.

TEMPERATURA Y SEXO

El sexo del embrión de tortuga lo determina la temperatura: por encima de 29 °C, es más probable que los órganos sexuales se conviertan en ovarios y sea hembra; por debajo de esa temperatura, se desarrollan testículos. Los huevos enterrados se incuban con el calor del sol que calienta la arena, pero en el nido la temperatura no es uniforme: cuanto más hondo, más frío; por eso nacen, aproximadamente, el mismo número de hembras y de machos.

La parte superior del nido es más cálida y produce más hembras

Los nidos más profundos y fríos producen más machos

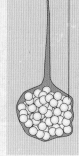

Los machos tienen más probabilidad de nacer de los huevos de la parte inferior

NIDO MÁS SUPERFICIAL

NIDO MÁS PROFUNDO

Cada tortuga se arrastra más arriba de la pleamar para poner los huevos; en total, está en la playa alrededor de una hora

Colonia de nacimiento

Las hembras de la tortuga olivácea (*Lepidochelys olivacea*) regresan a millares a la playa donde nacieron. Con las patas traseras cavan un agujero en el que ponen los huevos; luego lo tapan y regresan al mar.

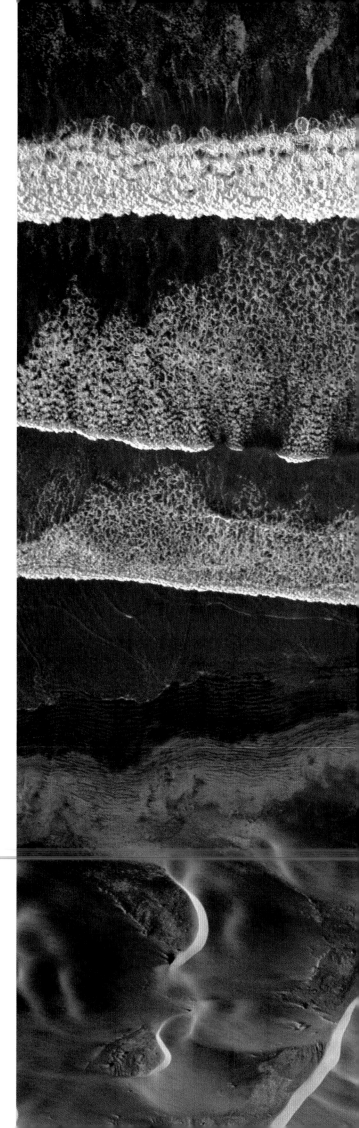

Esculpido por el viento
El barján es una duna que se forma porque el viento, que sopla de una dirección predominante, acumula la arena en su característica forma de media luna; así ocurre en la isla Magdalena, en la costa del Pacífico de Baja California (México).

playas y dunas

Las playas son zonas donde los sedimentos arenosos –originados por la acción de los ríos, la erosión de los acantilados y el transporte desde aguas profundas hacia la costa– se acumulan antes de que las olas los incorporen al mar. Las playas pierden arena en el mar por la acción de las corrientes de resaca y por las tormentas. Además, el viento transporta arena tierra adentro y forma dunas. La fuerza más importante para el transporte de arena es la deriva litoral, que funciona como una cinta transportadora de suministro y extracción de sedimento. El color de la arena varía según el tipo de roca: gris-negro de rocas volcánicas; blanco brillante de coral y calcárea; o dorada, compuesta sobre todo de cuarzo recubierto de óxido de hierro.

TIPOS DE PLAYAS

Las calas y las bahías se forman en las zonas más protegidas entre cabos. Las largas playas de arena con pendiente suave suelen estar flanqueadas por dunas. Donde es mayor la energía de las olas, la arena es arrastrada y se forman playas pendientes de piedras. Cuando las olas se acercan oblicuas a la costa, mueven la arena mediante deriva litoral y dan lugar a cordones litorales, islas de barrera y albuferas resguardadas.

Albufera
Roca blanda
Roca dura
Bahía
Cala
Deriva litoral
Cordón litoral
Dirección de la ola

  ❝ Todos en alto, calen los masteleros y amarren;
ese sol poniente enfadado y las nubes de filo feroz
anuncian que llega el huracán. ❞

J. M. W. TURNER, POEMA SIN TÍTULO (1812) QUE ACOMPAÑA EL CUADRO *EL BARCO DE ESCLAVOS* (1840)

Las marinas del alemán Caspar David Friedrich evocan el asombro ante el mundo natural y la sensación de insignificancia humana frente a fuerzas todopoderosas. Esta pintura representa un barco estrellado contra su tumba helada y las afiladas agujas de hielo que se elevan contra el azul infinito del cielo.

el mar en arte

drama en el mar

En el movimiento romántico, que abarcó la mayor parte del siglo XIX, la inspiración, la originalidad y la imaginación fueron claves. Los artistas prescindieron de las normas neoclásicas para centrarse en sus emociones ante la naturaleza y la aflicción de la gente. Muchas marinas icónicas de la época, con olas imponentes y cielos apocalípticos, cuentan historias sobre el empeño humano, las tragedias y la opresión.

El poeta y crítico de arte francés del siglo XIX Charles Baudelaire describió el arte romántico como «no situado ni en la elección del tema ni en la verdad exacta, sino en una forma de sentir». Para algunos artistas, la libertad de trabajar al aire libre (gracias a la invención de los tubos de pintura) impulsó un compromiso profundo con la tierra y el mar. En los estudios, la experimentación con la pincelada, el color y la forma fomentó que surgieran técnicas personales.

El artista ruso Iván Aivazovski evocó la sublime magnitud del océano con grandes lienzos saturados de color y luz. En *Novena ola* (1850), el sol naciente enciende una ola enorme que amenaza con engullir a los supervivientes que se aferran a los restos del barco.

En un periodo en el que los europeos explotaban territorios de ultramar y los científicos y exploradores navegaban hacia regiones remotas, la furia y el riesgo afloraron en el arte romántico. *La balsa de la Medusa* (1819), del pintor francés Théodore Géricault, es una sorprendente recreación de la historia real de la tripulación y los pasajeros

abandonados por los oficiales cuando la fragata francesa *Méduse* encalló en su camino a Senegal. En la obra, los fallecidos resbalan de una precaria balsa, los supervivientes se aferran a la vida y la esperanza de ser rescatados se limita a una bandera improvisada que ondea hacia un cielo iluminado. Con más fantasía, el inglés Edwin Landseer imaginó el resultado del fallido intento de John Franklin de encontrar un paso del noroeste a través del océano Ártico. En su obra *El hombre propone, Dios dispone* (1864), los osos polares invaden el pecio atrapado en el hielo para alimentarse de huesos humanos.

Una gran parte de las 19 000 acuarelas y óleos pintados por el inglés J. M. W. Turner eran marinas. Durante toda su vida, perfeccionó aguadas, texturas y explosiones de luz para crear fenómenos naturales, como la niebla, las tormentas, los amaneceres y los atardeceres. Basó su pintura y poema *El barco de esclavos* en la historia real del capitán del *Zong*, que ordenó arrojar al mar a los esclavos enfermos para así cobrar el seguro, una práctica común en el transporte de esclavos.

El barco de esclavos (1840)
En este célebre trabajo de J. M. W. Turner, las olas parecen estar en llamas y el barco se adentra de forma siniestra en la tormenta cuando el capitán lleva a cabo su cruel decisión. El título completo de Turner, *Esclavistas arrojando por la borda a los muertos y moribundos – Se acerca el huracán*, expresa la carnicería representada en primer plano: las agitadas y engrilletadas extremidades de los esclavos que han sido arrojados a un mar lleno de tiburones.

cocodrilo americano

El cocodrilo americano (*Crocodylus acutus*) vive en varios hábitats, desde ríos de agua dulce hasta pantanos salobres y aguas costeras, y se encuentra en regiones muy distantes: tanto en Florida y el Caribe como en las costas atlánticas y pacíficas del norte de Sudamérica.

El cocodrilo americano (también llamado caimán aguja, caimán de costa, cocodrilo de río, cocodrilo narigudo y cocodrilo de Tumbes) es una de las especies más grandes de cocodrilo, con una longitud promedio en los adultos de 4,3 m. Como todos los cocodrilos, el americano tiene glándulas secretoras en la lengua que eliminan el exceso de sal y le permiten sobrevivir cuando la salinidad es elevada, pues tiene un amplio rango de tolerancia. La mayoría de las poblaciones viven en lagunas salobres, manglares o estuarios, pero otras viven en ríos y embalses de agua dulce tierra adentro. La población caribeña más grande vive en la República Dominicana, en un lago cuya agua llega a ser tres veces más salada que la del mar. Su amplia distribución en los trópicos americanos es la prueba de la adaptabilidad de esta especie. El hecho de que haya colonizado islas, incluidos atolones de coral, es una prueba de que, a menudo, nada mar adentro, ayudado posiblemente por las corrientes de marea.

Las mandíbulas de esta especie pueden ejercer una enorme presión cuando muerde, llegando a aplastar fácilmente el caparazón de una tortuga adulta. Sin embargo, también pueden ser usadas de forma muy suave, ya que las hembras cogen con cuidado los huevos y los aprietan para ayudar a que eclosionen, y con frecuencia llevan las crías en la boca para transportarlas al agua. Los dientes cónicos de los cocodrilos están adaptados para sujetar las presas, pero no para masticar. Se reemplazan constantemente, de manera que un individuo puede tener unos ocho mil dientes a lo largo de toda su vida.

Adaptados a la caza

Los cocodrilos perciben las presas por el olfato y mediante protuberancias en los lados de la mandíbula que detectan vibraciones. Nadan con la boca abierta y tienen una visión excelente; un tercer párpado transparente protege el ojo cuando el animal está sumergido.

SOBREVIVIR BAJO EL AGUA

La boca de un cocodrilo no es estanca. Para que el agua no inunde los pulmones y los intestinos, sella la entrada a la garganta mediante la válvula palatal, una solapa detrás de la lengua. Al mismo tiempo, las válvulas nasales cierran la nariz. De esta manera, el cocodrilo puede sumergirse sin respirar durante más de una hora e, incluso, abrir la boca para agarrar o manipular las presas. La posición elevada de las fosas nasales abiertas también le permite al cocodrilo respirar aire mientras nada o se queda bajo la superficie del agua.

Fosa nasal
Conducto nasal
Pliegue palatal
Garganta o esófago
Lengua
Válvula palatal
Tráquea

SECCIÓN TRANSVERSAL DE LA GARGANTA DE UN COCODRILO

la vida en la playa

Las playas de arena son un buen sitio para vivir, incluso para animales que no tocan el agua. Cada marea aporta restos orgánicos en forma de algas, lo que atrae moscas, escarabajos y pequeños crustáceos, que son alimento para aves limícolas, como los chorlitos. Más allá del agua, entre las dunas con escasa vegetación, los pájaros construyen nidos con palos, piedras, conchas y cualquier otra cosa que encuentren mientras se alimentan a lo largo de la orilla del mar.

Vida por encima de la marea
En las costas del sur de Australia, al chorlito encapuchado (*Thinornis cucullatus*) le gustan las playas repletas de algas. Sus patas son demasiado cortas para buscar comida en el agua, por lo que se queda en la línea litoral cuando busca invertebrados.

Sus grandes ojos le ayudan a detectar presas pequeñas entre los restos de la marea

Huevos disimulados
Los huevos moteados del pájaro se parecen a los guijarros. Si se reviste el nido con algas y fragmentos de conchas, aún queda más mimetizado. Cuando nacen los polluelos, su color arena también los camufla en el entorno.

El nido del chorlito encapuchado es un hoyo muy poco profundo

Las algas arrastradas por las olas atraen moscas del kelp y otros descomponedores, que son alimento para las aves

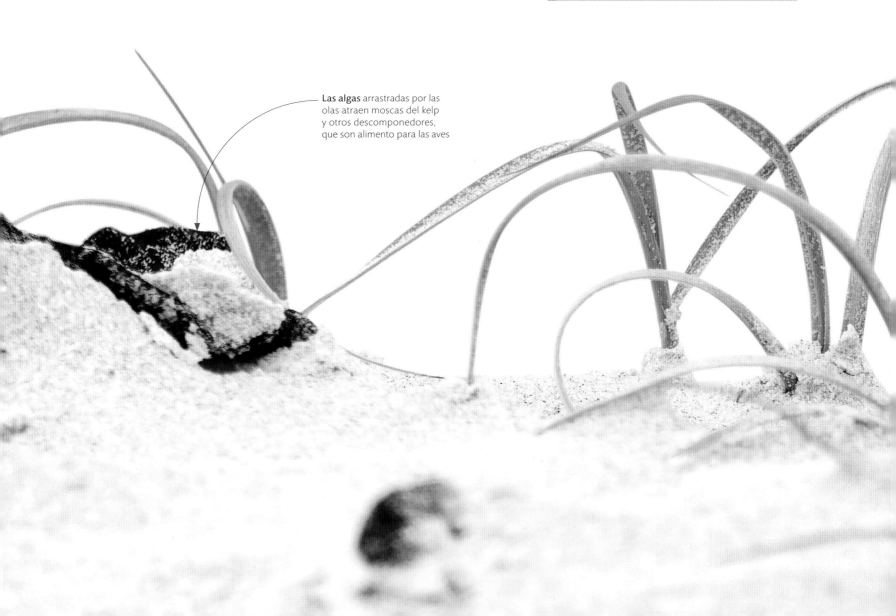

Devastación costera
En 2004, un tsunami devastó la costa oeste de la
provincia indonesia de Aceh. Esta foto, de 2005,
evidencia las secuelas y el poder destructivo de
este fenómeno oceánico, que arrasó una gran
extensión de lo que fueron bosques litorales.

tsunamis

Los tsunamis son olas de longitud de onda extrema (hasta
200 km) que pueden viajar a través de todo un océano a una
velocidad de hasta 800 km/h. Suelen estar provocadas por el
movimiento vertical repentino del fondo marino causado por
un terremoto o deslizamientos gigantes bajo el mar. También los
originan fenómenos en tierra firme que aportan mucho material
al mar, como avalanchas, corrimientos de tierra, erupciones
volcánicas o el desprendimiento de icebergs grandes del
indlandsis o de glaciares. En todos los casos, el enorme volumen
de agua del océano desplazada es lo que le da al tsunami su
enorme fuerza y velocidad. Puede haber tsunamis en cualquier
océano, pero son más comunes en zonas de actividad
volcánica frecuente.

DEL CHOQUE SUBMARINO A LA DESTRUCCIÓN LITORAL

Un tsunami suele comenzar con el desplazamiento repentino del fondo marino;
eso provoca un gran movimiento de agua que produce una ola larga, baja y casi
imperceptible en mar abierto. La altura de la ola aumenta drásticamente al cruzar
la plataforma continental poco profunda y dirigirse a tierra; entonces se forma una
pared gigante de agua de hasta 30 m de altura, que se adentra en tierra y causa
estragos en la costa.

Agua elevada por
encima de la falla

Dirección
de la ola

La ola alcanza
la altura máxima
cerca de la costa

Onda de choque provocada
por el desplazamiento
repentino del fondo marino
a lo largo de la línea de falla

Ola comprimida a medida que
llega a aguas menos profundas

estuarios y marismas

Las costas y los estuarios fangosos
albergan animales que excavan en el barro
pegajoso, así como plantas y animales que
resisten los cambios constantes de salinidad
que se derivan de la subida y la bajada de
la marea.

vivir en el sedimento

Entre los animales invertebrados que viven en el fango hay muchos bivalvos. Son moluscos con la concha formada por dos partes, como las almejas y los berberechos. Con las branquias filtran las partículas de alimento, como restos orgánicos y microorganismos propios del fondo marino. Muchos bivalvos excavan el sustrato con su pie musculoso lejos de los depredadores de la superficie. Rodeados de sedimento, estos moluscos absorben agua a través del cuerpo para extraer oxígeno y alimento.

El pie se puede extender 6 cm a medida que excava

Bivalvo excavador
El langostillo *(Acanthocardia echinata)* es un berberecho que empuja su pie musculoso hacia la arena. Luego, el pie se estira por la punta, hace tracción y tira del resto del cuerpo hacia debajo de la superficie.

Los bordes ondulados de las valvas se acoplan cuando se cierra la concha

En los árcidos, la bisagra de la concha está rodeada por una plataforma con forma de cubierta de barco, que les da su forma característica

AGUA POR EL SIFÓN

El agua no circula bien a través del lodo, por lo que muchos bivalvos excavadores la extraen de la superficie mediante sifones, que se extienden cuando se abren las valvas. Los que tienen sifones largos pueden excavar más hondo. Los berberechos, con sifones cortos, y los árcidos, que carecen de sifones, viven más cerca de la superficie.

SECCIÓN DEL FILTRADO DE ALIMENTO DE UN BERBERECHO EN EL FANGO

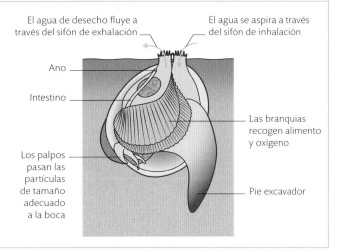

El agua de desecho fluye a través del sifón de exhalación

El agua se aspira a través del sifón de inhalación

Ano

Intestino

Las branquias recogen alimento y oxígeno

Los palpos pasan las partículas de tamaño adecuado a la boca

Pie excavador

Concha articulada

Como otros bivalvos, la concha del arca del Pacífico Oriental *(Tergillarca granosa)*, que vive en el sedimento de costas tropicales, está formada por dos valvas unidas por un ligamento fuerte. Si hay peligro, las valvas se cierran por la acción de músculos; cuando estos se relajan, la concha se abre y el molusco extiende el pie excavador, y entonces circula el agua que el molusco filtrará para alimentarse.

El pie carnoso es impulsado por músculos que expanden el pie o lo mueven a los lados para excavar

Ondas en la arena
Al retirarse la marea en la isla de Eigg, en las
Hébridas Interiores (Escocia), el agua moldea
la arena fina y forma estas características ondas.
El brillo metálico de la arena se debe al alto
contenido de material volcánico.

mareas

La marea es la subida y bajada regular (dos veces al día) del nivel
del mar. Este fenómeno se produce desde que los océanos se
formaron hace cuatro mil millones de años. Las mareas son olas
de longitudes de onda muy largas que barren todo el planeta a
base de subir y bajar en las costas bajas, lo cual es determinante
para la vida en las aguas poco profundas. La marea alta (pleamar)
es la cresta de la ola, y la marea baja (bajamar) es el valle. El rango
de marea es la diferencia de altura entre la marea alta y la baja, y
va de menos de un metro a poco más de 16 metros. Las mareas
son causadas por el efecto combinado de la atracción gravitatoria
de la Luna y el Sol con la rotación de la Tierra y la Luna.

CICLO MENSUAL

La atracción gravitatoria de la Luna es mayor que la del Sol. El agua del mar forma
una protuberancia en el lado que mira a la Luna, mientras que la fuerza centrífuga
crea una protuberancia igual en el lado opuesto de la Tierra. Cuando el Sol y la Luna
están alineados, la protuberancia de la marea es máxima (marea viva). Cuando los
astros están en ángulo recto, la protuberancia es mínima (marea muerta).

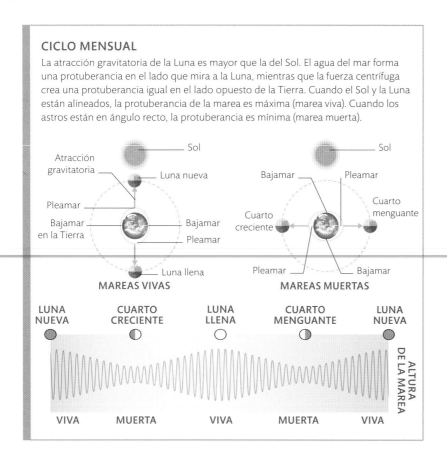

aguijón marino

Algunos animales marinos atacan a sus presas con veneno, pero muchos peces solo lo usan como defensa. Las rayas, que son peces cartilaginosos, como los tiburones, suelen estar descansando en el fondo marino y cazan presas en el sedimento. En esa posición, con la boca hacia abajo, son vulnerables al ataque desde arriba. Si perciben una amenaza directa e inevitable, por ejemplo al sentirse aplastadas o pisadas, agitan su cola punzante hacia arriba y sueltan veneno.

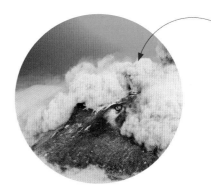

La raya se alimenta batiendo la arena

Alimentarse en la arena
Cuando una raya caza, agita las aletas y arroja chorros de agua por la boca para que salgan las presas (peces pequeños e invertebrados) que están enterradas en el fondo.

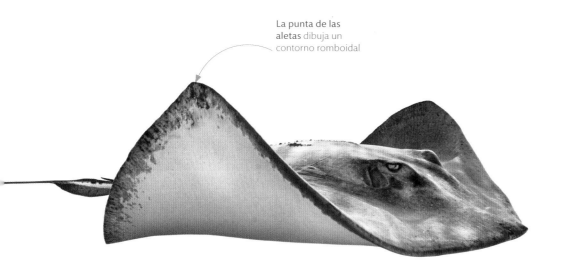

La punta de las aletas dibuja un contorno romboidal

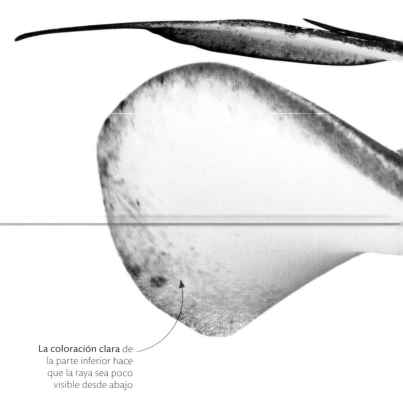

La coloración clara de la parte inferior hace que la raya sea poco visible desde abajo

LÁTIGO Y PINCHO

La cola de una raya se mueve como un látigo. Cuando el pez la agita, la cola se mueve hacia delante sobre la cabeza para clavarle al objetivo una púa dentada, que produce veneno y está encerrada en una vaina. La columna vertebral se puede romper, pero crecerá en unos meses.

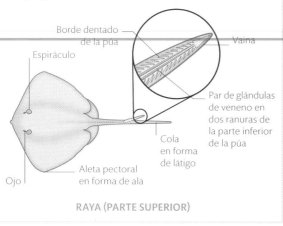

Borde dentado de la púa

Vaina

Espiráculo

Par de glándulas de veneno en dos ranuras de la parte inferior de la púa

Cola en forma de látigo

Ojo

Aleta pectoral en forma de ala

RAYA (PARTE SUPERIOR)

Acostada en el fondo

Como todas las rayas, la raya látigo americana, o raya blanca *(Hypanus americanus)*, está comprimida dorsoventralmente, lo que le da un perfil bajo adecuado para vivir en el fondo marino. La boca en la parte inferior le permite alimentarse del sedimento. Para evitar que la arena obstruya sus branquias, absorbe el agua a través de espiráculos situados en la parte superior de la cabeza. El agua pasa por las branquias y, desde ellas, se expulsa en la parte inferior.

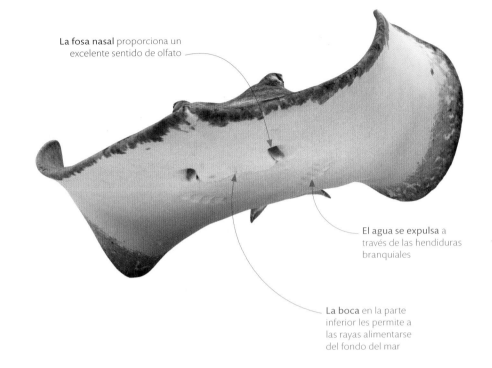

La fosa nasal proporciona un excelente sentido de olfato

El agua se expulsa a través de las hendiduras branquiales

La boca en la parte inferior les permite a las rayas alimentarse del fondo del mar

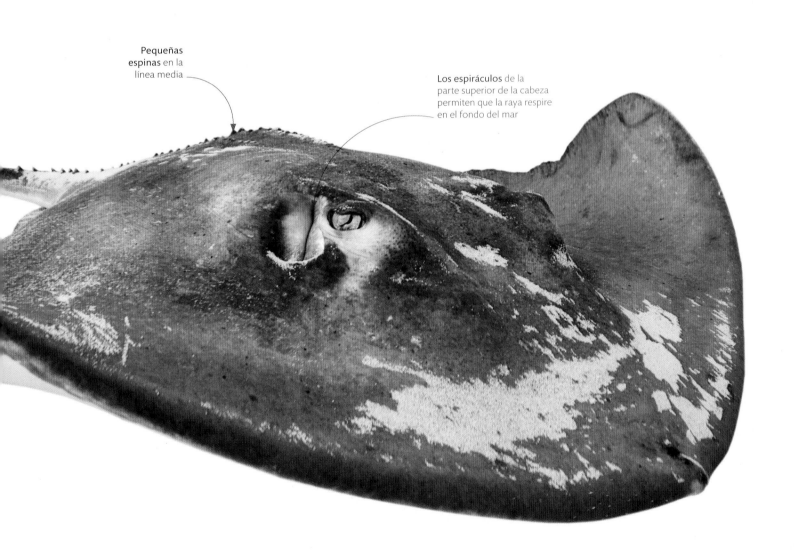

Pequeñas espinas en la línea media

Los espiráculos de la parte superior de la cabeza permiten que la raya respire en el fondo del mar

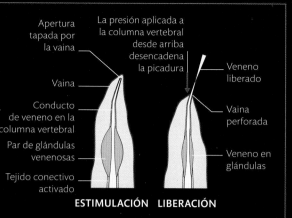

VENENO LETAL

Los peces piedra son los más venenosos del mundo. Usan el aguijón para defenderse, no para cazar. Almacenado en un par de glándulas, el veneno se administra a través de trece espinas modificadas de la aleta dorsal. Estas inyectan un cóctel de toxinas que atacan los músculos, los nervios, las células de la sangre y el sistema cardiovascular de la víctima, a la que le causan dolor, conmoción, parálisis y daño tisular grave.

Apertura tapada por la vaina

La presión aplicada a la columna vertebral desde arriba desencadena la picadura

Veneno liberado

Vaina

Conducto de veneno en la columna vertebral

Vaina perforada

Par de glándulas venenosas

Veneno en glándulas

Tejido conectivo activado

ESTIMULACIÓN **LIBERACIÓN**

Visto y no visto

Lo que más le ayuda a cazar al pez piedra (*Synanceia verrucosa*) son los ojos saltones y la boca grande, cuyo contorno está camuflado por una piel de mucha textura. Cuando el pez ve una presa (peces más pequeños o crustáceos), la boca se abre en menos de una décima de segundo y succiona con una fuerza que la presa no puede resistir.

peligro encubierto

El pez escorpión y el pez piedra son depredadores de emboscada, pero, a diferencia de los peces rata (pp. 232–233) y los rapes, que usan un señuelo para tentar a las presas, confían en su camuflaje y en su capacidad de quedarse quietos durante horas. Algunas especies de pez escorpión y pez piedra cambian de color para que coincida con el del entorno; parece que cada pez elige para descansar el lugar que mejor se adapta a su coloración.

La piel tiene una textura muy marcada y, a veces, lleva algas, las cuales pueden hacer que algunas presas herbívoras se acerquen al pez piedra

La aleta dorsal tiene espinas que sueltan veneno

Ocultos a plena vista

El rosa, el naranja y el violeta no parecen colores de camuflaje, pero, en contraste con el fondo de un arrecife de coral, un pez piedra, si no se mueve, puede pasar desapercibido para las presas y los depredadores. A pesar del camuflaje y del veneno, los depredadores como serpientes marinas, tiburones y rayas devoran a los pequeños peces piedra.

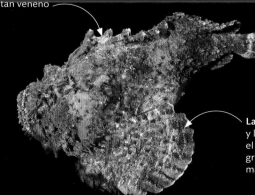

Las grandes aletas pectorales y la cola afilada se ocultan bajo el sedimento o se remeten en las grietas, lo que hace que sea aún más difícil detectar al pez piedra

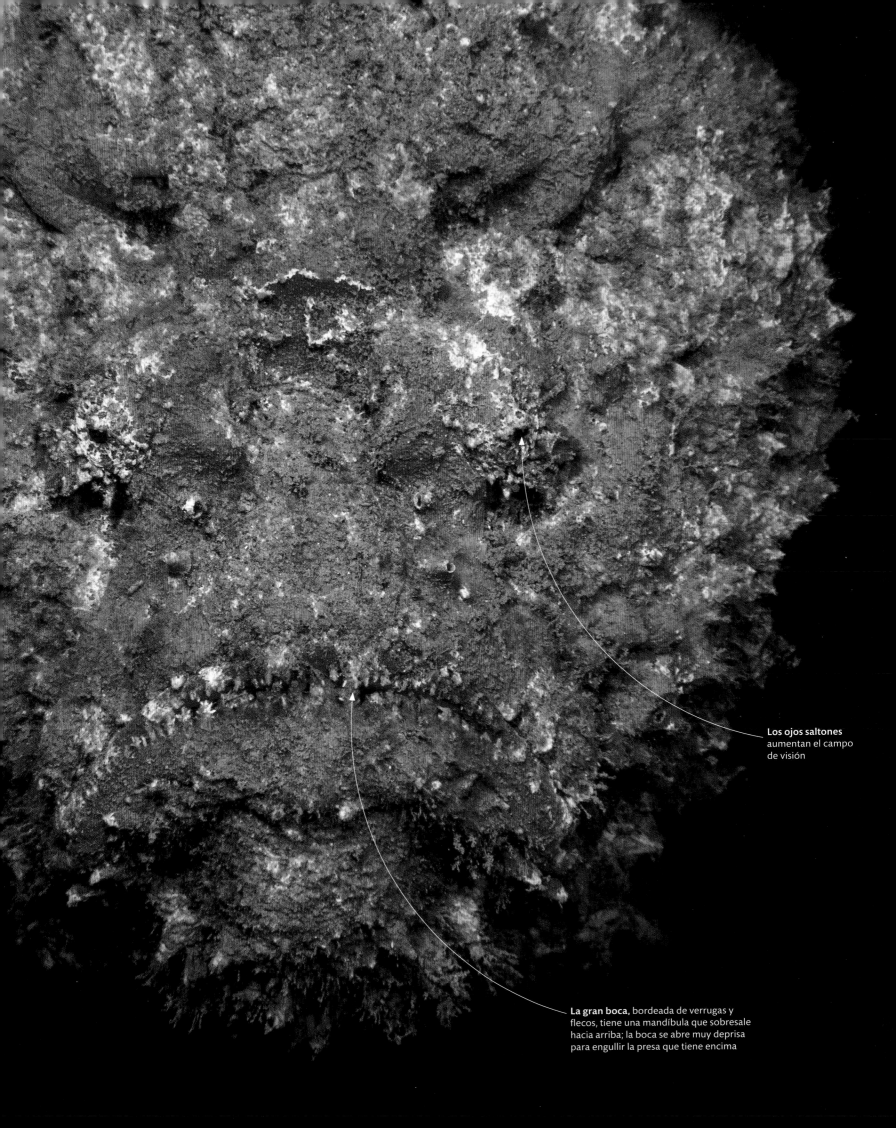

Los ojos saltones aumentan el campo de visión

La gran boca, bordeada de verrugas y flecos, tiene una mandíbula que sobresale hacia arriba; la boca se abre muy deprisa para engullir la presa que tiene encima

El hocico alargado, parecido a una sierra, es una extensión del cráneo

El esqueleto es de cartílago en lugar de hueso

Los dientes de sierra son de tamaño uniforme, planos y en forma de clavija, con punta afilada

Las fosas nasales están en la parte inferior de la cabeza

Las presas enterradas se detectan barriendo de un lado a otro

Barrer y cortar

Con su hocico en forma de sierra, el pez sierra barre el fondo marino en busca de señales eléctricas de presas ocultas en la arena; también golpea a la presa y la atonta en aguas abiertas; hace lo mismo con un agresor y, a veces, con otro pez sierra que compite por la comida.

detectar la electricidad

Los tiburones, las rayas y las mantarrayas tienen un extraordinario sentido del olfato, y también disponen de electrorreceptores ubicados en fosas diminutas del hocico. Esas fosas son muy abundantes en el gran hocico de los tiburones martillo, los tiburones sierra y los peces sierra. En realidad, estos últimos son rayas, y su parentesco con los tiburones sierra es lejano. Que todos tengan la sierra parecida es un ejemplo de evolución convergente: diferentes especies han desarrollado rasgos similares en su adaptación a medios similares.

Dientes de pez sierra

Como todos los peces sierra, el pejepeine (*Pristis pectinata*, mostrado aquí en una radiografía) tiene el hocico (rostro) largo y estrecho y dos juegos de dientes. Los más visibles son los dientes de sierra grandes, fuertes y puntiagudos a lo largo del hocico. Además, la boca contiene un conjunto de dientes pequeños y romos, dispuestos en 10–12 filas, que sirven para aplastar a las presas.

FOSAS SENSITIVAS

Los tiburones y las rayas detectan la actividad eléctrica muscular de las presas por medio de unas fosas llenas de gelatina llamadas ampollas de Lorenzini, que están en el hocico y alrededor de la boca. Tienen conexión neuronal con el cerebro, lo que genera una imagen eléctrica del entorno.

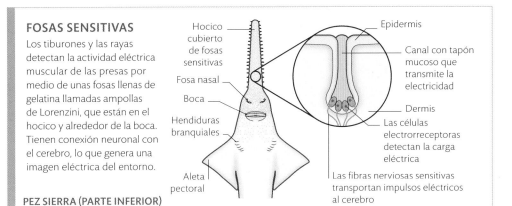

Hocico cubierto de fosas sensitivas

Fosa nasal

Boca

Hendiduras branquiales

Aleta pectoral

Epidermis

Canal con tapón mucoso que transmite la electricidad

Dermis

Las células electrorreceptoras detectan la carga eléctrica

Las fibras nerviosas sensitivas transportan impulsos eléctricos al cerebro

PEZ SIERRA (PARTE INFERIOR)

La piel está cubierta de pequeñas escamas placoides, que forman una capa protectora resistente y reducen el rozamiento en el agua

migrar para reproducirse

Para reproducirse, muchos peces regresan al lugar donde nacieron. Así aumentan la probabilidad de que su descendencia tenga un éxito similar. Para el salmón, que pasa la mayor parte de la vida adulta en el mar, el viaje de regreso a su río de origen es una hazaña. En primer lugar, experimentan cambios fisiológicos que les permiten aclimatarse al agua dulce. Durante el viaje río arriba, que puede cubrir cientos o, incluso, miles de kilómetros, tienen que remontar rápidos y saltar cascadas, por lo general sin alimentarse. El esfuerzo del viaje y los cambios hormonales conducen a una muerte programada a los pocos días de desovar.

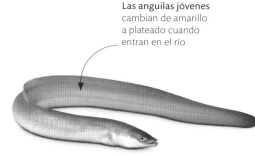

Las anguilas jóvenes cambian de amarillo a plateado cuando entran en el río

Migraciones a la inversa
Los salmones son anádromos; es decir, migran río arriba para desovar y morir. En cambio, las anguilas de agua dulce son catádromas: comienzan la vida en el mar, migran al agua dulce y regresan al mar para reproducirse.

CAMBIOS CORPORALES

El salmón sufre muchos cambios en su vida. Los alevines recién nacidos desarrollan marcas de camuflaje en forma de barras verticales (fase parr). Cuando van a pasar a vivir en el mar (fase smolt), se vuelven plateados. La fase oceánica llega a durar cinco años, y luego el salmón cambia otra vez de color –a marrón, rojo o verde, según la especie– antes de regresar a aguas continentales. En varias especies, los machos reproductores cambian de forma, sobre todo el salmón rosado (en la fotografía, abajo).

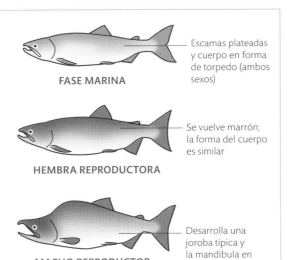

FASE MARINA

Escamas plateadas y cuerpo en forma de torpedo (ambos sexos)

HEMBRA REPRODUCTORA

Se vuelve marrón; la forma del cuerpo es similar

MACHO REPRODUCTOR

Desarrolla una joroba típica y la mandíbula en forma de gancho

Instinto hogareño

El salmón depende de dos sentidos para navegar de regreso al lugar donde desovará. La capacidad de detectar el campo magnético terrestre lo lleva a su río natal; luego, usa su agudo sentido del olfato para encontrar el lecho de grava donde nació. Estos salmones rosados *(Oncorhynchus gorbuscha)* en Alaska (Estados Unidos) se dirigen río arriba para reproducirse.

PICOS CON UTILIDAD

Que cada ave limícola tenga un pico diferente reduce la competencia por la comida incluso entre especies relacionadas, como los escolopácidos. El pico largo y puntiagudo, curvo o recto, penetra hondo en sedimentos duros en busca de invertebrados. Los picos cortos son útiles para buscar alimento cerca de la superficie o en el sedimento blando de la zona intermareal.

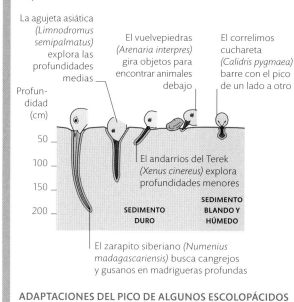

La agujeta asiática (*Limnodromus semipalmatus*) explora las profundidades medias

El vuelvepiedras (*Arenaria interpres*) gira objetos para encontrar animales debajo

El correlimos cuchareta (*Calidris pygmaea*) barre con el pico de un lado a otro

Profundidad (cm)

50

100

150

200

El andarríos del Terek (*Xenus cinereus*) explora profundidades menores

SEDIMENTO DURO

SEDIMENTO BLANDO Y HÚMEDO

El zarapito siberiano (*Numenius madagascariensis*) busca cangrejos y gusanos en madrigueras profundas

ADAPTACIONES DEL PICO DE ALGUNOS ESCOLOPÁCIDOS

explorar
el sedimento

Muchos limícolas, como la familia de los escolopácidos, se reproducen en la tundra ártica. Cuando los días se acortan y el número de insectos disminuye, vuelan hacia el sur e invernan en marismas de todo el mundo. Ahí encuentran invertebrados que viven en el sedimento, una dieta que les suministra «combustible» para sus largos viajes durante los meses de invierno. Cada especie está equipada con un pico explorador adecuado, la herramienta perfecta para asegurarse la comida.

Cambio de dieta

Después de atrapar larvas de mosca y escarabajos durante el verano canadiense, la agujeta gris (*Limnodromus griseus*) migra hacia el sur y cambia el uso del pico para hurgar en el sedimento de las costas tropicales americanas en busca de gusanos, moluscos y crustáceos.

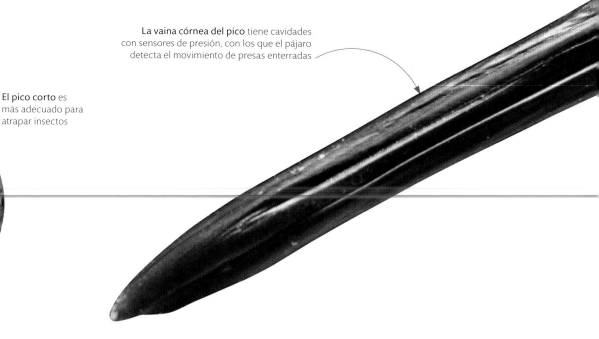

La vaina córnea del pico tiene cavidades con sensores de presión, con los que el pájaro detecta el movimiento de presas enterradas

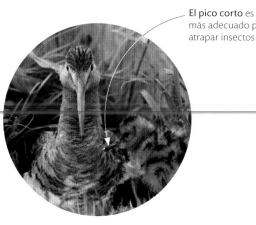

El pico corto es más adecuado para atrapar insectos

Picos y edad

Como otros miembros de la familia de los escolopácidos, los polluelos comedores de insectos de la aguja colinegra (*Limosa limosa*) eclosionan con el pico proporcionalmente más corto que el de los adultos, que hurgan en el sedimento.

La fina cabeza se sumerge parcialmente cuando hurga en el sedimento, con lo que el pico llega más hondo en busca de invertebrados excavadores

El plumaje marrón grisáceo lo camufla frente a los depredadores si lo ven contra el suelo; eso ocurre cuando se reproduce en prados subárticos y cuando se alimenta en las marismas

Bandera enarbolada (c. 1680)
Esta obra sin título del artista Abraham Storck celebra el comercio en la edad de oro holandesa. Representa barcos mercantes y galeones anclados en un tranquilo puerto imaginario. Forma pareja con otro trabajo de Storck: *Un barco holandés entrando en un puerto del Mediterráneo.*

Un ferri holandés ante el viento **(década de 1640)**
Esta pintura de un trasbordador con vela roja que transporta pasajeros y mercancías a través de una bahía tempestuosa muestra la destreza de Simon de Vlieger para dibujar el oleaje y los fenómenos atmosféricos.

el mar en el arte

la edad de oro holandesa

En la cresta de la ola del siglo XVII, los holandeses alcanzaron un gran poder gracias a su dominio del mar. Su maestría en la construcción de barcos mercantes y de guerra iba aparejada con una extraordinaria producción artística en todos los géneros. Las obras de los pintores de marinas eran muy populares, y captaban el poderío de los galeones, el paso de pequeñas embarcaciones en aguas continentales y los fenómenos atmosféricos en el mar y el cielo.

En 1640, el comerciante, viajero y escritor Peter Mundy vio que a la ensenada de Texel, en Holanda, llegaban veintiséis barcos mercantes desde costas lejanas, y concluyó que no había lugar en el mundo con tanto tráfico y comercio marítimo. Apuntó, además, que las obras de arte eran imprescindibles incluso en hogares pobres, carnicerías y panaderías.

Se estima que, entre 1640 y 1660, los artistas holandeses produjeron más de 1,3 millones de pinturas. Los cuadros de flotas y barcos mercantes en puertos extranjeros reflejan el dominio marítimo y económico holandés. Las grandes obras, como *La batalla de los cuatro días* (1666), de Abraham Storck, que muestra la guerra angloholandesa, reflejan una actividad naval intensa para mantener abiertas las rutas comerciales. Otros artistas, como Jan Van Goyen, Ludolf Backhuysen y Willem Van de Velde, representaron la navegación costera, los puertos tranquilos, la pesca en las bahías y el patinaje tan popular entre los holandeses.

66 En cuanto al arte de la pintura y la afición de la gente (holandesa) por los cuadros, no creo que nadie los supere… 99

PETER MUNDY, *LOS VIAJES DE PETER MUNDY EN EUROPA Y ASIA* (1608-1667)

En rosa
Como ocurre con los flamencos y el ibis escarlata, la coloración rosada de la espátula rosada *(Platalea ajaja)* se debe a los pigmentos carotenoides que hay en su comida. La intensidad del color varía según la edad, la estación, la ubicación y la disponibilidad de presas ricas en carotenoides.

La cabeza y el cuello están pelados en los adultos

La garganta y el esófago son elásticos y acogen las presas, que se tragan enteras

El plumaje varía del blanco al carmesí intenso

barriendo
por comida

A las aves que se alimentan en aguas turbias les resulta difícil ver bajo la superficie. Varias especies han desarrollado un pico sensible que permite detectar el alimento en aguas someras sin necesidad de ver; es una adaptación que también permite alimentarse de noche. Las seis especies de espátula cazan por localización táctil, de manera que detectan pececitos, camarones, larvas de insectos acuáticos y materia vegetal en albuferas, charcas y aguas de estuario de hasta 30 cm de profundidad.

El pico anaranjado de las espátulas jóvenes se vuelve gris en los adultos

Primeros días
Al nacer, las espátulas tienen el pico corto y recto. En los días posteriores a la eclosión, se alarga; tras una o dos semanas, empieza a ensancharse en la punta y, aproximadamente al cabo de un mes, alcanza la forma adulta característica.

El pico, de punta ancha, tiene un revestimiento sensible al tacto y se cierra a presión para atrapar presas más grandes

---

TÉCNICA DE ALIMENTACIÓN

La espátula se alimenta en aguas someras barriendo con el pico entreabierto en un movimiento circular o de un lado a otro para remover el sedimento. Tras sacar la presa del fondo, la atrapa entre las anchas mandíbulas, levanta la cabeza y cierra el pico, aplastando así la presa antes de tragarla.

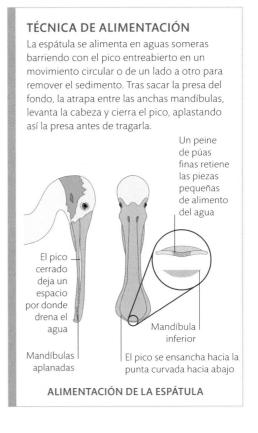

Un peine de púas finas retiene las piezas pequeñas de alimento del agua

El pico cerrado deja un espacio por donde drena el agua

Mandíbulas aplanadas

Mandíbula inferior

El pico se ensancha hacia la punta curvada hacia abajo

ALIMENTACIÓN DE LA ESPÁTULA

La **cola** ayuda al águila pescadora a maniobrar, de manera que golpea con precisión el objetivo

Las alas se retraen en forma de «W», lo que ayuda al águila pescadora a cortar el aire cuando se lanza hacia la superficie del agua

Prepararse para amerizar
El águila pescadora se lanza desde 40 m con sus alas largas y estrechas. Esa forma de las alas es ideal tanto para bucear como para planear sobre masas grandes de agua mientras escoge el objetivo adecuado.

Las patas se balancean hacia delante, listas para atrapar el pez, justo antes de que el pájaro impacte en el agua

pescar con las patas

Las rapaces (aves de presa, como águilas y halcones) atrapan su presa con las garras, que perforan la carne de la misma. El águila pescadora *(Pandion haliaetus)* es la única rapaz diurna que se alimenta casi exclusivamente de peces. Como otras rapaces, para cazar sumerge primero las patas, sobre todo en hábitats de agua salada. Con la presa bien asida, el águila pescadora vuela de regreso a su percha, y es capaz de capturar peces de hasta la mitad de su peso corporal.

ATRAPAR PRESAS RESBALADIZAS

Las aves rapaces suelen tener tres dedos hacia delante y uno hacia atrás, como la mayoría de las aves, lo que les facilita posarse y agarrar presas. Pero los peces son resbaladizos y requieren un agarre más firme. El águila pescadora tiene otro dedo hacia fuera, de modo que clava dos garras en cada lado de la presa. Sujeta los peces más pequeños con una sola pata, pero los más pesados los agarra con las dos, una frente a otra.

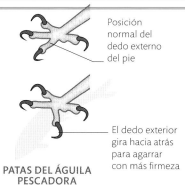

Posición normal del dedo externo del pie

El dedo exterior gira hacia atrás para agarrar con más firmeza

PATAS DEL ÁGUILA PESCADORA

El pico tiene un gancho largo y afilado, que atraviesa la piel dura y escamosa de los peces grandes

El plumaje denso y engrasado mantiene las plumas impermeabilizadas cuando bucea en busca de peces

Los dedos de las patas tienen una almohadilla espinosa en la parte inferior, lo cual permite que se adhieran firmemente a los peces

Rapaz costera

Aunque las largas patas le ayudan a alcanzar los peces, la flotabilidad natural del águila pescadora no le permite adentrarse más de un metro bajo el agua. Por eso captura peces que viven en la superficie de bahías someras o a lo largo de la costa. El águila pescadora usa esta técnica con éxito en todo el mundo: es una de las especies de aves con mayor distribución, ya que vive en América, África, Eurasia y Australasia.

manglares y marismas salobres

Estos hábitats de marea están dominados por árboles y otras plantas que se han adaptado a vivir rodeadas de agua salada. Protegen las costas de la erosión costera y albergan diversas comunidades de otros seres vivos.

crecer en las marismas

Las plantas que crecen en tierra firme o en agua dulce dependen de las sales de sus tejidos para llevar agua a las hojas: el agua se filtra (por ósmosis) hacia donde la concentración de sal es mayor. Las plantas de las marismas intermareales son halófitas; es decir, están adaptadas a las condiciones salobres y saladas, por lo general con hojas carnosas que acumulan el exceso de sal, necesario para extraer agua.

Los brotes maduros son rojo violáceo por la betacianina, el mismo pigmento que tiene la remolacha

Brotes bicolores
Las halófitas, como la australiana *Suaeda australis*, cambian de verde a rojo a medida que acumulan betacianina, un pigmento que protege las células en condiciones salobres.

GANAR Y PERDER AGUA

Las halófitas son plantas adaptadas a condiciones saladas. Al concentrar más sal en los tejidos de la que hay en el entorno, absorben agua por ósmosis (de menor a mayor concentración de sal). Las mesófitas son plantas terrestres convencionales, con concentración de sal más baja que el agua de mar, por lo que pierden agua por ósmosis en condiciones saladas.

CONCENTRACIÓN DE SAL

▢ Suelo normal ▨ Interior del mesófito

■ Suelo salado ▨ Interior del halófito

La planta gana agua por ósmosis

La planta gana agua por ósmosis

La planta pierde agua por ósmosis y se marchita

MESÓFITO EN SUELO NORMAL

MESÓFITO EN SUELO SALADO

HALÓFITO EN SUELO SALADO

Marisma anual

En el delta del río Liao, en China, las condiciones son demasiado húmedas y saladas para que sobrevivan la mayoría de las plantas. Pero *Suaeda salsa*, una halófita euroasiática, prospera en abundancia. Crece cada año a partir de semillas y, durante el otoño, sus brotes transforman la costa en una espectacular playa roja.

Colonizadores coloridos
Entre los colonizadores de las raíces del manglar están los tunicados, o ascidias (*Clavelina*). Donde llega la luz del sol, las algas verdes fotosintetizadas prosperan junto a ellos.

El cuerpo en forma de botella de los tunicados absorbe agua y filtra las partículas de alimento

La colonia de tunicados se forma porque cada individuo produce clones vecinos

colonizar raíces

En las costas fangosas tropicales, las raíces del mangle, que crecen como pilares en el agua, a menudo son la única superficie sólida en el hábitat intermareal. Como resultado, las algas y los animales oportunistas las colonizan rápidamente. La competencia por el espacio es intensa. Para el manglar, esos jardines submarinos son una suerte y una desgracia: nutren las raíces con sus restos y ahogan los poros por los que respiran las raíces.

Jardín submarino
Sumergidas en aguas ricas en nutrientes durante la marea alta, las raíces de mangle están cubiertas de organismos que se alimentan de plancton, como pólipos y tunicados. Los colonos que crecen más rápido tienen ventaja, pero algunos producen sustancias que repelen a sus vecinos.

CICLO DE VIDA DE UN TUNICADO

En el ciclo de vida de los tunicados, como en el de muchos invertebrados marinos, se alternan la forma sésil y la que nada. Como filtradores sedentarios, atrapan las partículas que lleva el agua que circula por su cuerpo blando. Las larvas, que no se alimentan, tienen el sostén de la notocorda, una estructura equivalente a la columna vertebral, que muestra que los tunicados están más relacionados con los vertebrados que con otros invertebrados.

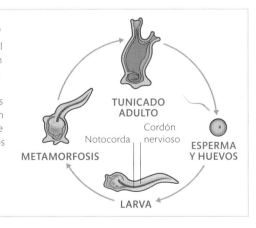

TUNICADO ADULTO

Cordón nervioso

Notocorda

ESPERMA Y HUEVOS

METAMORFOSIS

LARVA

crecer sobre zancos

Los árboles que crecen hasta gran altura tienen la ventaja de alcanzar más luz que los vecinos más bajos, pero el peso que ganan al crecer hasta las alturas les exige disponer de un fuerte apoyo. En las costas tropicales fangosas, los mangles, que son tolerantes a la sal, viven en sedimentos blandos y distribuyen el peso sobre un área amplia gracias a las raíces en forma de zancos o con contrafuertes que se extienden horizontalmente. Eso evita que el árbol se caiga, a pesar de que la base está sumergida cuando sube la marea. Los zancos arqueados también absorben oxígeno, lo que permite que los árboles prosperen en un sustrato que no se airea y con los tejidos de las raíces muy por debajo de la superficie.

Los cristales de sal se forman cuando se evapora el agua salobre secretada por las hojas

Sobrellevar la sal
Los mangles pueden tolerar una concentración elevada de sal en los tejidos. Algunas especies exudan el exceso de sal de las hojas, que quedan cubiertas con cristales de sal blanca.

RAÍCES QUE RESPIRAN

Las raíces del mangle tienen alveolos (cavidades) que captan el aire y distribuyen el oxígeno. El aire entra en las raíces durante la marea alta a través las lenticelas (poros). La forma de las raíces varía entre especies. Los mangles del género *Rhizophora* tienen las raíces como zancos; en cambio, las de *Bruguiera* emergen del lodo como un lazo; y las del género *Avicennia* llegan al aire a través de neumatóforos, que son la punta de la raíz que crece hacia arriba desde el sustrato y actúa como tubo de respiración.

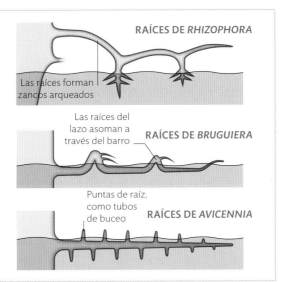

RAÍCES DE *RHIZOPHORA*

Las raíces forman zancos arqueados

Las raíces del lazo asoman a través del barro

RAÍCES DE *BRUGUIERA*

Puntas de raíz, como tubos de buceo

RAÍCES DE *AVICENNIA*

Matorral de la costa

La estructura que forman los zancos en un manglar proporciona un hábitat forestal único en las costas tropicales de todo el mundo. En el sur de Asia, las raíces arqueadas del mangle rojo *(Rhizophora mangle)* albergan pequeños animales en busca de alimento, como cangrejos, peces del fango y lagartos, y hasta a monos y pájaros.

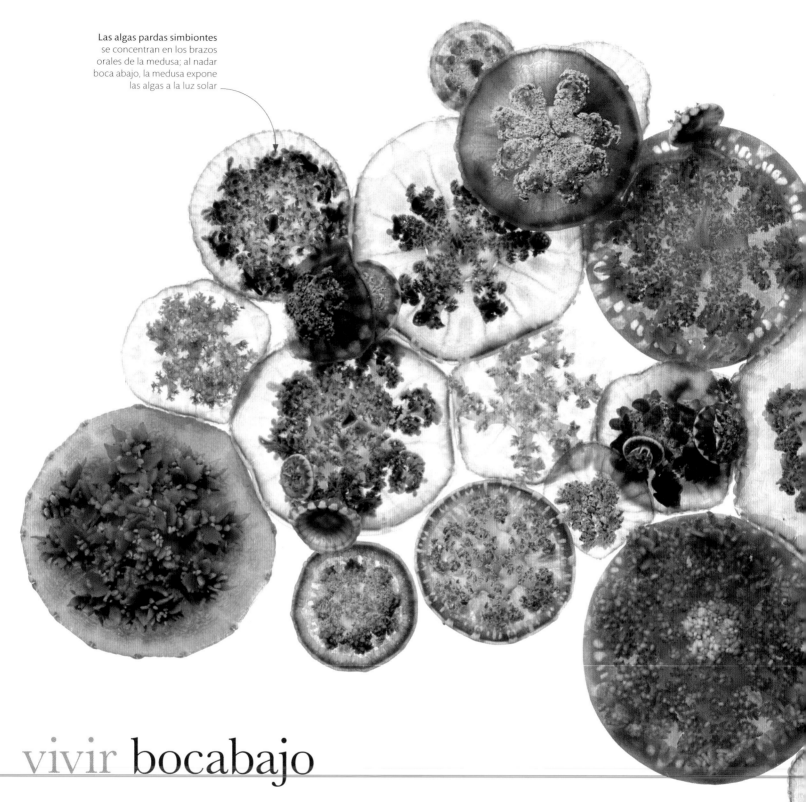

Las algas pardas simbiontes se concentran en los brazos orales de la medusa; al nadar boca abajo, la medusa expone las algas a la luz solar

vivir bocabajo

Esta curiosa medusa vive en albuferas y en praderas submarinas, por lo general en enjambres, y flota bocabajo, con los brazos urticantes hacia arriba en el agua. En el fondo de aguas someras iluminadas por el sol, se sirve de algas pardas, que salpican su cuerpo, para producir alimento mediante fotosíntesis. La nutrición que obtiene la medusa de esta manera complementa la que encuentra capturando presas.

Gelatina marina
La medusa invertida (*Cassiopea andromeda*) hace vibrar la umbrela y agita los brazos en el agua clara y cálida. Los brazos son polivalentes: al moverse adelante y atrás absorben oxígeno, atrapan alimento y exponen a la luz solar las algas productoras de nutrientes.

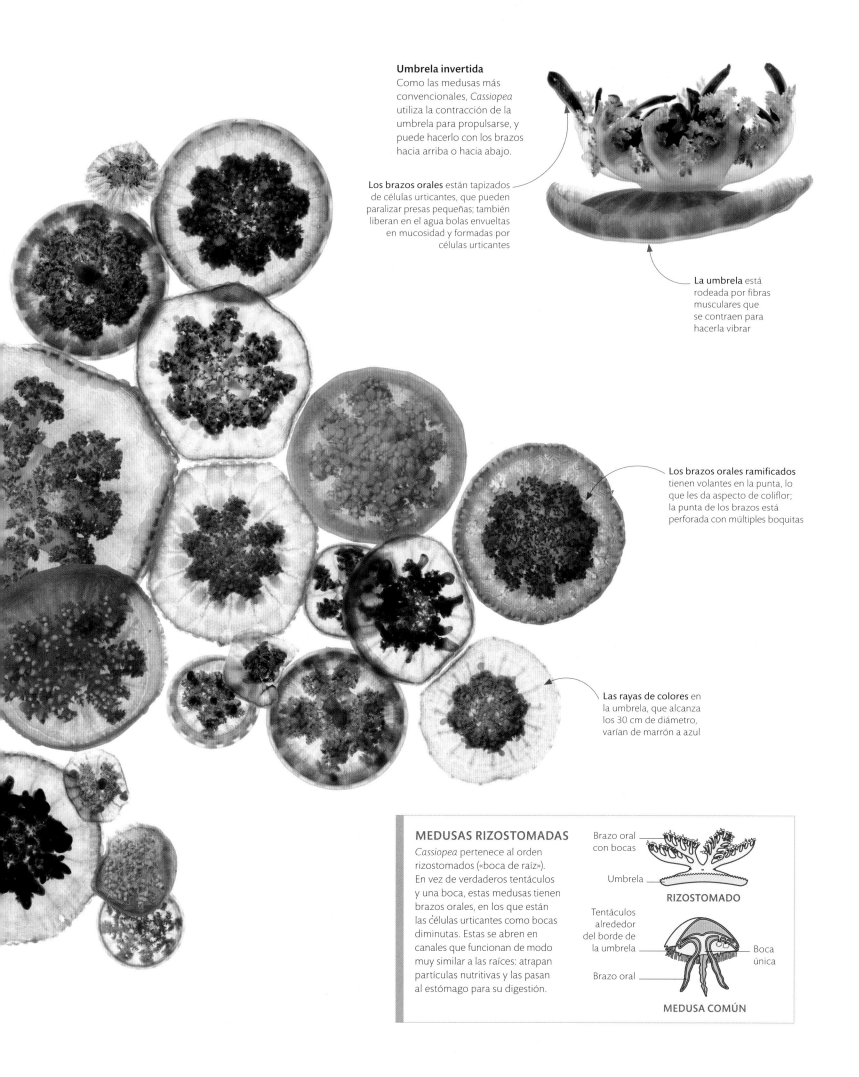

Umbrela invertida
Como las medusas más
convencionales, *Cassiopea*
utiliza la contracción de la
umbrela para propulsarse, y
puede hacerlo con los brazos
hacia arriba o hacia abajo.

Los brazos orales están tapizados
de células urticantes, que pueden
paralizar presas pequeñas; también
liberan en el agua bolas envueltas
en mucosidad y formadas por
células urticantes

La umbrela está
rodeada por fibras
musculares que
se contraen para
hacerla vibrar

Los brazos orales ramificados
tienen volantes en la punta, lo
que les da aspecto de coliflor;
la punta de los brazos está
perforada con múltiples boquitas

Las rayas de colores en
la umbrela, que alcanza
los 30 cm de diámetro,
varían de marrón a azul

MEDUSAS RIZOSTOMADAS
Cassiopea pertenece al orden
rizostomados («boca de raíz»).
En vez de verdaderos tentáculos
y una boca, estas medusas tienen
brazos orales, en los que están
las células urticantes como bocas
diminutas. Estas se abren en
canales que funcionan de modo
muy similar a las raíces: atrapan
partículas nutritivas y las pasan
al estómago para su digestión.

Brazo oral
con bocas

Umbrela

RIZOSTOMADO

Tentáculos
alrededor
del borde de
la umbrela

Boca
única

Brazo oral

MEDUSA COMÚN

fósil viviente

Los cangrejos herradura aparecieron en el mar hace unos 500 Ma, cuando los artrópodos se diversificaban evolutivamente en insectos, arácnidos y crustáceos. Los que se han encontrado fosilizados tienen una forma muy similar a los actuales, lo que sugiere que estos animales han cambiado poco a lo largo de millones de años de evolución. Pese a su nombre y su caparazón duro, están más relacionados con las arañas que con los verdaderos cangrejos.

El telson rígido con forma de cola se utiliza como timón al nadar

Sobreviviente antiguo
El cangrejo herradura de manglar (*Carcinoscorpius rotundicauda*) y sus parientes pertenecen a un grupo antiguo que comprende los euriptéridos, unos escorpiones gigantes acuáticos. Tenían el mismo esquema corporal —cabeza y tórax fusionados, abdomen separado y un caparazón en forma de escudo—, que se remonta a los albores de la evolución de los invertebrados.

El caparazón es rígido porque tiene quitina, un material resistente, pero no está endurecido con minerales como la cáscara quebradiza de un cangrejo verdadero

VISTA SUPERIOR

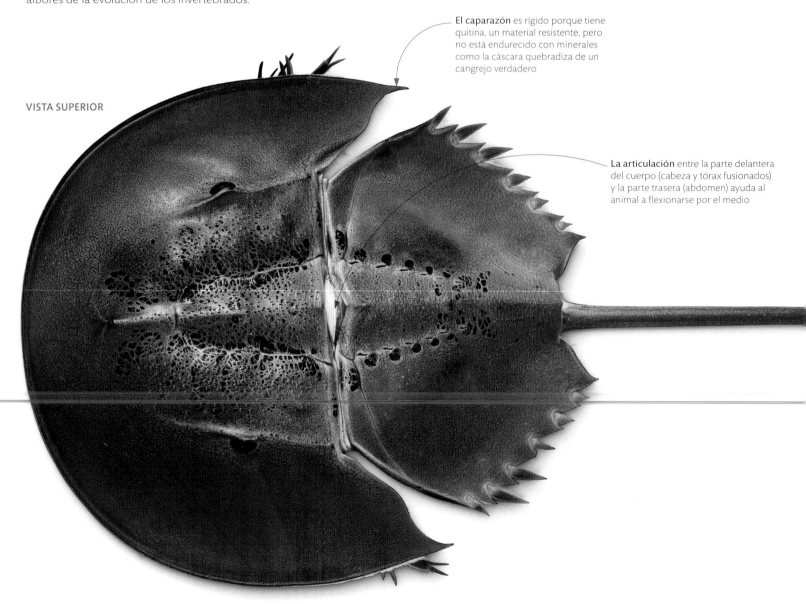

La articulación entre la parte delantera del cuerpo (cabeza y tórax fusionados) y la parte trasera (abdomen) ayuda al animal a flexionarse por el medio

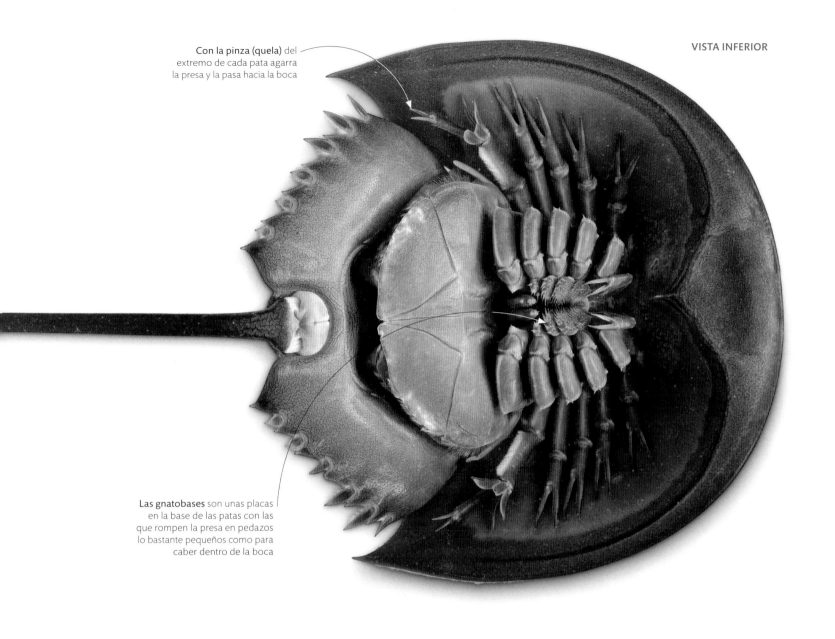

Con la pinza (quela) del extremo de cada pata agarra la presa y la pasa hacia la boca

Las **gnatobases** son unas placas en la base de las patas con las que rompen la presa en pedazos lo bastante pequeños como para caber dentro de la boca

El macho se aferra a la hembra mientras fertiliza miles de huevos, que luego son enterrados en la arena

Apareamiento de cangrejos herradura

La cacerola de las Moluscas *(Limulus polyphemus)* se reúne en grandes cantidades para reproducirse a lo largo de costas arenosas poco profundas, como lo hicieron sus antepasados hace millones de años.

SIN CAMBIOS POR EL TIEMPO

La estabilidad de algunos hábitats marinos ayuda a explicar que algunos grupos apenas hayan evolucionado. Los braquiópodos del género *Lingula* (animales excavadores con caparazón) quizá sean los animales menos modificados. Las conchas fósiles del Cámbrico, hace 540 Ma, son casi idénticas a las conchas de los *Lingula* actuales.

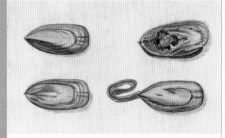

BRAQUIÓPODOS *LINGULA*

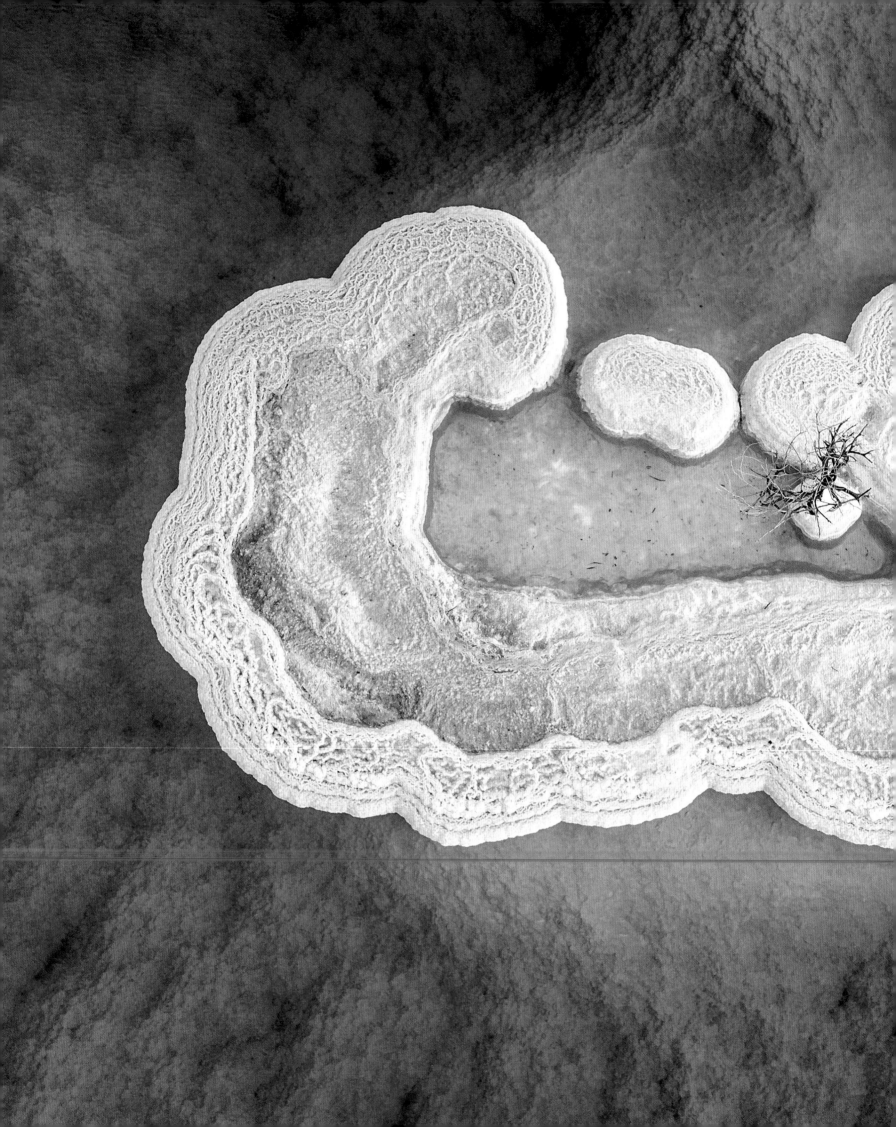

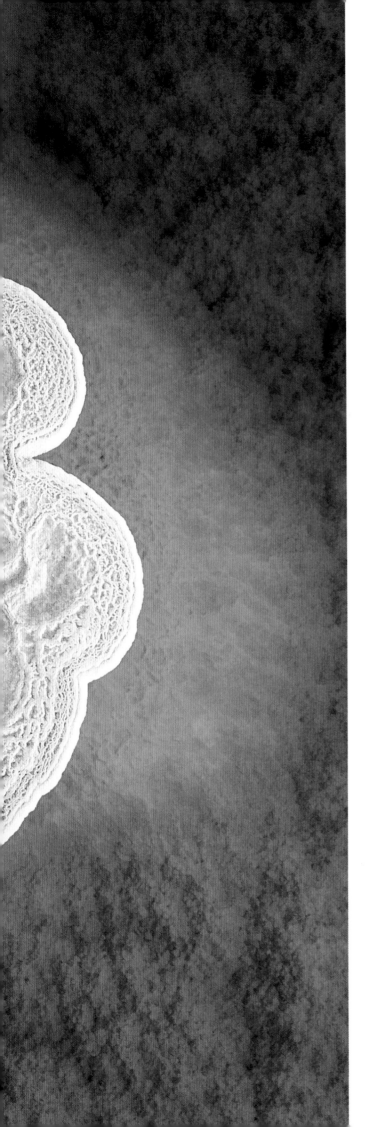

Ver la sal
El mar Muerto, un mar interior entre
Israel y Jordania, tiene una salinidad
promedio de alrededor del 34 %.
La elevada evaporación hace que
se formen depósitos visibles de sal.

agua salada

Los primeros océanos que se formaron en la Tierra, hace
unos cuatro mil millones de años, tenían poca sal, pero eran
débilmente ácidos por los gases liberados por la actividad
volcánica. Hoy, debido a la disolución de minerales de la tierra
y del fondo marino, los océanos reúnen más de cinco billones
de toneladas de sales de casi cien elementos diferentes. La
concentración de sal en el mar oscila entre el 3,3 y el 3,7 %.
La salinidad es mayor en mares cálidos y semicerrados, como
el Mediterráneo y el mar Rojo. Los dos componentes principales
de la sal marina son el sodio y el cloro, y, en menor cantidad,
contiene magnesio, azufre, calcio y potasio. Si se evaporara toda
el agua marina, los residuos de sal formarían una capa de 45 m
de espesor sobre todo el planeta.

EL CICLO DE LA SAL

En la constancia de la salinidad del mar intervienen varios factores: los elementos
químicos de las dorsales oceánicas, de los volcanes y los disueltos en los ríos; la
eliminación de sales por parte de los organismos y la deposición de sus restos en
el fondo marino; además, algunas sales se eliminan por mineralización (cambios
químicos) y por la incorporación de sedimentos al sustrato debidos a desplazamientos
del fondo.

Nubes de
ceniza volcánica

Propagación de ceniza
volcánica por la lluvia

La ceniza
volcánica
cae al mar

Polvo que vuela
desde tierra

Los ríos llevan
minerales al mar

La lluvia arrastra
polvo y gases
volcánicos al mar

Minerales del
fondo marino
incorporados
a la masa
terrestre

Absorción
de sales por
organismos
marinos

Deposición de
sales de restos
de organismos
marinos

Minerales liberados por
la actividad volcánica

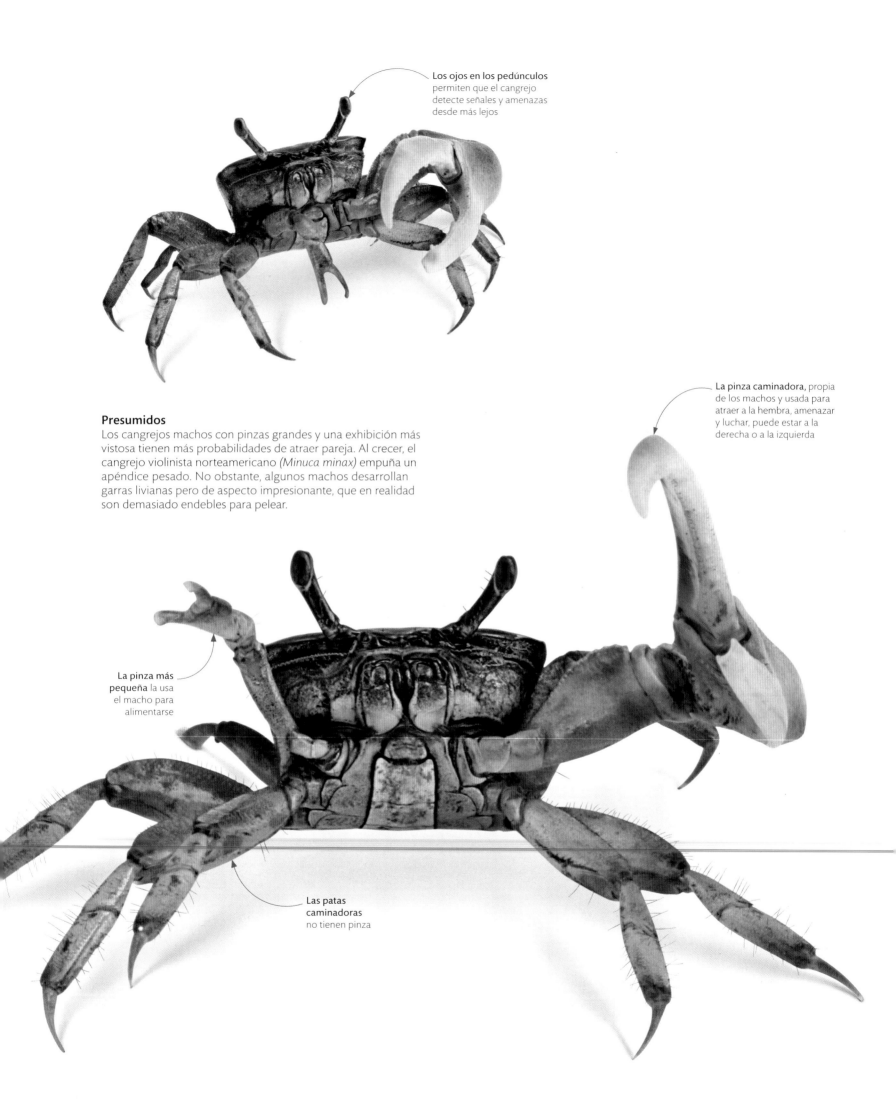

Los ojos en los pedúnculos permiten que el cangrejo detecte señales y amenazas desde más lejos

La pinza caminadora, propia de los machos y usada para atraer a la hembra, amenazar y luchar, puede estar a la derecha o a la izquierda

Presumidos

Los cangrejos machos con pinzas grandes y una exhibición más vistosa tienen más probabilidades de atraer pareja. Al crecer, el cangrejo violinista norteamericano *(Minuca minax)* empuña un apéndice pesado. No obstante, algunos machos desarrollan garras livianas pero de aspecto impresionante, que en realidad son demasiado endebles para pelear.

La pinza más pequeña la usa el macho para alimentarse

Las patas caminadoras no tienen pinza

APÉNDICES DE CRUSTÁCEOS

Los cangrejos, camarones, langostas y cangrejos de río son crustáceos decápodos. Tienen el cuerpo segmentado y un par de apéndices en cada segmento. Decápodo significa «diez patas» y se refiriere a los cuatro pares de patas caminadoras más un par con pinzas. Otros apéndices sirven como antenas para captar información sensorial, y otros como piezas bucales. Los cangrejos se diferencian de otros decápodos en que tienen el abdomen escondido bajo el tórax en lugar de extendido.

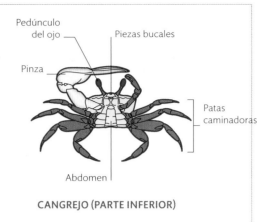

Pedúnculo del ojo

Piezas bucales

Pinza

Patas caminadoras

Abdomen

CANGREJO (PARTE INFERIOR)

el saludo del cangrejo

Muchas especies de cangrejos presentan dimorfismo sexual, es decir, gran diferencia entre el macho y la hembra. Los machos suelen tener pinzas grandes (quelas), que utilizan para pelear y como señal social, por ejemplo, en la amenaza y el cortejo. La mayoría de los cangrejos violinistas viven en extensiones planas, como playas de arena y marismas, donde las señales visuales se ven desde lejos. Los machos cavan una madriguera para reproducirse y saludan desde la entrada para atraer a las hembras que pasan. Antes del apareamiento, el macho tapona la madriguera desde dentro para mantener alejados a los rivales y proteger los huevos y la hembra, que sale cuando su descendencia está lista para nacer en el mar.

Ventaja femenina
El cangrejo violinista hembra usa ambas pinzas para alimentarse, a diferencia del macho, que utiliza solo una. Por lo tanto, la hembra puede recoger la comida dos veces más rápido.

Las pinzas de la hembra son pequeñas y simétricas

cazar sobre el agua

En la orilla, incluso en el manglar, muchos peces depredadores complementan sus capturas submarinas con presas cazadas en la vegetación que sobresale de la superficie. Algunos saltan hacia arriba para atrapar un insecto, pero los peces arquero tienen otra táctica: escupen un chorro de agua para derribar al objetivo. Son muy precisos, incluso en aguas turbias y movidas. Son tan ultrarrápidos que pueden atrapar el premio antes de que los competidores cercanos lo vean caer.

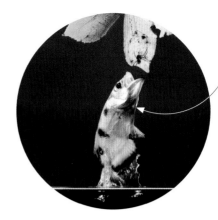

El pez arquero puede saltar hasta el doble de su longitud (30 cm) sobre el agua

Salto hacia la presa
Lanzando todo su cuerpo fuera del agua, el pez arquero puede atacar presas en las hojas que cuelgan a poca altura. Este enérgico método de caza a menudo es más eficaz que cazar presas.

Los ojos grandes proporcionan una visión aguda, incluso con la escasa luz de los densos manglares

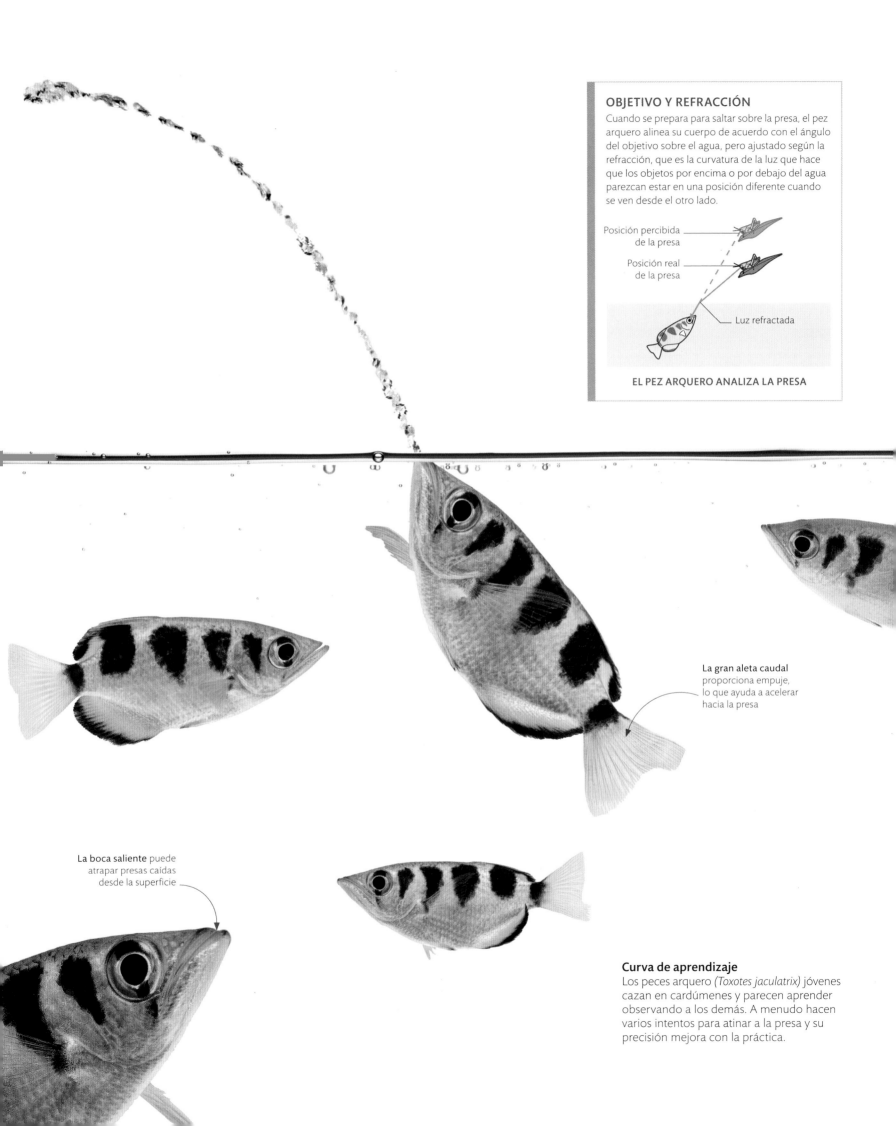

La gran aleta caudal proporciona empuje, lo que ayuda a acelerar hacia la presa

La boca saliente puede atrapar presas caídas desde la superficie

Curva de aprendizaje
Los peces arquero (*Toxotes jaculatrix*) jóvenes cazan en cardúmenes y parecen aprender observando a los demás. A menudo hacen varios intentos para atinar a la presa y su precisión mejora con la práctica.

Impresión, sol naciente (1872)

Del título de esta representación borrosa del puerto de Le Havre, en Normandía, obra de Claude Monet, deriva el nombre del movimiento impresionista. Inundada de colores contra un vago trasfondo de barcos y edificios, esta obra recibió críticas despectivas tildándola de «impresionista» cuando se exhibió en París en 1874; después, los pintores de este movimiento adoptaron esa denominación.

Étretat. El acantilado de Aval (1890)

Este paisaje marino de Normandía de Eugène Boudin presenta los característicos cielos luminosos y las aguas tranquilas, pero también el impresionante arco de piedra que hizo famoso su alumno Claude Monet.

el mar en el arte

impresiones del mar

Se suele considerar a Claude Monet el padre del movimiento impresionista. En sus últimos años rindió homenaje al artista que le enseñó a pintar el mar. En 1858, Monet vivía en Normandía y era un caricaturista de dieciocho años. Entonces conoció a Eugène Boudin, veinte años mayor que él, que introdujo al joven Monet en el enfoque naturalista de la pintura «al aire libre»; así aprendió a absorber y capturar la atmósfera de la costa.

Boudin era un maestro de los paisajes marinos expansivos, los cielos y las escenas tranquilas de gente de pícnic o paseando por la orilla. Monet tuvo en cuenta el consejo de su amigo, que le decía que debía «aprender a apreciar el mar, la luz y el cielo azul». Pero Monet desarrolló su propia técnica impresionista para captar la espectacular costa de Normandía. Se centró en captar los colores de las sombras bajo diferentes luces y eliminó el negro para crear un efecto más vivo. Pintó dieciocho veces el arco de piedra de Manneporte, en Étretat. Aplicaba toques rápidos del pincel cargado para fijar un rayo de luz o una nube y, en vez de mezclar colores, superponía capas de pintura cuando aún estaba húmeda la anterior.

En sus diarios, el escritor francés Guy de Maupassant describe a Monet en la playa de Étretat en 1886; y dice que pintaba cambiando entre cinco o seis lienzos a medida que cambiaba la luz durante el día. En una ocasión, escribe Maupassant: «Un aguacero se abatió sobre el mar. Cogió agua con las manos y la arrojó sobre el lienzo; de hecho, pintó la lluvia…».

> 66 Un paisaje es solo una impresión, instantánea, de ahí la etiqueta que nos han puesto. 99

CLAUDE MONET, ENTREVISTA PARA LA *REVUE ILLUSTRÉE* (1889)

CONFORMISTAS Y REGULADORES

Muchos animales marinos, como las medusas, los crustáceos y las estrellas de mar, ajustan la concentración de sal de su cuerpo en función del medio. En cambio, otros animales, como la mayoría de los vertebrados, mantienen constante su contenido de sal; es decir, lo regulan. Tanto los conformistas como los reguladores sobreviven a la salinidad cambiante de un estuario. Los primeros toleran mucha sal en su organismo, y los segundos impiden que se acumule.

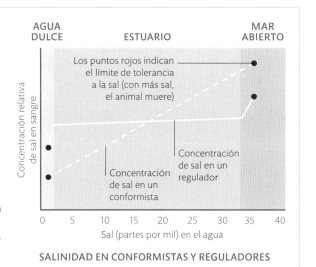

AGUA DULCE   ESTUARIO   MAR ABIERTO

Los puntos rojos indican el límite de tolerancia a la sal (con más sal, el animal muere)

Concentración relativa de sal en sangre

Concentración de sal en un conformista

Concentración de sal en un regulador

Sal (partes por mil) en el agua

0   5   10   15   20   25   30   35   40

SALINIDAD EN CONFORMISTAS Y REGULADORES

adaptados a los
cambios de salinidad

La concentración de sal en mar abierto es relativamente estable: alrededor del 35 %. La influencia del agua dulce aportada por los ríos tiene poco efecto, excepto cerca de la costa. La mayoría de los organismos marinos, como los de los hábitats de agua dulce, están tan adaptados al agua en la que viven que no pueden sobrevivir a los cambios de salinidad: se dice que son estenohalinos. En los estuarios, donde la salinidad sube y baja con las mareas, la vida es eurihalina: tolera la fluctuación de la salinidad.

Las lágrimas producidas por las glándulas lagrimales contienen una alta concentración de sal; las glándulas secretan el exceso de sal cuando la tortuga se deshidrata

El pico córneo se usa para aplastar presas, como peces y caracoles de marismas

El pie empuja hacia atrás contra el agua para impulsarse

La piel está cornificada (engrosada) con gran cantidad de queratina, una proteína de refuerzo que reduce la absorción del exceso de sal o agua

Equilibrio de la salinidad corporal
La única tortuga con patas que vive en los estuarios, la tortuga de espalda de diamante *(Malaclemys terrapin)* tiene la piel dura; con ella resiste la variabilidad de la salinidad. También posee glándulas lagrimales que secretan el exceso de sal. Si su concentración de sal aumenta, pasa más tiempo en agua dulce, evita las presas más saladas y levanta la cabeza para beber agua de la lluvia que cae.

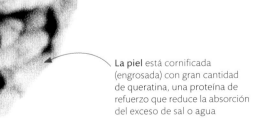

Pies palmeados con garras
Como las tortugas de agua dulce, la tortuga espalda de diamante tiene patas con garras, en lugar de aletas, con las que camina sobre el sedimento del estuario. Las membranas entre los dedos ayudan a propulsarse en el agua.

arrecifes de coral

Entre los ecosistemas más complejos y hermosos de la Tierra se encuentran los arrecifes de coral. Los construyen animales coloniales, y estas estructuras masivas son el hogar de diversas y coloridas comunidades de organismos. Muchos de ellos están altamente especializados en su nicho ecológico.

Colonia de botellas

Las botellas filtradoras de la esponja del Indopacífico *(Lamellodysidea chlorea)* están conectadas en una colonia en expansión. En los mares costeros agitados con sedimentos, la esponja *Lamellodysidea* pueden cubrir corales vivos y llegar a dominar un arrecife.

El ósculo es una abertura en la parte superior de cada cámara en forma de botella, por donde se libera el agua extraída de la materia alimentaria

La ascidia *Didemnum* crece como una colonia de colores brillantes. Se alimenta por filtración, es de color verde intenso o rosa y se instala en casi cualquier superficie, incluso sobre una esponja

Las paredes de la cámara están tapizadas de células portadoras de poros; cada poro, u ostiolo, permite que entre el agua en la esponja

cuerpos simples

En el mar viven los animales más simples: las esponjas. Algunas especies llegan a ser gigantes, de más de 1 m de ancho, pero en todas, sin importar el tamaño, las células constituyentes están tan poco conectadas que, si se hiciera pedacitos el cuerpo, cada pieza podría convertirse en un nuevo individuo. Sin embargo, como en otros animales, las células cooperan para mantener viva toda la estructura: ayudan a que circule el agua a través de la esponja porosa para extraer las partículas alimentarias.

El frágil esqueleto crece a grandes profundidades

La esponja barril es el tipo de esponja más grande, y alcanza 1,8 m de diámetro

ESPONJA VÍTREA

DEMOSPONJA

Clathrina crece en forma de tubos enmarañados

Tipos de esponja
El esqueleto que sostiene una esponja puede estar hecho de fibras de colágeno (una proteína) o de espículas duras (minerales). En las demosponjas, por lo general las más suaves, predomina el colágeno, mientras que las esponjas vítreas y calcáreas se sostienen por espículas de sílice o calcita, respectivamente.

ESPONJA CALCÁREA

ORGANIZACIÓN CORPORAL

Las células que componen la esponja típica se organizan alrededor de cámaras porosas en forma de botella. Las células del collar que revisten el cuerpo tienen flagelos que baten el agua y mantienen el flujo: hacia dentro a través de la pared y hacia fuera a través de una abertura en la parte superior. Cada flagelo se encuentra dentro de un collar permeable que atrapa las partículas de comida que transporta el agua.

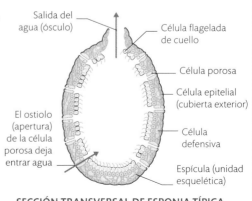

Salida del agua (ósculo)

Célula flagelada de cuello

Célula porosa

Célula epitelial (cubierta exterior)

El ostiolo (apertura) de la célula porosa deja entrar agua

Célula defensiva

Espícula (unidad esquelética)

SECCIÓN TRANSVERSAL DE ESPONJA TÍPICA

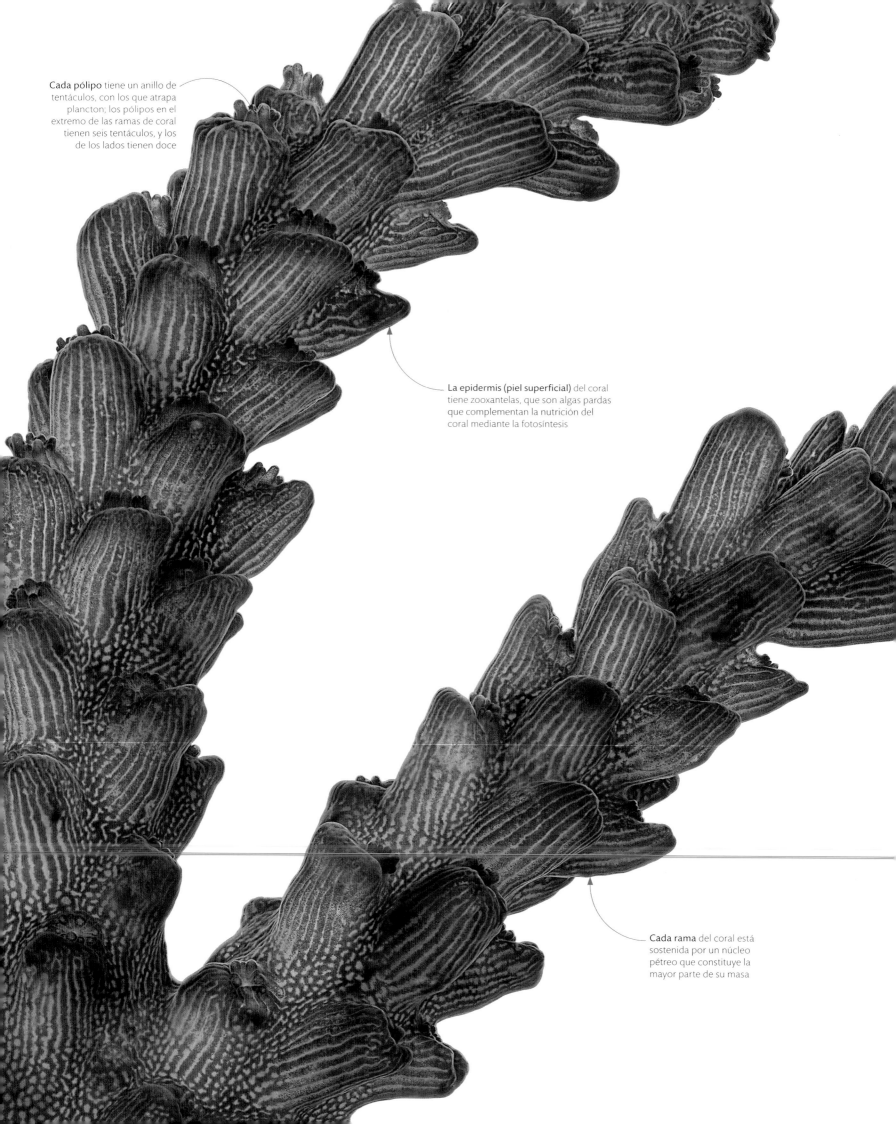

Cada pólipo tiene un anillo de tentáculos, con los que atrapa plancton; los pólipos en el extremo de las ramas de coral tienen seis tentáculos, y los de los lados tienen doce

La epidermis (piel superficial) del coral tiene zooxantelas, que son algas pardas que complementan la nutrición del coral mediante la fotosíntesis

Cada rama del coral está sostenida por un núcleo pétreo que constituye la mayor parte de su masa

fabricar piedra

Algunos animales modifican su entorno más que otros. Muchos corales usan los minerales del agua para construir esqueletos rocosos, que se acumulan durante cientos o incluso miles de años y que conforman una imagen arquetípica del océano: el arrecife de coral. El coral vivo persiste apenas como un fino velo con diminutos tentáculos que atrapan plancton. Pero la base mineralizada que ha construido puede tener un kilómetro de espesor y extenderse cientos de kilómetros a través del lecho marino.

Ramas de coral
Las ramas de una colonia de coral duro (*Acropora* sp.) tienen un núcleo duro y pétreo revestido con una especie de «piel» que contiene pólipos con tentáculos. Los nutrientes extraídos del plancton que atrapa se reparten para toda la colonia a través de esa «piel».

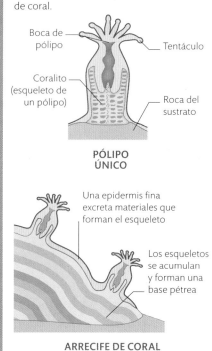

FORMACIÓN DE UN ARRECIFE DE CORAL

Las larvas microscópicas de coral planctónico se fijan a la roca, donde se convierten en pólipos. Cada pólipo, no mayor que un grano de arroz, forma el coralito: un diminuto esqueleto pétreo en forma de copa. Con el tiempo, se generan más pólipos interconectados a medida que la colonia se expande hacia fuera en la superficie, mientras el esqueleto de debajo se engrosa, unos 0,5 cm por año, hasta convertirse en la base pétrea de un arrecife de coral.

Boca de pólipo

Tentáculo

Coralito (esqueleto de un pólipo)

Roca del sustrato

PÓLIPO ÚNICO

Una epidermis fina excreta materiales que forman el esqueleto

Los esqueletos se acumulan y forman una base pétrea

ARRECIFE DE CORAL

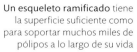

Un esqueleto ramificado tiene la superficie suficiente como para soportar muchos miles de pólipos a lo largo de su vida

Coral muerto
Despojado de tejido vivo, este esqueleto de coral blanco es carbonato de calcio casi puro: un mineral calcáreo producido por la capa viva del coral.

sincronización de la freza

En la reproducción sexual de muchos animales marinos se liberan células sexuales al agua, y ahí se produce la fecundación. Los corales tienen que sincronizar el desove (la freza) de grupos de la misma especie a fin de que se liberen espermatozoides y huevos al mismo tiempo. Las señales ambientales, como el aumento estacional de la temperatura o las fases lunares, desencadenan uno de los actos reproductivos más espectaculares: la eclosión de un arrecife en el momento de la freza. Se ha estimado que de cada metro cuadrado de arrecife sale un millón de huevos.

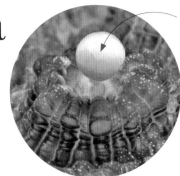

El paquete de **gametos** sale por la boca del pólipo

Pólipo reproductivo
La mayoría de los corales son hermafroditas: los pólipos expulsan paquetes esféricos de gametos, que se rompen en esperma y óvulos una media hora después de su liberación.

CICLO SEXUAL DEL CORAL

El ciclo de vida de los corales y las anémonas, sus parientes, está dominado por el pólipo sésil: un animal en forma de odre con tentáculos urticantes con los que atrapa presas planctónicas. Las colonias de pólipos liberan paquetes de gametos en sincronía; así maximizan la probabilidad de fecundación. Cada huevo fecundado da una larva plánula, que se mezcla con el plancton a la deriva. Si sobrevive a los depredadores, la larva se fijará en el fondo marino y se transformará en pólipo. Luego se multiplica asexualmente, y forma una nueva colonia de coral.

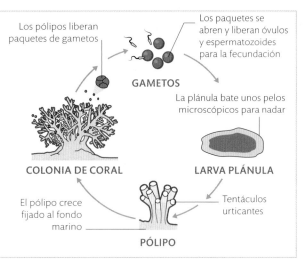

Los pólipos liberan paquetes de gametos

Los paquetes se abren y liberan óvulos y espermatozoides para la fecundación

GAMETOS

La plánula bate unos pelos microscópicos para nadar

COLONIA DE CORAL

LARVA PLÁNULA

El pólipo crece fijado al fondo marino

Tentáculos urticantes

PÓLIPO

Liberación de gametos

En algunos arrecifes de todo el mundo, todos los corales desovan al mismo tiempo; en cambio, en el mar Rojo, cada especie tiene su momento de freza. Esta especie de *Acropora* desova a principios del verano en una noche de luna llena, y libera millones de bolas rosadas de gametos.

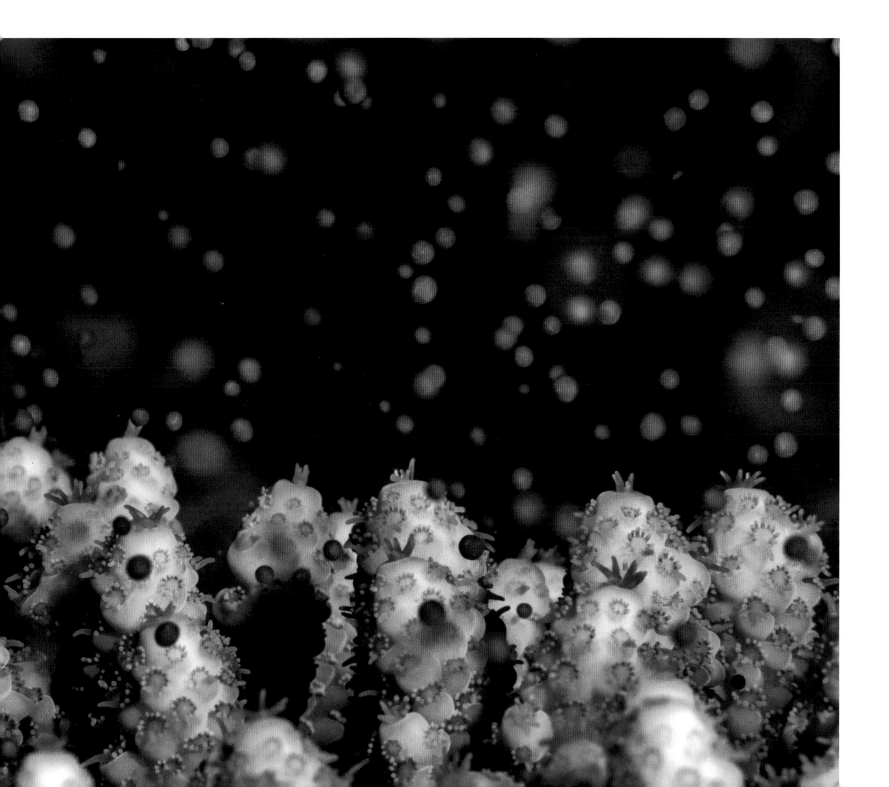

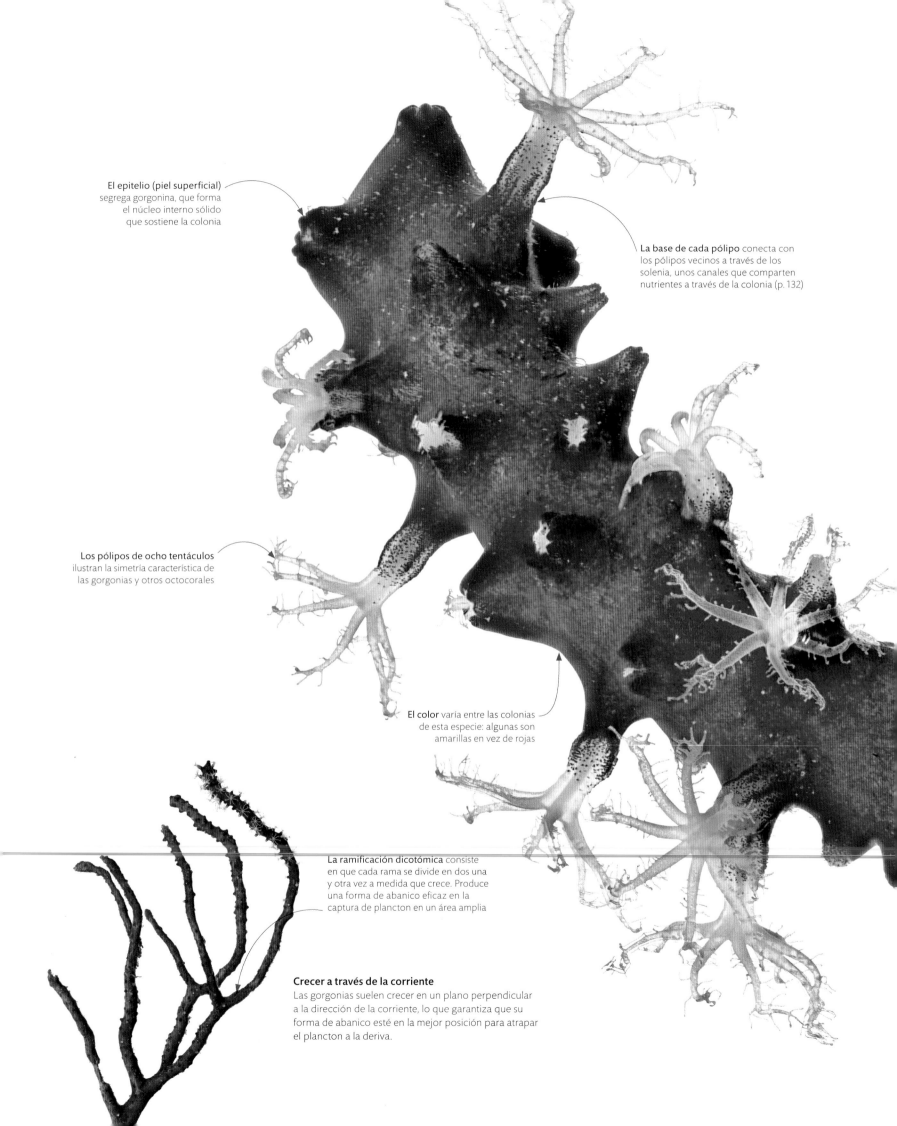

El epitelio (piel superficial) segrega gorgonina, que forma el núcleo interno sólido que sostiene la colonia

La base de cada pólipo conecta con los pólipos vecinos a través de los solenia, unos canales que comparten nutrientes a través de la colonia (p. 132)

Los pólipos de ocho tentáculos ilustran la simetría característica de las gorgonias y otros octocorales

El color varía entre las colonias de esta especie: algunas son amarillas en vez de rojas

La ramificación dicotómica consiste en que cada rama se divide en dos una y otra vez a medida que crece. Produce una forma de abanico eficaz en la captura de plancton en un área amplia

Crecer a través de la corriente
Las gorgonias suelen crecer en un plano perpendicular a la dirección de la corriente, lo que garantiza que su forma de abanico esté en la mejor posición para atrapar el plancton a la deriva.

esqueleto córneo

Los corales más conocidos son los que depositan el enorme cimiento rocoso del arrecife, pero algunos parientes suyos construyen colonias de otra manera. Las gorgonias producen ramas sostenidas por un núcleo de la proteína gorgonina, que es similar a la sustancia de los cuernos. Se extienden hacia arriba y en horizontal, y quedan suspendidas sobre pendientes pronunciadas. Ahí, lejos de la superficie del mar, atrapan plancton con sus pequeños pólipos.

Ramas de las profundidades
Cada rama de la colorida *Diodogorgia nodulifera*, propia del Caribe, está cubierta de pólipos que atrapan plancton. A diferencia de muchos corales duros que crecen cerca de la superficie, esta gorgonia no tiene algas fotosintetizadoras, que necesitan la luz, por lo que puede crecer en las profundidades oscuras.

VARIEDAD DE SOPORTES

Las gorgonias pertenecen al grupo de los octocorales, cuyos pólipos tienen ocho tentáculos. Sus estructuras de soporte son más diversas que las de los pétreos hexacorales, de seis tentáculos. Algunos, los corales blandos (pp. 132–133), carecen de esqueleto duro. Las gorgonias están sostenidas por la gorgonina, que es un material córneo, mientras que el coral *Tubipora musica* está reforzado por minerales calcáreos.

ESTRUCTURA DE CORAL
TUBIPORA MUSICA

Los pólipos se retraen si hay un peligro, o bien extienden los tentáculos para atrapar plancton

Los pólipos que contienen algas
fotosintetizadoras están en la
parte superior, donde quedan
expuestos a la luz

Coral blando
Los corales blandos carecen del esqueleto
duro y mineral de los corales de arrecife.
Algunos, como el coral de cuero (*Sarcophyton
glaucum*), forman enormes colonias, carnosas
y con forma de seta.

vivir en una colonia

Los animales coloniales son comunes en el mar. Un coral maduro
está formado por miles de pólipos diminutos. Todos atrapan plancton
con los tentáculos, pero están vinculados a los vecinos, y el alimento
se comparte con el conjunto. Todos los pólipos se desarrollan a
partir del mismo óvulo fecundado y son genéticamente idénticos,
y la colonia funciona como un único superorganismo. Al ocupar un
área amplia, la colonia maximiza la captura de alimento y la cantidad
de huevos que libera en la freza.

Colonia carnosa
En una superficie como un pulgar hay docenas de pólipos
del coral de cuero *Sarcophyton*. Además de atrapar plancton,
cada pólipo lleva algas fotosintetizadoras, que producen
nutrientes. Los pólipos se proyectan desde el coenénquima,
una masa de tejido.

NUTRICIÓN COMPARTIDA

Cada pólipo de coral tiene una cavidad
gastrovascular que ingiere plancton y
expulsa los desechos. Los nutrientes de
las presas digeridas se distribuyen por
toda la colonia. En los corales duros,
esto ocurre en el fino tegumento que
recubre el esqueleto mineral. En los
corales blandos, los canales usados
son los solenia, que penetran más
hondo en la colonia carnosa.

ESTRUCTURA DE UN CORAL BLANDO

Tentáculos en
torno a la boca

Los canales que
unen las cavidades
gastrovasculares
pasan el alimento
entre los pólipos

Cavidad
gastro-
vascular

La masa de tejido carnoso
carece de esqueleto duro

Corales pétreos

También conocidos como corales duros, son los arquitectos de los arrecifes de coral. Los verdaderos corales pétreos tienen un esqueleto rígido de carbonato de calcio (en su forma de mineral aragonito), y cada pólipo tiene su copa protectora: el coralito. En zonas con oleaje intenso, las colonias forman montículos robustos o formas aplanadas; en mares tranquilos, las mismas especies pueden formar estructuras más complejas con ramificación intrincada.

Se forman grupos densos, de hasta 2,4 m de ancho y 1,2 m de alto en aguas poco profundas

Las ramas grandes y **gruesas** que parecen las astas de un alce, brindan refugio a muchas especies

CORAL CUERNO DE CIERVO
Acropora cervicornis

CORAL CUERNO DE ALCE
Acropora palmata

Corales blandos

Estos corales, suaves y flexibles, son los octocorales, cuyo nombre se debe a que los pólipos tienen ocho tentáculos. Suelen tener aspecto de árbol, y no forman arrecifes. La colonia la sostiene un núcleo córneo, y la protege una cubierta carnosa.

Especie arbórea que se encuentra en aguas profundas del Atlántico Norte y del mar de Barents

Una colonia rígida, con aspecto de arbusto, crece en un solo plano

GERSEMIA FRUTICOSA

SUBERGORGIA

Las ramas blandas y flexibles hacen que el coral tolere los golpes de las fuertes corrientes marinas

El pólipo de ocho **tentáculos** captura el plancton que pasa para obtener nutrientes

Carnoso y flexible

Comúnmente conocido como coral arbóreo de Kenia (*Capnella imbricata*), este coral blando se ramifica a partir de un solo «tronco» fijado al sustrato. Las colonias habitan en áreas costeras y pendientes rocosas de arrecifes, y pueden crecer hasta unos 45 cm.

Los pólipos grandes se ramifican en varias direcciones, y los tentáculos se extienden para atrapar el zooplancton que pasa

Las columnas cilíndricas verticales, de hasta 3 m de altura, crecen a partir de una base incrustada en el sustrato

Los valles largos y serpenteantes contienen varios pólipos

Las placas horizontales están formadas por ramillas que crecen vertical y horizontal

TUBASTRAEA COCCINEA

DENDROGYRA CYLINDRUS

COLPOPHYLLIA NATANS

ACROPORA CYTHEREA

Las ramas rojas o púrpuras están bordeadas de pólipos blancos y se mueven con las corrientes marinas

La base, o pedúnculo, se ancla en la arena en aguas poco profundas

Los pólipos abiertos están listos para ingerir presas; se cerrarán antes de volver a comer

Las ramificaciones que parecen dedos, están cubiertas de pólipos retráctiles

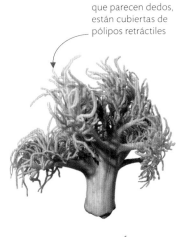

LÁTIGO DE MAR
Ellisella ceratophyta

PLUMA DE MAR
Pteroeides

ANTHOMASTUS

CORAL CUERO ARBÓREO
Sinularia flexibilis

corales

Hay corales en todos los océanos, pero las especies que forman arrecifes se encuentran, sobre todo, en mares tropicales y subtropicales poco profundos. El coral está formado por enormes colonias de pólipos, que se alimentan de plancton. Las colonias que viven en aguas poco profundas y más cálidas albergan zooxantelas, algas que utilizan dióxido de carbono de la respiración del coral en la fotosíntesis, y, a su vez, le devuelven los nutrientes al coral.

La verdes zooxantelas están en el cuerpo del pólipo, que contiene la cavidad gastrovascular

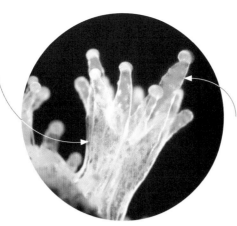

Algas en el cuerpo
Cuando se amplía un pólipo de coral, se ven las zooxantelas como manchas de células de color verde. Cada célula tiene clorofila, que absorbe luz, el mismo pigmento de las plantas fotosintetizadoras.

Los tejidos transparentes inmersos en una masa gelatinosa permiten que llegue luz a las zooxantelas en el revestimiento gastrointestinal

alimentados por la luz del sol

Los organismos animales se nutren de alimentos digeridos y asimilados, pero hay animales marinos que obtienen la energía del sol. Muchos corales y algunos hidrozoos, anémonas, esponjas y moluscos contienen zooxantelas, que son algas fotosintetizadoras. Estas crecen en los tejidos del animal expuestos al sol, y usan el dióxido de carbono de la respiración del pólipo para producir nutrientes; gran parte de ellos pasan al huésped, lo cual es clave para su crecimiento.

Esqueleto de la fotosíntesis
Los hidrocorales del género *Millepora* se conocen como coral de fuego por su dolorosa picadura. Son hidrozoos coloniales con esqueleto duro, como los corales pétreos. Su dependencia de las zooxantelas simbiontes los restringe a aguas poco profundas con mucha luz. Usan gran parte de los nutrientes de la fotosíntesis de las algas para construir su esqueleto calcáreo.

ZOOXANTELAS

Las zooxantelas marinas pertenecen al grupo de los dinoflagelados. Tienen formas bentónicas, que nadan con flagelos, los cuales pierden al ser envueltas por pólipos de coral, convirtiéndose luego en quistes a partir del revestimiento de la cavidad del pólipo. Las formas nadadoras y las enquistadas están en equilibrio, pero el calentamiento del mar provoca que disminuyan las formas quísticas, que se blanqueen los corales y, a menudo, que mueran.

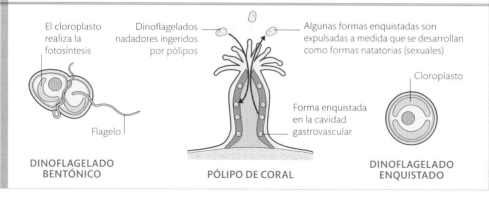

El cloroplasto realiza la fotosíntesis

Flagelo

DINOFLAGELADO BENTÓNICO

Dinoflagelados nadadores ingeridos por pólipos

Forma enquistada en la cavidad gastrovascular

PÓLIPO DE CORAL

Algunas formas enquistadas son expulsadas a medida que se desarrollan como formas natatorias (sexuales)

Cloroplasto

DINOFLAGELADO ENQUISTADO

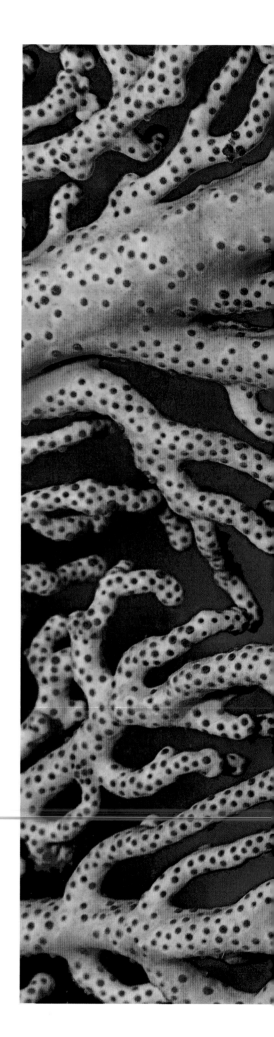

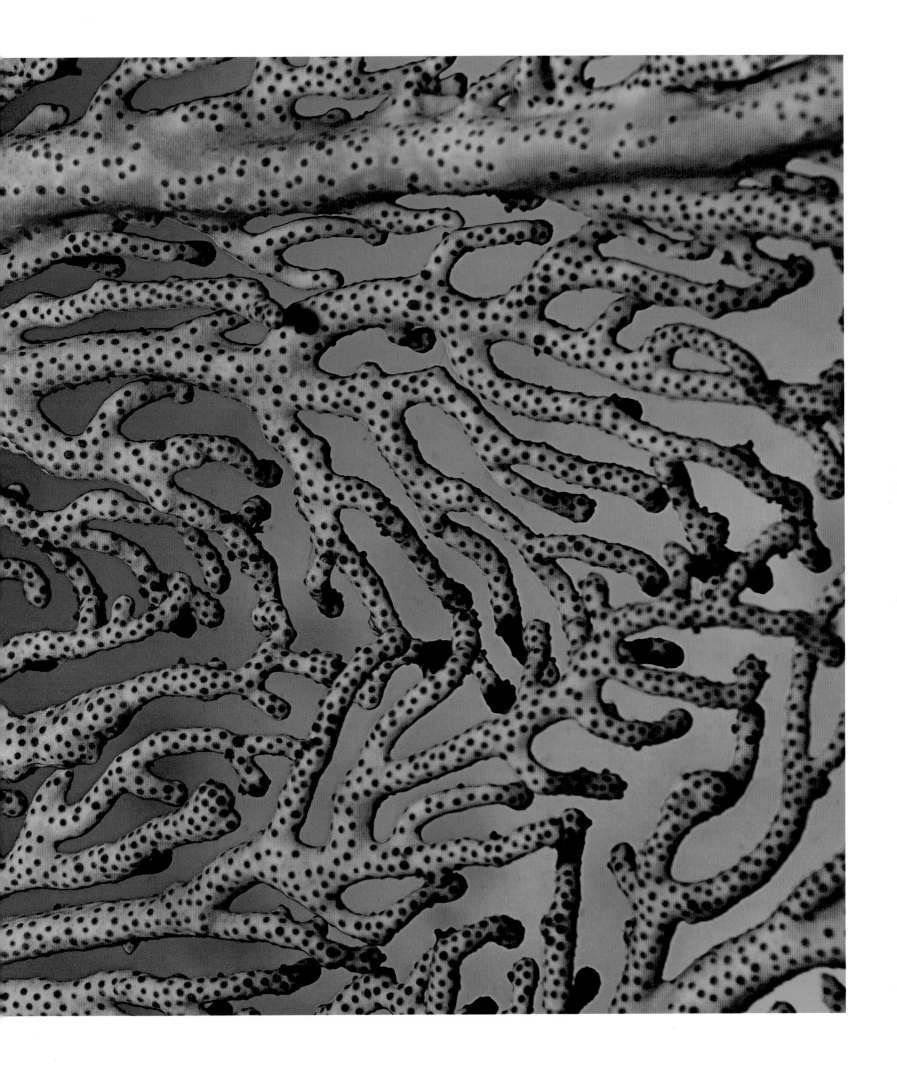

Los tentáculos más largos de muchas especies de anémonas llegan más lejos y atrapan presas más grandes

Alfombra con energía solar
Como otras anémonas, la especie *Stichodactyla haddoni*, propia del Indopacífico, complementa los nutrientes que obtiene de sus presas con los producidos por las algas que viven en su gran disco oral. Las algas fotosintetizan con la energía de la luz solar que penetra en el agua; así producen glúcidos, que comparten con la anémona.

Tentáculos urticantes
La virulencia del veneno no es igual en todas las anémonas. La mayoría atrapa pequeños animales planctónicos, pero algunas, como la anémona dalia *(Urticina felina)*, inmovilizan presas más grandes, incluso erizos.

El extremo en forma de botón de cada tentáculo está cubierto de nematocistos (células urticantes)

dardos para la presa

Para un animal fijo en el fondo marino, una anémona es un depredador muy eficiente: el pólipo, coronado por tentáculos urticantes, se estira hacia el agua para atrapar animales que pasan. Los tentáculos llevan la víctima paralizada a la boca, en el centro del pólipo, que engulle la comida hacia la cavidad gastrovascular. Los pólipos de las anémonas alfombra son de los más grandes de un arrecife tropical: un único disco oral, cubierto por tentáculos cortos en forma de yemas, puede abarcar casi 1 m.

VENENO DISPARADO
Las anémonas, los corales y las medusas son cnidarios. Estos depredadores de cuerpo blando deben su capacidad urticante a los nematocistos, unas células de su tegumento. Cada uno contiene una cápsula de veneno y un filamento con púas como un arpón en miniatura. El contacto con la presa dispara el arpón, que se clava en la víctima con un cóctel químico que puede paralizar los músculos.

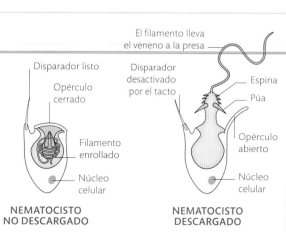

El filamento lleva el veneno a la presa

Disparador listo

Opérculo cerrado

Filamento enrollado

Núcleo celular

NEMATOCISTO NO DESCARGADO

Disparador desactivado por el tacto

Espina

Púa

Opérculo abierto

Núcleo celular

NEMATOCISTO DESCARGADO

El disco oral carnoso rodea la boca central y contiene fibras musculares, que al contraerse elevan su cubierta de tentáculos en el agua y los acercan a la presa

La cavidad gastrovascular, que digiere la presa y absorbe los nutrientes, está dentro de la columna muscular

los arrecifes de coral

Los corales formadores de arrecifes viven en aguas tropicales poco profundas, donde la temperatura del agua varía entre 20 y 35 °C. Necesitan una superficie rocosa sobre la que construirse, una salinidad marina y aguas poco turbias. Las grandes poblaciones de pequeños pólipos de coral (los individuos no son más grandes que un guisante) trabajan con otros organismos para construir y mantener las estructuras vivas más grandes de la Tierra. La Gran Barrera de Coral en el noreste de Australia, que comprende más de tres mil arrecifes, se ve desde el espacio. Los arrecifes de coral son muy sensibles a los cambios; por eso se están muriendo como resultado del aumento de la temperatura, la acidificación del mar y la disminución de la concentración de oxígeno.

Cosecha abundante
Cuando cae la noche, los cardúmenes de peces soldado (*Myripristis kuntee*) emergen de la cubierta de un arrecife en Palaos. Sus grandes ojos les ayudan a cazar durante la noche animales planctónicos, como las larvas de cangrejo.

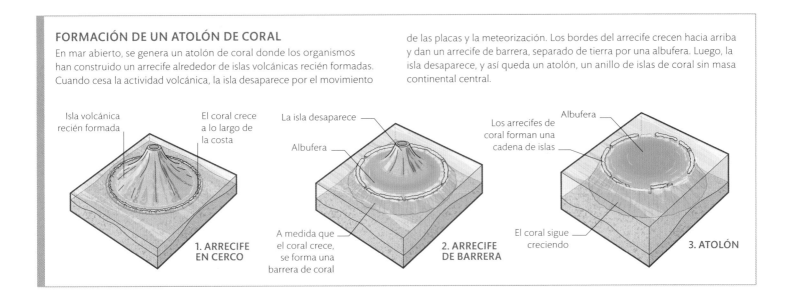

FORMACIÓN DE UN ATOLÓN DE CORAL

En mar abierto, se genera un atolón de coral donde los organismos han construido un arrecife alrededor de islas volcánicas recién formadas. Cuando cesa la actividad volcánica, la isla desaparece por el movimiento de las placas y la meteorización. Los bordes del arrecife crecen hacia arriba y dan un arrecife de barrera, separado de tierra por una albufera. Luego, la isla desaparece, y así queda un atolón, un anillo de islas de coral sin masa continental central.

Isla volcánica recién formada

El coral crece a lo largo de la costa

1. ARRECIFE EN CERCO

La isla desaparece

Albufera

A medida que el coral crece, se forma una barrera de coral

2. ARRECIFE DE BARRERA

Albufera

Los arrecifes de coral forman una cadena de islas

El coral sigue creciendo

3. ATOLÓN

EL VIAJE DEL VENENO

Parece que algunos animales que comen zoantarios, como lo hacen los crustáceos, toleran su veneno. Muchas toxinas marinas se transmiten por la cadena trófica. La ciguatera se produce por comer pescado con una alta concentración de ciguatoxina, un veneno producido por dinoflagelados (algas). Los peces que comen algas no excretan la toxina, por lo que su concentración aumenta hasta ser potencialmente letal para los consumidores que se encuentran más arriba en la cadena trófica, incluidos los humanos.

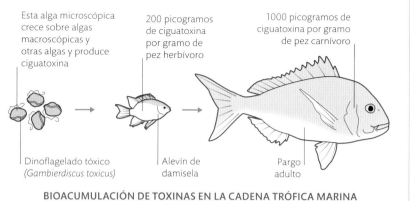

Esta alga microscópica crece sobre algas macroscópicas y otras algas y produce ciguatoxina

200 picogramos de ciguatoxina por gramo de pez herbívoro

1000 picogramos de ciguatoxina por gramo de pez carnívoro

Dinoflagelado tóxico (*Gambierdiscus toxicus*)

Alevín de damisela

Pargo adulto

BIOACUMULACIÓN DE TOXINAS EN LA CADENA TRÓFICA MARINA

brillo venenoso

En las soleadas costas tropicales de todo el mundo brillan los coloridos zoantarios. Como las anémonas, producen pólipos grandes y blandos; y, como los corales, crecen en colonias, aunque carecen de esqueleto duro que forme arrecifes. Los llamativos colores de los pólipos pueden servir como una advertencia de su toxicidad. Muchos zoantarios contienen alcaloides, sustancias químicas amargas y venenosas, que disuaden a los animales que podrían comérselos. Algunos de esos venenos derivan de los organismos planctónicos que el zoantario atrapa con los tentáculos.

La base azul de los tentáculos tiene una forma del pigmento alcaloide diferente al de las puntas verdes

Pigmento letal
El color y el veneno del zoantario se deben a los alcaloides llamados zoantoxantinas. Estos producen el vívido azul y verde de los tentáculos, pero también son tóxicos para los nervios y músculos de otros animales. Ocultas por los alcaloides, también están presentes algas fotosintetizadoras, que le proporcionan nutrientes extra al zoantario.

Los tentáculos pueden emitir fluorescencia por el pigmento alcaloide: parte de la luz absorbida por él durante el día se emite por la noche, produciendo un brillo verdoso

Las radiolas (ramas laterales) de los palpos tienen cilios batientes (pelos microscópicos) que impulsan partículas de alimento hacia la boca

El operáculo es un palpo modificado en forma de disco, que tapa la entrada al tubo y protege al gusano cuando se retira al interior

El tubo calcáreo está reforzado
por una cresta triangular que
recorre la parte superior

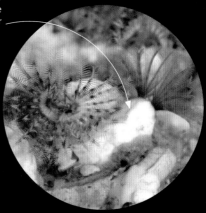

Gusano habitante del coral

Los palpos de un gusano abanico
(*Pomatostegus stellatus*) se extienden
en forma de herradura. Llenos de
un pigmento que absorbe oxígeno,
están revestidos con pelos que
capturan alimento. El resto del
gusano vive dentro de un tubo
calcáreo enterrado en el esqueleto
de un coral pétreo tropical.

Tubo expuesto

El tubo duro del gusano árbol de Navidad
(*Spirobranchus lamarcki*), pariente del gusano
abanico, se suele ver fijado a la roca o, en
ocasiones, al caparazón de un cangrejo.

El tono rosado de los palpos
se debe a los pigmentos
de la sangre en los tejidos;
los pigmentos se unen
químicamente al oxígeno
y lo extraen del agua para
que lo respire el animal

abanico acuático

Muchas de las miles de especies de gusanos anélidos (segmentados)
marinos excavan el sedimento con su cuerpo musculoso, igual que las
lombrices de tierra, sus parientes terrestres. Otros anélidos marinos pueden
nadar en aguas abiertas. Pero los gusanos abanico viven en un tubo, lo
que impide que naden o excaven para escapar de los peligros. La parte
delantera llega al agua, donde una corona de palpos (estructuras parecidas
a dedos) barre el agua en busca de oxígeno y partículas de alimento. Cuando
hay peligro, los músculos retractores tiran de las partes expuestas, y todo el
animal se mete dentro del tubo.

TIPOS DE TUBO

Los serpúlidos son un grupo
de gusanos abanico. Forman un
duro tubo calcáreo, de carbonato
cálcico secretado por glándulas
del collar en la base de los palpos.
Otros gusanos abanico son los
sabélidos, emparentados con
los anteriores, que hacen tubos
membranosos blandos de
mucosidad mezclada con
sedimento atrapado por
los palpos.

El tubo duro está fijado
en la roca por uno de
sus lados

El tubo blando está
parcialmente enterrado
en arena o barro

SPIRORBIS (SERPÚLIDO)   *SABELLA* (SABÉLIDO)

Depuradoras de agua
Hay más de 10 000 especies de bivalvos marinos. Todos son filtradores, capaces de eliminar los contaminantes del agua de mar; una ostra puede filtrar 95 litros al día.

especies destacadas

almejas gigantes

Las almejas gigantes *(Tridacna)* son los animales sésiles no coloniales del arrecife de coral. A estos pesados moluscos les llega el sol tropical en los océanos Índico y Pacífico desde África oriental hasta las islas Pitcairn, en Polinesia.

Al igual que otros bivalvos, la concha de la almeja gigante tiene dos valvas unidas por una bisagra. Contiene algas zooxantelas, que fotosintetizan y producen el 90 % de los nutrientes de la almeja; el resto procede del plancton que obtiene por filtración. En algunas especies, el manto carnoso tiene colores vívidos con pigmentos o cristales reflectantes, que ayudan a filtrar la radiación ultravioleta y otras radiaciones potencialmente dañinas.

Como las algas del coral, la almeja gigante tiene una relación mutuamente beneficiosa con las zooxantelas, ya que la almeja les pasa dióxido de carbono y compuestos de nitrógeno que las algas necesitan para elaborar los nutrientes. Esta simbiosis surte buenos efectos: un ejemplar de *Tridacna gigas*, la especie más grande, llegó a pesar media tonelada.

Como muchos animales típicos del coral, las almejas gigantes estructuran la compleja comunidad que las rodea. Con el tiempo, su concha se coloniza con vida; además, muchos animales, desde crustáceos hasta peces, viven sobre el manto, algunos como parásitos. Las zooxantelas, que a veces son expulsadas del manto también, pueden ser alimento para los consumidores de plancton.

Las tridacnas son hermafroditas; liberan la mayor parte del esperma antes que los óvulos, lo que limita la autofecundación. Como en la mayoría de los moluscos, de los huevos fecundados salen larvitas que nadan en el plancton antes de convertirse en adultos y asentarse en el fondo.

Gigantes coloridos
La almeja gigante *Tridacna derasa*, propia de arrecifes de barrera y atolones, es la segunda especie más grande, y alcanza los 60 cm de largo. De concha lisa, su manto es de un azul o verde espectacular.

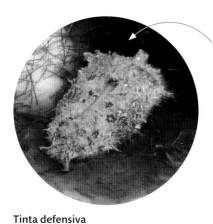

La nube de tinta contiene sustancias irritantes que repelen a los depredadores

Tinta defensiva
Cuando la molestas, esta especie de babosa marina, la liebre de mar, libera una nube de tinta púrpura acre. La tinta la produce, en parte, gracias a las algas marinas que come.

Atención, veneno
Los colores vivos de la babosa marina de neón (*Nembrotha kubaryana*) son aposemáticos; es decir, actúan como señal de advertencia para los depredadores. Esta especie del Indopacífico tiene una baba tóxica porque se alimenta de una particular ascidia, un animal filtrador de cuerpo blando que vive en el fondo marino.

almacenar armamento

Los moluscos de cuerpo blando sin caparazón duro necesitan otro tipo de protección frente a los depredadores. Algunos, como muchas babosas marinas, se equipan con las defensas que adquieren al alimentarse, y otros ingieren organismos tóxicos y almacenan el veneno para secretar su propia baba tóxica o liberar tinta repelente. También algunos se comen los tentáculos de las medusas o las anémonas y conservan los nematocistos (aguijones), que se incorporan a su cuerpo con plena capacidad de dispararlos.

ALMACENES DE AGUIJONES
La babosa marina de neón pertenece al grupo de los dóridos, que tienen una pluma de branquias y dependen de la baba tóxica que elaboran. Otro grupo, los eólidos, almacenan aguijones de sus presas en las ceras (proyecciones en forma de dedo). Los aguijones microscópicos ingeridos con la comida van por las ramas laterales del intestino y se quedan en la punta de las ceras, listos para dispararse cuando ataque un depredador.

Ano — Intestino — Rinóforo
Branquias
Boca
BABOSA DE MAR (DÓRIDOS)

El cnidosaco, en la punta de las ceras, almacena aguijones

Las ramas laterales del intestino transportan aguijones

Rinóforo
Boca
Ano
BABOSA DE MAR (EÓLIDOS)

El rinóforo es un órgano sensorial parecido a un tentáculo; en contacto con el agua detecta presas, como acidias

Las marcas de color naranja aumentan la advertencia de que el animal es tóxico, pero algunos individuos igual de venenosos de esta variable especie son solo verdes y negros

Las branquias en forma de pluma, dispuestas en círculo, absorben oxígeno del agua

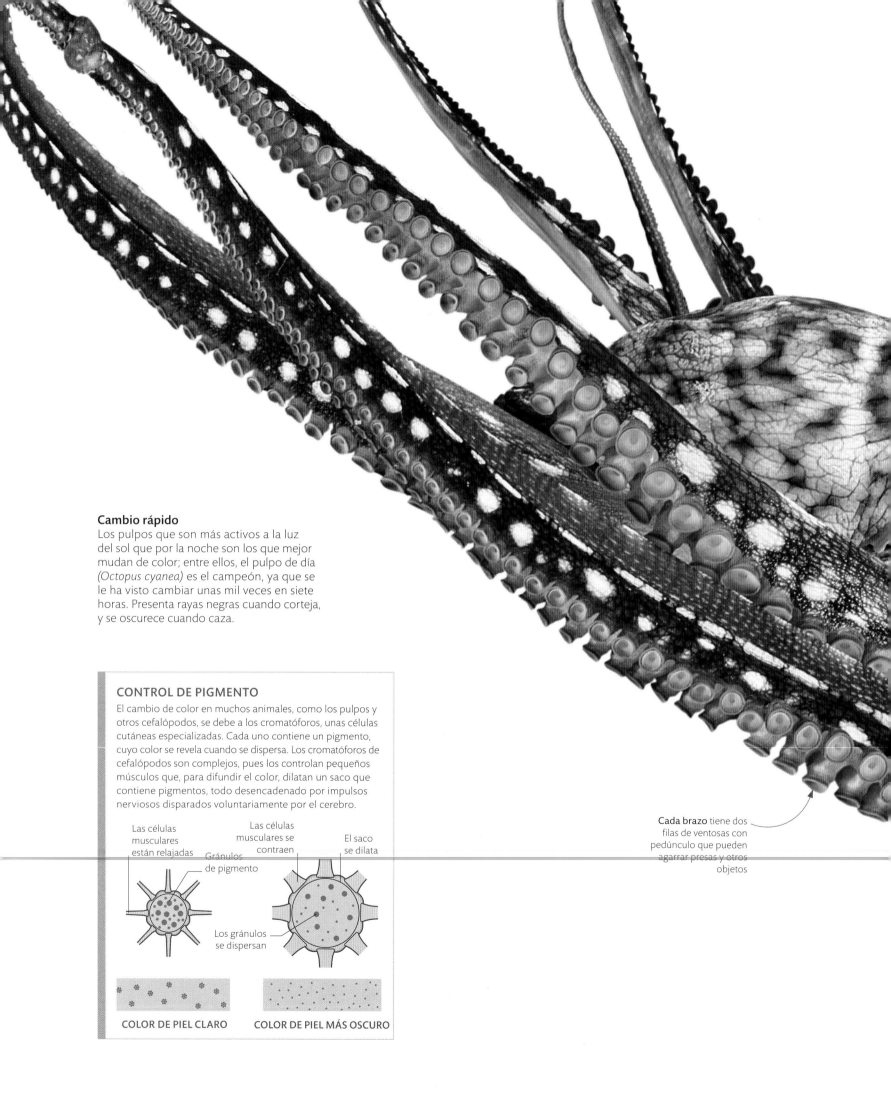

Cambio rápido

Los pulpos que son más activos a la luz
del sol que por la noche son los que mejor
mudan de color; entre ellos, el pulpo de día
(Octopus cyanea) es el campeón, ya que se
le ha visto cambiar unas mil veces en siete
horas. Presenta rayas negras cuando corteja,
y se oscurece cuando caza.

CONTROL DE PIGMENTO

El cambio de color en muchos animales, como los pulpos y
otros cefalópodos, se debe a los cromatóforos, unas células
cutáneas especializadas. Cada uno contiene un pigmento,
cuyo color se revela cuando se dispersa. Los cromatóforos de
cefalópodos son complejos, pues los controlan pequeños
músculos que, para difundir el color, dilatan un saco que
contiene pigmentos, todo desencadenado por impulsos
nerviosos disparados voluntariamente por el cerebro.

Las células
musculares
están relajadas

Gránulos
de pigmento

Las células
musculares se
contraen

El saco
se dilata

Los gránulos
se dispersan

COLOR DE PIEL CLARO

COLOR DE PIEL MÁS OSCURO

Cada brazo tiene dos
filas de ventosas con
pedúnculo que pueden
agarrar presas y otros
objetos

Cambio de forma
Como otras especies de pulpos,
el pulpo de día puede cambiar tanto
de forma como de color. Extendiendo
el cuerpo y proyectando sombra
sobre una presa oculta, puede hacer
que un cangrejo amante de la sombra
salga de su escondite.

La pupila en forma de hendidura descompone
la luz en sus longitudes de onda constituyentes,
lo que le permite al pulpo detectar diferentes
colores a pesar de que los ojos carecen de las
células sensibles al color que tienen otros
animales que ven color

Los ojos falsos pueden alejar
a los depredadores de las partes
más vulnerables del cuerpo, pero
se desconoce su función exacta

Al extender los brazos,
aumenta la sombra que
proyectan las membranas
de conexión

La red interbraquial, una pieza de piel que
conecta la base de los ocho brazos, está repleta
de cromatóforos (células que cambian de color)

cambio de color

Donde la luz del sol penetra en el mar, muchos animales hacen alarde de
colores, y algunos modifican el color cuando su comportamiento cambia.
Eso puede ocurrir deprisa, pues está controlado por impulsos nerviosos
ultrarrápidos. Los cefalópodos, como los pulpos y las sepias, son de los más
impresionantes en esto. En segundos, un pulpo que detecta el peligro puede
mezclarse con el fondo marino y desaparecer o, al ver una pareja potencial,
impresionar con patrones llamativos.

Un número de la antigua y popular
revista parisina ilustrada *Magasin
Pittoresque* incluyó una delicada
xilografía de especies marinas, bivalvos,
caracoles y una babosa, en un proyecto
para educar a la población en general
sobre la vida marina.

el mar en el arte

arte y ciencia

Nudibranchia. — Nachtkiemen-Schnecken.

La ilustración naturalista alcanzó la mayoría de edad en el siglo XIX, en respuesta a la fascinación del público por los viajes a regiones remotas y a la necesidad científica de representar con precisión los especímenes. El mar era la nueva frontera de la exploración, y la complejidad de sus formas de vida fue tanto un reto como un estímulo para los artistas que las registraron.

Describir las criaturas marinas era difícil, pues, preservados en alcohol, los organismos perdían el color y se encogían. La solución de la Sociedad Zoológica de Londres fue pintarlos *in situ*. El comerciante de té John Reeves llegó a Macao en 1812, y se quedó 19 años. Encargó a artistas chinos pinturas detalladas de peces. Muchas de esas obras se convirtieron en iconotipos: la base para la descripción de una nueva especie.

Tras viajar cuatro años alrededor del mundo en la década de 1870, el barco británico *HMS Challenger* regresó con muestras de organismos y con nuevos datos sobre la química y la temperatura del agua, las corrientes y la geología del fondo marino. Estos hallazgos entusiasmaron a muchos, entre ellos el médico y zoólogo alemán Ernst Haeckel. Su principal trabajo, *Kunstformen der Natur* («Formas de arte de la naturaleza»), de 1904, presenta cien impresionantes litografías que revelan la simetría y la belleza de las formas más pequeñas de vida marina.

Un innovador estudio de 1855 sobre el Atlántico realizado por el oficial estadounidense Matthew Fontaine Maury animó al naturalista James M. Sommerville a encargar la ilustración pintada en acuarela de sus especies agrupadas en una imagen.

Nudibranquios (1899–1904)
Cruzando los límites entre la ilustración científica y el arte, la ilustración de los nudibranquios, obra de Ernst Haeckel, destaca por su detalle y su armoniosa composición.

Ocean Life («Vida oceánica», 1859)
James M. Sommerville, médico y naturalista, diseñó un conjunto idealizado de 75 vibrantes criaturas marinas y corales de diversas zonas geográficas para ilustrar su folleto *Ocean life* («Vida oceánica»). La acuarela del profesor de arte Christian Schussele para la litografía presenta una composición al estilo de una naturaleza muerta.

> 66 La agrupación se puede considerar como una verdad intelectual más que como una visión literal. Se podría llamar un oasis mental del mar… 99

JAMES M. SOMMERVILLE, INTRODUCCIÓN A *VIDA OCEÁNICA* (1859)

anfitriones
de la limpieza

Los arrecifes de coral iluminados por el sol son sistemas fértiles y físicamente complejos, con una rica biodiversidad. Como resultado, hay muchos organismos especializados, lo cual reduce la competencia en un hábitat tan abarrotado y, además, promueve relaciones estrechas. Los camarones, que en otros sistemas buscan comida, aquí atrapan parásitos y materia muerta de los huéspedes vivos, e incluso anuncian sus servicios en «estaciones de limpieza». En esa simbiosis mutuamente beneficiosa, los peces «clientes» se libran de seres potencialmente dañinos y los camarones más limpios consiguen comida.

Los camarones limpiadores pueden entrar en la boca del huésped para atrapar la comida de las mandíbulas y los dientes

Limpiar al cazador
Algunos camarones limpiadores establecen lazos fuertes con las morenas. Al compartir la guarida, obtienen algo de protección contra los depredadores.

Limpiadores de colores
En los arrecifes de coral del Indopacífico, el distintivo patrón rojo y blanco del camarón limpiador del Pacífico *(Lysmata amboinensis)* sirve de señal visual para los peces en las estaciones de limpieza. Hay especies de camarón limpiador muy eficientes para los peces en las aguas tropicales de todo el mundo.

Las largas antenas blancas se agitan como parte de la señal visual que le anuncia a un pez cliente el servicio de limpieza del camarón

Las rayas rojas se deben a la astaxantina, un pigmento químico del caparazón del crustáceo

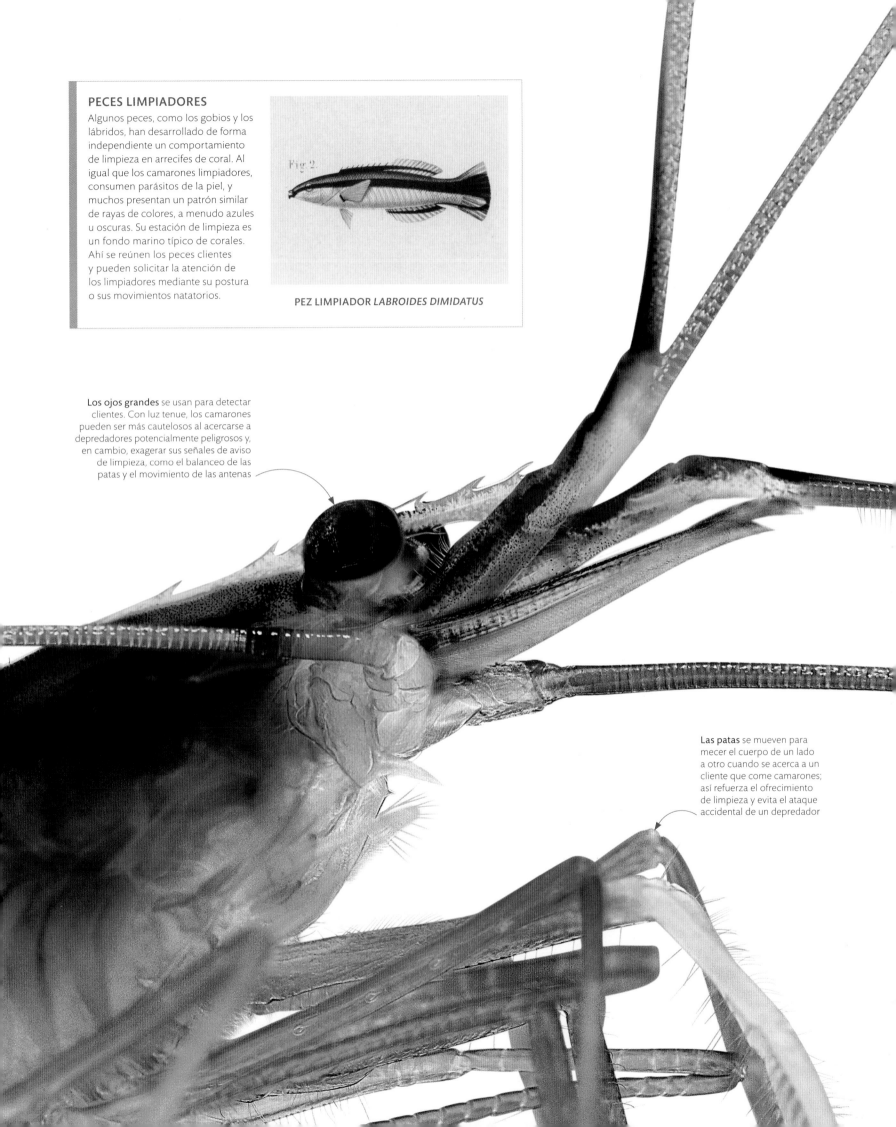

PECES LIMPIADORES

Algunos peces, como los gobios y los lábridos, han desarrollado de forma independiente un comportamiento de limpieza en arrecifes de coral. Al igual que los camarones limpiadores, consumen parásitos de la piel, y muchos presentan un patrón similar de rayas de colores, a menudo azules u oscuras. Su estación de limpieza es un fondo marino típico de corales. Ahí se reúnen los peces clientes y pueden solicitar la atención de los limpiadores mediante su postura o sus movimientos natatorios.

Fig. 2.

PEZ LIMPIADOR *LABROIDES DIMIDATUS*

Los ojos grandes se usan para detectar clientes. Con luz tenue, los camarones pueden ser más cautelosos al acercarse a depredadores potencialmente peligrosos y, en cambio, exagerar sus señales de aviso de limpieza, como el balanceo de las patas y el movimiento de las antenas

Las patas se mueven para mecer el cuerpo de un lado a otro cuando se acerca a un cliente que come camarones; así refuerza el ofrecimiento de limpieza y evita el ataque accidental de un depredador

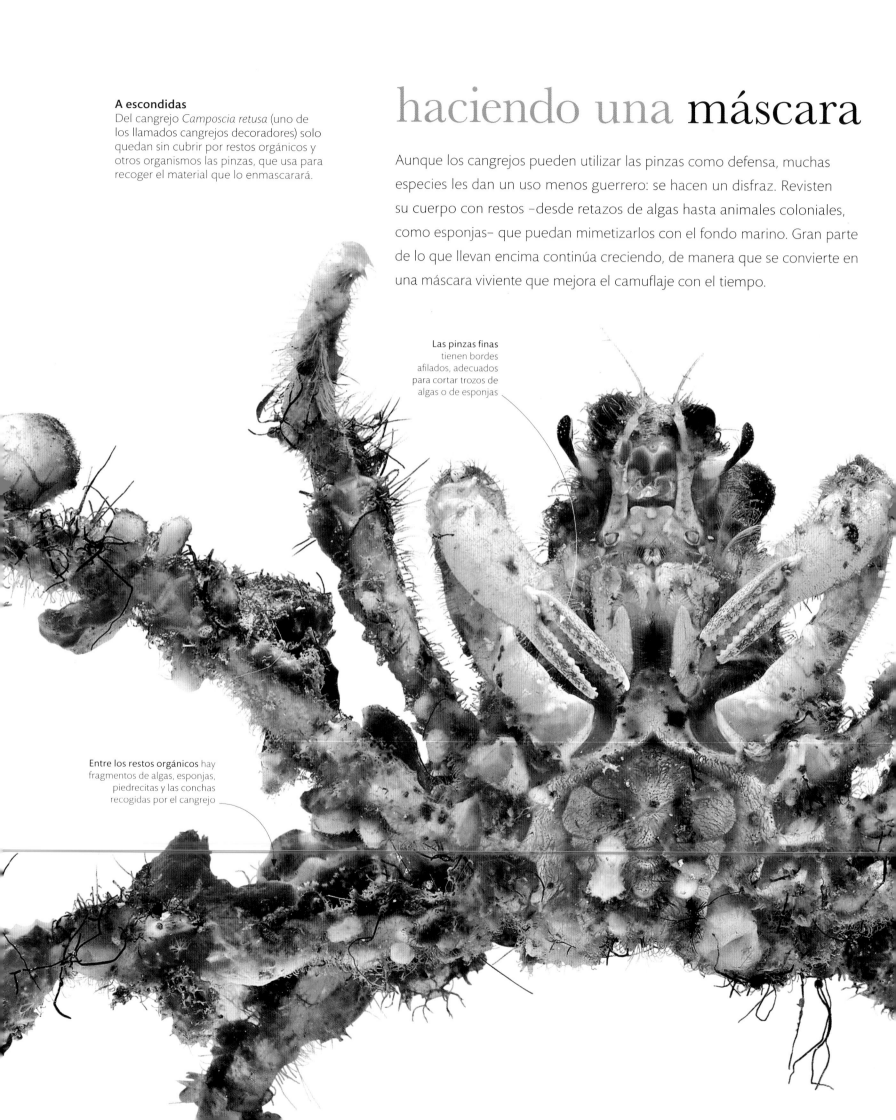

haciendo una máscara

Aunque los cangrejos pueden utilizar las pinzas como defensa, muchas especies les dan un uso menos guerrero: se hacen un disfraz. Revisten su cuerpo con restos –desde retazos de algas hasta animales coloniales, como esponjas– que puedan mimetizarlos con el fondo marino. Gran parte de lo que llevan encima continúa creciendo, de manera que se convierte en una máscara viviente que mejora el camuflaje con el tiempo.

A escondidas
Del cangrejo *Camposcia retusa* (uno de los llamados cangrejos decoradores) solo quedan sin cubrir por restos orgánicos y otros organismos las pinzas, que usa para recoger el material que lo enmascarará.

Las pinzas finas tienen bordes afilados, adecuados para cortar trozos de algas o de esponjas

Entre los restos orgánicos hay fragmentos de algas, esponjas, piedrecitas y las conchas recogidas por el cangrejo

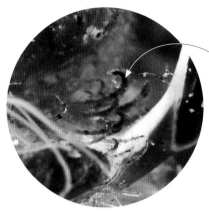

Los pelos en forma de gancho crecen en racimos, lo que proporciona más agarre cuando se sostiene restos

El cangrejo de velcro

El cuerpo de un cangrejo decorador está cubierto de pelos con un gancho en la punta. Los ganchos funcionan como el velcro, pues sujetan los objetos que las pinzas han depositado sobre el cuerpo.

CANGREJO DECORADOR

Algunos cangrejos se especializan. Los de la familia de los drómidos se camuflan con esponjas. Los ganchos de las patas traseras pasan la esponja a la parte posterior del caparazón. El cangrejo boxeador *(Lybia)* emplea decoración urticante: llevan anémonas *(Triactis)* en las pinzas para ahuyentar a los depredadores.

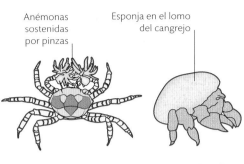

Anémonas sostenidas por pinzas

Esponja en el lomo del cangrejo

CANGREJO BOXEADOR

CANGREJO CON ESPONJA

Las patas, así como el cuerpo, están cubiertas de pelos, por lo que prácticamente todo el cangrejo puede llevar restos encima

Las esponjas amarillas o rojas se mantienen vivas y siguen creciendo sobre el cangrejo

De colores brillantes, las esponjas pueden producir sustancias tóxicas, repelentes para los depredadores que no se dejan engañar por el disfraz

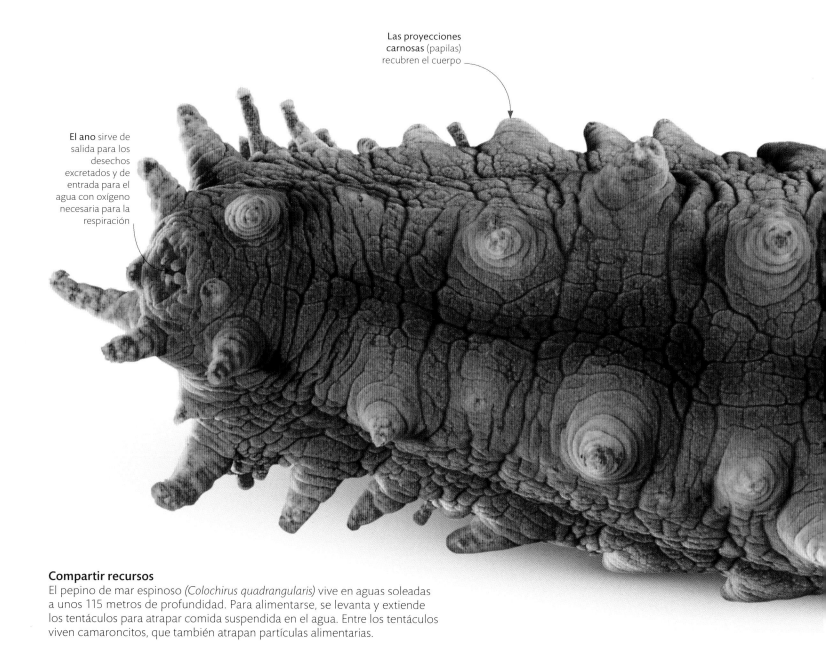

Las proyecciones **carnosas** (papilas) recubren el cuerpo

El ano sirve de salida para los desechos excretados y de entrada para el agua con oxígeno necesaria para la respiración

Compartir recursos

El pepino de mar espinoso *(Colochirus quadrangularis)* vive en aguas soleadas a unos 115 metros de profundidad. Para alimentarse, se levanta y extiende los tentáculos para atrapar comida suspendida en el agua. Entre los tentáculos viven camaroncitos, que también atrapan partículas alimentarias.

alimentarse
en el fondo

Los animales que viven de forma sedentaria o con movimientos lentos en el fondo del mar aprovechan al máximo la comida que les llega. Los suspensívoros atrapan partículas de materia viva o muerta usando cerdas o tentáculos. Los detritívoros se especializan en materia muerta, que atrapan del agua o del fondo marino. En aguas profundas, los restos que caen desde arriba sustituyen a la luz solar como principal fuente de energía.

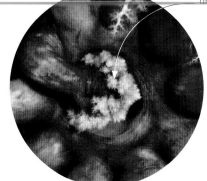

Los tentáculos que llevan la comida se introducen uno por uno en la boca

Alimentando los tentáculos

La manzana de mar *(Pseudocolochirus violaceus)* es un pepino de mar que vive en el arrecife y que usa sus ondulados tentáculos para atrapar algas, zooplancton y materia muerta de las aguas poco profundas iluminadas por el sol.

El cuerpo
es flexible y
musculoso

Los tentáculos
plumosos atrapan
partículas de comida

CAE UNA BALLENA

Los detritívoros reciclan la materia y la energía de la red trófica. Una ballena muerta proporciona alimento a los carroñeros nadadores, como tiburones y peces bruja; luego, a los más lentos, como los cerdos de mar (un tipo de pepino de mar), y después a los colonos, como gusanos y crustáceos. Cuando no hay carne, las bacterias producen en los huesos ácido sulfhídrico y lo usan como energía para elaborar glúcidos (p. 262).

Los carroñeros
se comen los
tejidos blandos

ETAPA DE CARROÑEROS

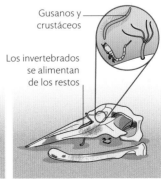

Gusanos y
crustáceos

Los invertebrados
se alimentan
de los restos

ETAPA DE OPORTUNISTAS

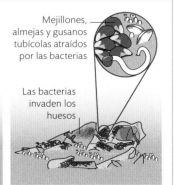

Mejillones,
almejas y gusanos
tubícolas atraídos
por las bacterias

Las bacterias
invaden los
huesos

ETAPA SULFÓFILA

Azul pigmentado

El gobio mandarín *(Synchiropus splendidus)*, que se encuentra en los arrecifes costeros poco profundos del Pacífico occidental, es una de las dos únicas especies de vertebrados conocidas cuyo color azul procede de un pigmento, no de la dispersión de la luz. La llamativa coloración azul advierte a los depredadores de que el pez está protegido por una mucosidad tóxica de fuerte olor desagradable, que se segrega a través de la piel lisa y sin escamas.

azul bajo el agua

Los colores vivos de los peces en un arrecife de coral ayudan a señalar quién es quién en esta atestada comunidad. El azul y el amarillo son los más comunes: contrastan bien y se transmiten lejos bajo el agua, mientras que el rojo es efectivo a menos profundidad. Gran parte de este color procede de pigmentos que absorben algunas longitudes de onda de luz y reflejan otras. Pero otros, en particular el azul, se deben a la estructura física; se produce cuando los objetos, como los cristales microscópicos de la piel de un pez, modifican la longitud de onda en diferentes grados, tal como hacen las gotas de lluvia cuando producen un arcoíris.

LOS AZULES PIGMENTARIOS Y ESTRUCTURALES

Los pigmentos negros, marrones, amarillos y rojos los producen los cromatóforos, unas células de la piel del pez. Solo se conocen cromatóforos de pigmentación azul (cianóforos) en el gobio mandarín y en un pariente cercano. Los pigmentos absorben la luz de todas las longitudes de onda excepto del color que vemos, que se refleja. Los iridóforos, otras células, contienen cristales de guanina; al pasar por ellos, la luz se descompone en varias longitudes de onda. Las más cortas que el azul se dispersan hacia atrás y se intensifican, por lo que la piel aparece azul. Eso explica el color de otros peces del arrecife.

Luz entrante con varias longitudes de onda

La luz azul se refleja

El pigmento azul absorbe todas las longitudes de onda excepto la del azul

CIANÓFORO

El cristal descompone la luz en diferentes longitudes de onda

Las longitudes de onda más cortas que el azul se reflejan

Las longitudes de onda más largas se transmiten a través de la célula

IRIDÓFORO

cuerpos inflables

Los peces globo y los peces puercoespín comparten la sorprendente estrategia defensiva de inflar rápidamente el cuerpo hasta una forma casi esférica para disuadir a animales más grandes de que los ataquen. Además, producen potentes toxinas. No obstante, estas defensas en ocasiones llegan demasiado tarde: los grandes y rápidos depredadores pueden atrapar un pez antes de que se infle del todo, lo que puede resultar en la muerte tanto del pez como del depredador. Los tiburones globo, que no tienen relación con los otros, adoptan una estrategia similar, pero no logran ser tan esféricos.

Bocado difícil
El cuerpo del pez globo erizo *(Diodon holocanthus)* está cubierto de hileras de escamas que se expanden con espinas en forma de aguja. Si el pez está relajado, las espinas están aplanadas contra el cuerpo, pero, cuando el pez se hincha, la piel se tensa y las espinas se proyectan hacia arriba, lo cual suele disuadir a los depredadores.

TRAGANDO AGUA
Cuando se asustan, los peces globo y puercoespín se transforman acumulando agua en el estómago, que se expande y llena todo el espacio disponible en la cavidad corporal. Los poderosos músculos de los esfínteres, en ambos extremos del estómago, impiden que el líquido y el gas pasen al intestino. Cuando la amenaza percibida ya ha pasado, el pez regurgita el agua por la boca, y se desinfla.

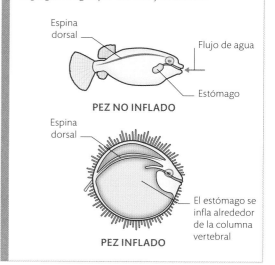

Espina dorsal

Flujo de agua

Estómago

PEZ NO INFLADO

Espina dorsal

El estómago se infla alrededor de la columna vertebral

PEZ INFLADO

El pez sin inflar se impulsa hacia delante con las aletas pectorales onduladas

La piel contiene fibras de colágeno, que ayudan a que se estire la piel cuando el pez se infla

El cuerpo se infla en 1–2 segundos (tarda un poco más en desinflarse)

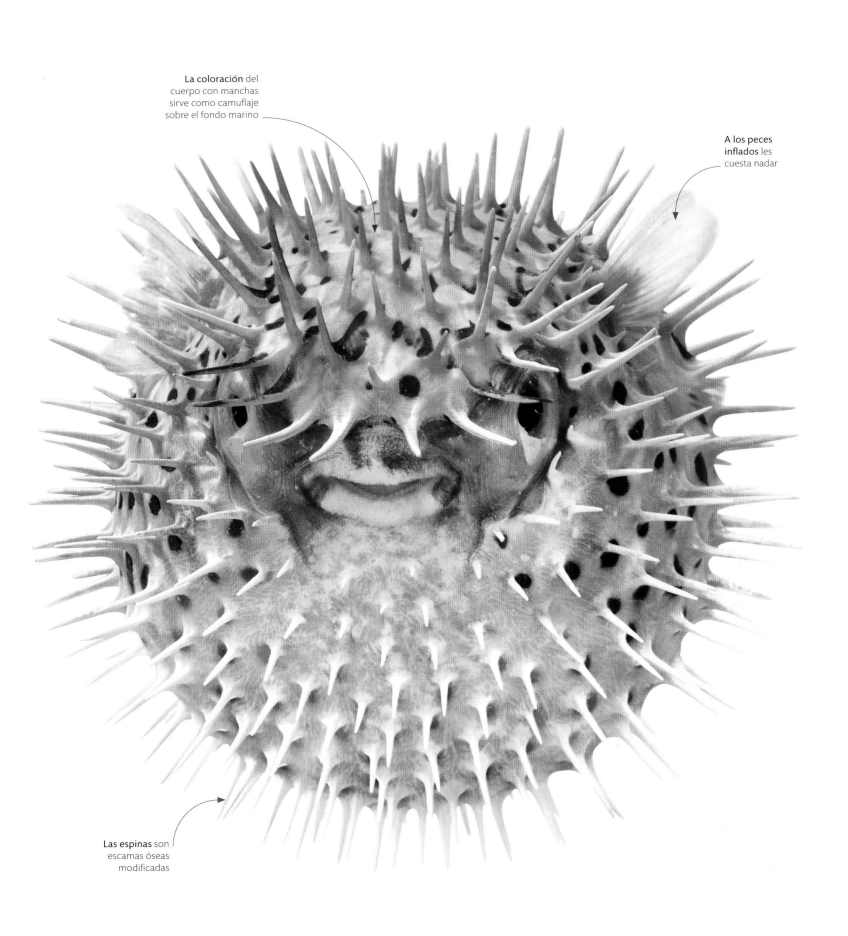

La coloración del cuerpo con manchas sirve como camuflaje sobre el fondo marino

A los peces inflados les cuesta nadar

Las espinas son escamas óseas modificadas

Dugong Hunt («Caza del dugongo», 1948)
Esta pintura sobre corteza representa a pescadores del norte del golfo de Carpentaria (Australia) sacando un dugongo –o dugón, un mamífero marino muy apreciado por los aborígenes– de las profundidades. La obra se atribuye al artista aborigen Jabarrgwa «Kneepad» Wurrabadalumba.

historias aborígenes del mar

El arte de los pueblos aborígenes de la Tierra de Arnhem, en el Territorio del Norte (Australia), refleja su antigua conexión con los animales del mar y de los ríos. Los pueblos aborígenes utilizan el arte y la literatura oral en vez de la palabra escrita para transmitir sus conocimientos y contar historias. Las obras transmiten conocimientos prácticos, como la pesca, y creencias culturales o espirituales, a menudo mediante símbolos milenarios.

Barramundis (siglo xx)
Típicos del arte occidental de la Tierra de Arnhem, este par de barramundis se pintaron sobre corteza con el estilo tradicional de rayos X. El esqueleto y los órganos se trazan dentro del contorno del pez.

Espíritus del tiempo de sueño y peces (siglo xx)
El arte rupestre del Parque Nacional de Kakadu incluye pinturas y dibujos de hace unos 26 000 años, pero también obras más recientes. Como es típico del arte rupestre aborigen, muchos artistas han vuelto a contar historias pintando sobre obras antiguas. Esta pintura ritual de un pez y dos figuras humanas, de estilo rayos X, es una de las 600 obras (en 46 emplazamientos) del artista Najombolmi.

De todos los peces que aparecen en el arte aborigen, los barramundis son los más importantes. Durante miles de años, se pintaron sobre rocas del actual Parque Nacional de Kakadu. Hoy se reproducen en papel y en pinturas sobre corteza de árbol, una forma de arte extendida en los últimos 70 años. La corteza del árbol del caucho se calienta y se aplana para aplicar sobre ella pigmentos naturales.

En el oeste de la Tierra de Arnhem, los sujetos se representan como a través de rayos X (p. anterior). En el este, las criaturas marinas y los pescadores se plasman mediante intrincadas tramas rayadas, llamadas *raark*, usando juncos o cabello humano como cepillo con el que crear finas líneas. En el noreste, las pinturas sobre corteza de la etnia yolŋu cuentan historias de marinos y criaturas legendarias, y enseñan cómo cuidar la costa.

Después de una partida de pesca de barramundis en la que se invadió un sitio sagrado en 1996, los artistas yolŋu de Yirrkala produjeron un conjunto de pinturas conocidas como las cortezas de agua salada para explicar sus tradiciones y reivindicar sus derechos ancestrales. El Tribunal Superior de Australia confirmó en 2008 que los propietarios aborígenes de la zona tienen derecho exclusivo sobre las aguas de marea en el 80 % de la costa del Territorio del Norte.

> ❝ Con las pinturas [...] contamos una historia [...]. Usamos nuestro conocimiento para pintar desde la tierra natal hasta el fondo del mar. ❞

ANCIANO YOLŊU, *AGUA SALADA: PINTURAS YIRRKALA DEL PAÍS DEL MAR* (1999)

Manteniendo el fuego...
Las células urticantes (nematocistos) de los tentáculos de las anémonas se disparan por el contacto con otro animal. Para evitar que lo piquen, el pez payaso marrón *(Premnas biaculeatus)* secreta un moco que inhibe este comportamiento de la anémona.

SECRECIÓN DE MOCO
La mucosidad secretada por los peces sirve para muchos propósitos, entre ellos, crear una barrera contra los patógenos. La mucosa contiene un cóctel de glúcidos y proteínas, que varía según el órgano y la especie. Algunas pruebas parecen indicar que la mucosidad de la piel del pez payaso carece de las proteínas que las anémonas asocian con amenaza o comida, por lo que el contacto con el pez no desencadena la picadura.

CÉLULAS DE MUCOSIDAD EN LA PIEL

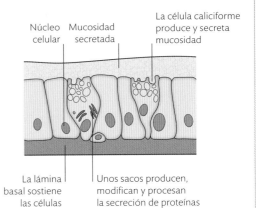

Núcleo celular

Mucosidad secretada

La célula caliciforme produce y secreta mucosidad

La lámina basal sostiene las células

Unos sacos producen, modifican y procesan la secreción de proteínas

protección mutua

Varias especies de peces, sobre todo de pez payaso, establecen una relación mutuamente beneficiosa con las anémonas. El pez y sus huevos quedan protegidos de los depredadores entre los tentáculos urticantes de la anémona. Por su parte, el pez ahuyenta a los comedores de anémonas, deja caer comida sobre ellas y les limpia los tentáculos de residuos y desechos. Además, los nutrientes de los excrementos del pez payaso estimulan el crecimiento de las algas (zooxantelas), que viven en una asociación más estrecha (simbionte) dentro de la anémona, utilizando la luz para producir nutrientes.

Las larvas eclosionan una semana después de que el macho fecunde los huevos

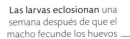
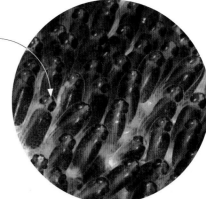

Guardería segura
Los embriones del pez payaso se desarrollan en huevos cerca de anémonas. Los juveniles son resistentes a la picadura de la anémona desde la eclosión del huevo. Todos los peces payaso comienzan la vida como machos; luego, los adultos más viejos y grandes se convierten en hembras.

cambio de sexo

Muchos peces cambian de sexo durante su vida, lo que significa que un individuo puede reproducirse como macho y como hembra en diferentes etapas. Estos peces se llaman hermafroditas secuenciales (o no simultáneos). La mayoría de ellos, como varias especies de lábridos, cambian de hembra a macho (protoginia). No obstante, algunas especies cambian al revés (protandria), como el pez payaso común y, según algunos expertos, la anguila listón azul (*Rhinomuraena quaesita*).

Se cree que la mayoría de los individuos amarillos son hembras

La amplia abertura de boca es un gesto típico de amenaza de estos peces

La etapa femenina
Una de las principales ventajas de la protandria, en la que un macho aumenta de tamaño y se convierte en hembra, es que las hembras más grandes tienen más recursos para producir huevos, lo que requiere una gran cantidad de energía.

Observando y esperando
Todas las morenas pasan largos periodos escondidas en grietas con la cabeza asomada. Los ojos grandes, las fosas nasales expandidas y los tentáculos sensibles ayudan al animal a percibir la presa, que agarra con sus dos juegos de mandíbulas, uno en la boca y otro en la garganta. La anguila listón azul (un tipo de morena) tiene un hocico característico.

La coloración azul brillante es propia del macho

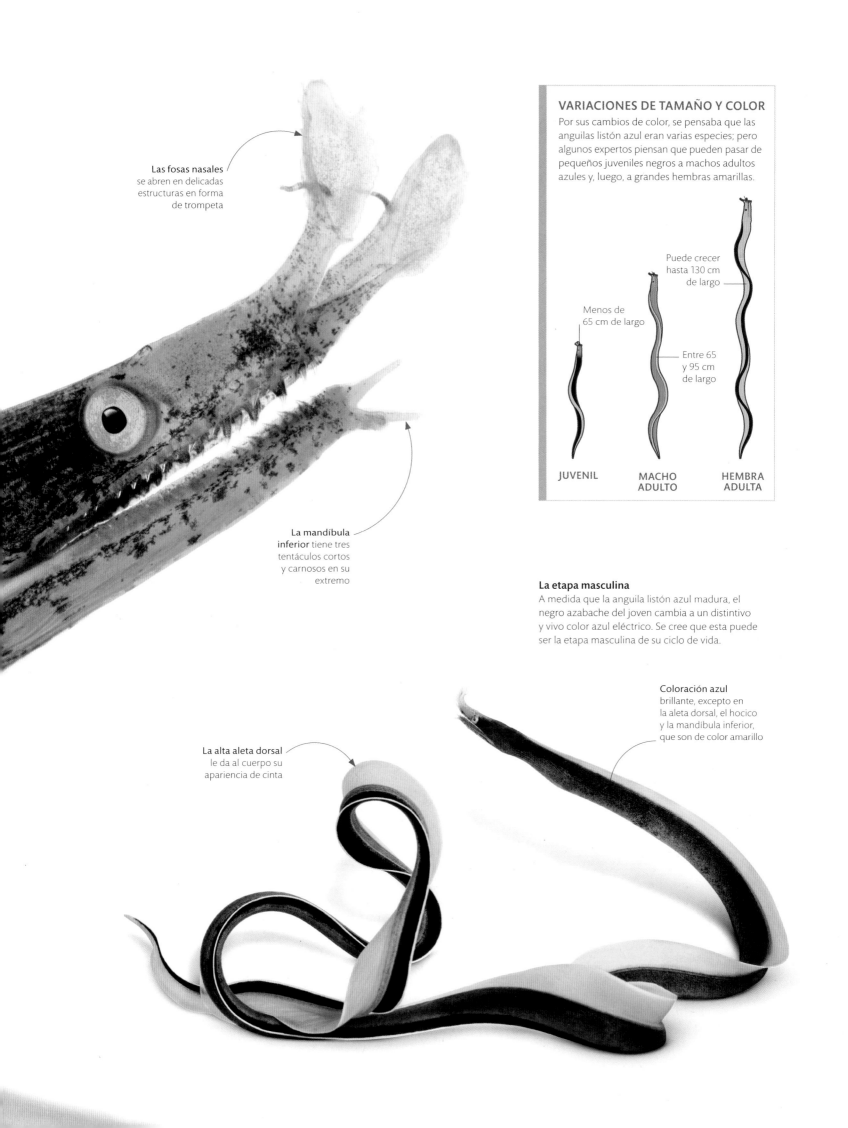

Las fosas nasales se abren en delicadas estructuras en forma de trompeta

La mandíbula inferior tiene tres tentáculos cortos y carnosos en su extremo

VARIACIONES DE TAMAÑO Y COLOR

Por sus cambios de color, se pensaba que las anguilas listón azul eran varias especies; pero algunos expertos piensan que pueden pasar de pequeños juveniles negros a machos adultos azules y, luego, a grandes hembras amarillas.

Puede crecer hasta 130 cm de largo

Menos de 65 cm de largo

Entre 65 y 95 cm de largo

JUVENIL

MACHO ADULTO

HEMBRA ADULTA

La etapa masculina

A medida que la anguila listón azul madura, el negro azabache del joven cambia a un distintivo y vivo color azul eléctrico. Se cree que esta puede ser la etapa masculina de su ciclo de vida.

Coloración azul brillante, excepto en la aleta dorsal, el hocico y la mandíbula inferior, que son de color amarillo

La alta aleta dorsal le da al cuerpo su apariencia de cinta

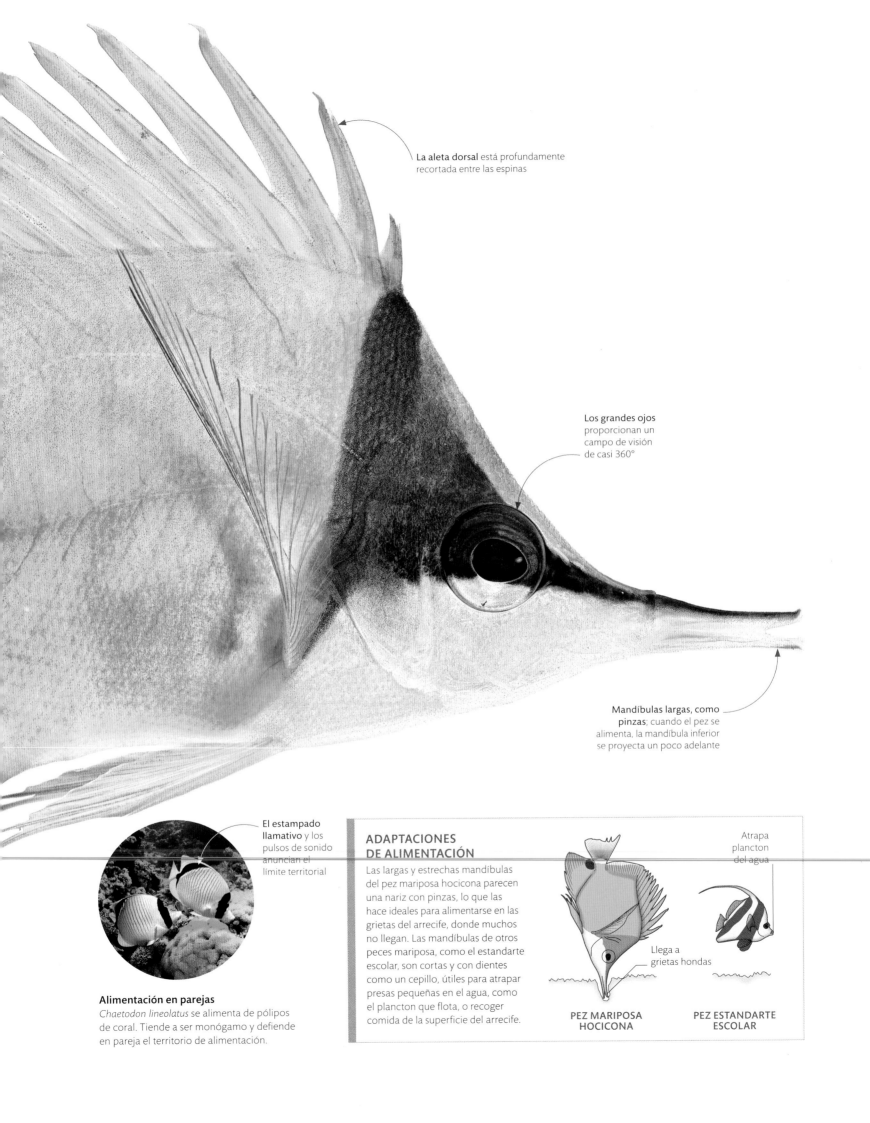

La aleta dorsal está profundamente recortada entre las espinas

Los grandes ojos proporcionan un campo de visión de casi 360°

Mandíbulas largas, como pinzas; cuando el pez se alimenta, la mandíbula inferior se proyecta un poco adelante

El estampado llamativo y los pulsos de sonido anuncian el límite territorial

Alimentación en parejas

Chaetodon lineolatus se alimenta de pólipos de coral. Tiende a ser monógamo y defiende en pareja el territorio de alimentación.

ADAPTACIONES DE ALIMENTACIÓN

Las largas y estrechas mandíbulas del pez mariposa hocicona parecen una nariz con pinzas, lo que las hace ideales para alimentarse en las grietas del arrecife, donde muchos no llegan. Las mandíbulas de otros peces mariposa, como el estandarte escolar, son cortas y con dientes como un cepillo, útiles para atrapar presas pequeñas en el agua, como el plancton que flota, o recoger comida de la superficie del arrecife.

Atrapa plancton del agua

Llega a grietas hondas

PEZ MARIPOSA HOCICONA

PEZ ESTANDARTE ESCOLAR

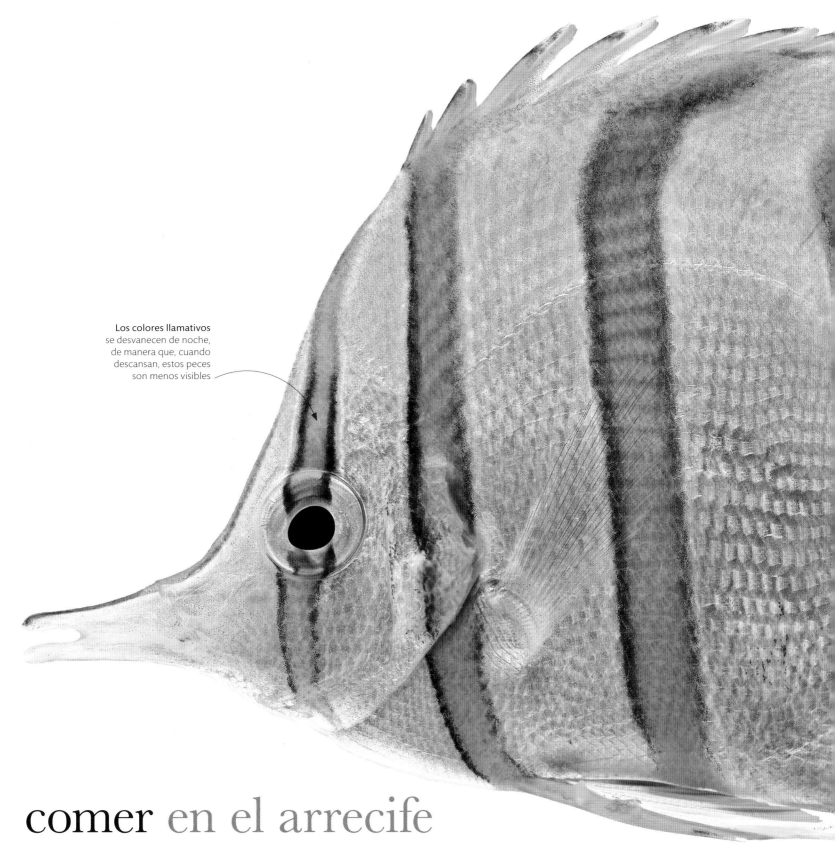

Los colores llamativos se desvanecen de noche, de manera que, cuando descansan, estos peces son menos visibles

comer en el arrecife

Las más de 5000 especies de peces que viven en los arrecifes de coral se alimentan de diversas maneras, lo cual disminuye la competencia. Solo unas 130 especies comen pólipos de coral, mientras que muchas se alimentan de pequeños invertebrados escondidos entre la roca coralina. El pez mariposa predomina entre los que comen pólipos o hurgan entre las rocas. Su diminuta boca protráctil, armada con dientes en forma de peine, es perfecta para buscar entre las grietas o los restos de materia, de donde extraen presas diminutas.

Color de la danza

Los peces mariposa deben su nombre a su colorido y a que revolotean entre el arrecife en «nubes». El pez mariposa hocicona (*Forcipiger flavissimus*, p. anterior) y el más pequeño pez mariposa de nariz alargada (*Chelmon rostratus*, arriba) viven entre los corales de los océanos Índico y Pacífico.

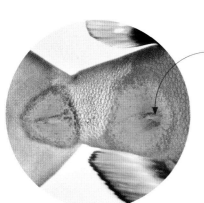

La aleta dorsal es amarilla en *Naso elegans* y casi toda negra en el muy parecido *N. lituratus*

Las espinas del pez unicornio elegante están fijas en posición abierta, mientras que las de la mayoría de los peces cirujanos son retráctiles

Punta afilada

Como sus parientes cercanos, el pez unicornio elegante *(Naso elegans)* tiene al menos dos espinas hacia delante a cada lado de la cola. Un golpe de la cola puede infligir una herida importante.

Las afiladas espinas en la base de la cola se proyectan hacia fuera del cuerpo

La coloración del cuerpo se hace más brillante con la edad: los ejemplares jóvenes son grises; los individuos más viejos tienen el pecho amarillo

pez con cuchillas

La mayoría de los peces están cubiertos por escamas, pequeñas placas, por lo general óseas, que crecen en la piel. Aunque todas las escamas protegen, pueden ser de diversa estructura y composición. Algunos grupos tienen escamas modificadas, que cumplen una función particular. Los peces cirujano se distinguen por tener en la cola grandes escamas modificadas como espinas afiladas o como una cuchilla, similar a un escalpelo. Suelen ser planas, y el pez las levanta cuando lo molestan; no obstante, en algunas especies son fijas y salientes.

Armas defensivas
Como todos los peces cirujano, el pez
unicornio elegante *(Naso elegans)* usa unas
espinas como defensa. Rara vez es agresivo
con otros peces, y se siente bastante seguro,
tal vez por las armas de las que dispone.

Los ojos grandes
proporcionan
una excelente
visión del color

La pequeña boca, con «labios»
anaranjados, tiene una sola fila de
dientes afilados utilizados para
desmenuzar las algas marinas

Presas pequeñas

Estos peces, sobre todo los que habitan ocultos en el fondo (criptobentónicos), son los más pequeños y los más abundantes; suman casi el 60 % de los peces que consumen las especies más grandes. Sus larvas permanecen cerca del arrecife de sus progenitores; así es más probable que sobrevivan, y las reservas de peces se reponen constantemente.

Pez criptobentónico traslúcido de no más de 2,5 cm de largo

El cuerpo largo y cónico puede medir 5 cm de longitud

Piel lisa y sin escamas, protegida por mucosidad

PEZ LINEADO DIADEMA
Diademichthys lineatus

GOBIO CRISTAL
Coryphopterus hyalinus

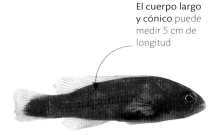

PERCA ENANA MAGENTA
Pictichromis porphyrea

Buscadores

En la columna de agua de un arrecife viven peces más grandes, que se alimentan de los habitantes más pequeños del fondo: pólipos de coral, plancton y microinvertebrados. También limpian el arrecife y algunos, como los peces cirujano, también consumen algas, lo que indica que la luz solar pueda llegar al coral.

La aleta dorsal del macho es rojo brillante, y la erige durante el cortejo

Los peces con forma comprimida lateralmente pueden nadar a través de estrechos huecos en el arrecife

La cabeza tiene una franja oscura distintiva en el hocico y líneas azul eléctrico en los ojos

BESUGO FLOR
Ostorhinchus fleurieu

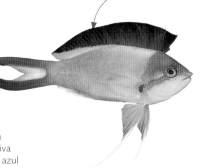

PERCA DEL CORAL
Pseudanthias ignitus

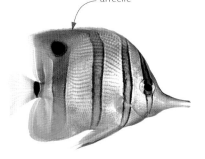

PEZ MARIPOSA DE NARIZ ALARGADA
Chelmon rostratus

Visitando a los depredadores

Los depredadores más grandes y activos de la red trófica del arrecife son los que van de visita para alimentarse vorazmente de peces, crustáceos, plancton y organismos bentónicos, como algas, equinodermos, moluscos, tunicados, esponjas e hidrozoos. Son desde los grandes tiburones y rayas hasta las especies pequeñas que forman enormes cardúmenes, como los peces ballesta y los pargos.

Las espinas dorsales venenosas se levantan para disuadir a los posibles depredadores

El hocico es largo y puntiagudo, con la boca grande; cuando está cerrada, a veces se ven los dientes caninos superiores

Las agrandadas escamas sobre la base de la aleta pectoral se utilizan para emitir sonidos

PEZ BALLESTA DE RAYAS NARANJAS
Balistapus undulatus

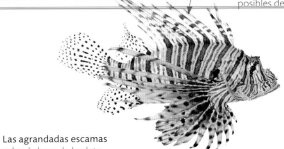

PEZ LEÓN ROJO
Pterois volitans

PARGO CAJÍ (AMARILLO)
Lutjanus apodus

peces de arrecife

Los arrecifes de coral apenas ocupan el 0,1 % del mar, pero albergan alrededor de un tercio de las especies de peces. La estructura tridimensional de un arrecife –tan compleja como la de la selva tropical– ha proporcionado muchas oportunidades para la evolución de los peces, lo que ha dado lugar a formas diversas, que les permiten coexistir e interactuar con la vida que los rodea.

La mandíbula inferior presenta un par de caninos venenosos, que usa para defenderse

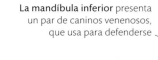

BLENIO DE DIENTES DE SABLE RAYADO
Meiacanthus grammistes

La larga y afilada espina preopercular sobresale entre la mejilla y la cubierta branquial

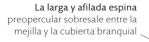

CANDIL SABLE
Sargocentron spiniferum

La mandíbula superior tiene una fila externa de caninos fuertes y una banda interna de dientes pequeños

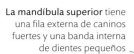

JUREL ALETA AZUL
Caranx melampygus

Habitantes del arrecife que cambian de color

Con rayas azules sobre un fondo marrón pálido, el pez cirujano mata *(Acanthurus mata)* cambia su color de fondo a marrón oscuro. La especie habita en pendientes empinadas y fondos rocosos, y con frecuencia se ve en grandes cardúmenes. Se alimenta casi exclusivamente de zooplancton, y puede vivir más de veinte años.

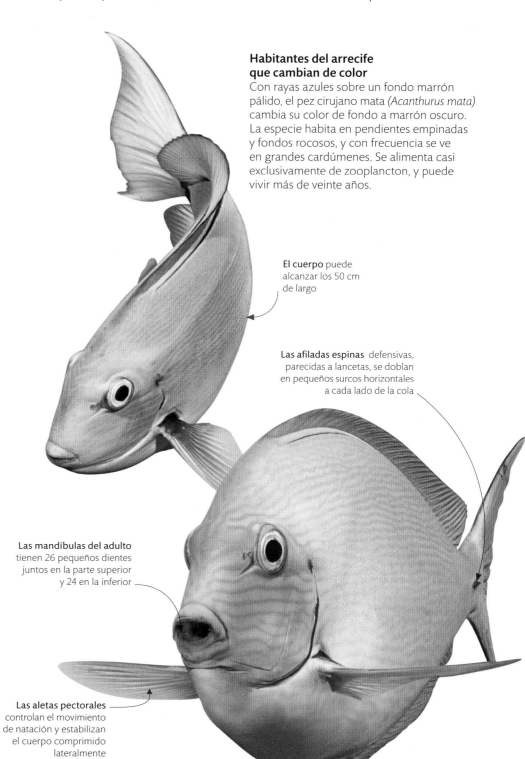

El cuerpo puede alcanzar los 50 cm de largo

Las afiladas espinas defensivas, parecidas a lancetas, se doblan en pequeños surcos horizontales a cada lado de la cola

Las mandíbulas del adulto tienen 26 pequeños dientes juntos en la parte superior y 24 en la inferior

Las aletas pectorales controlan el movimiento de natación y estabilizan el cuerpo comprimido lateralmente

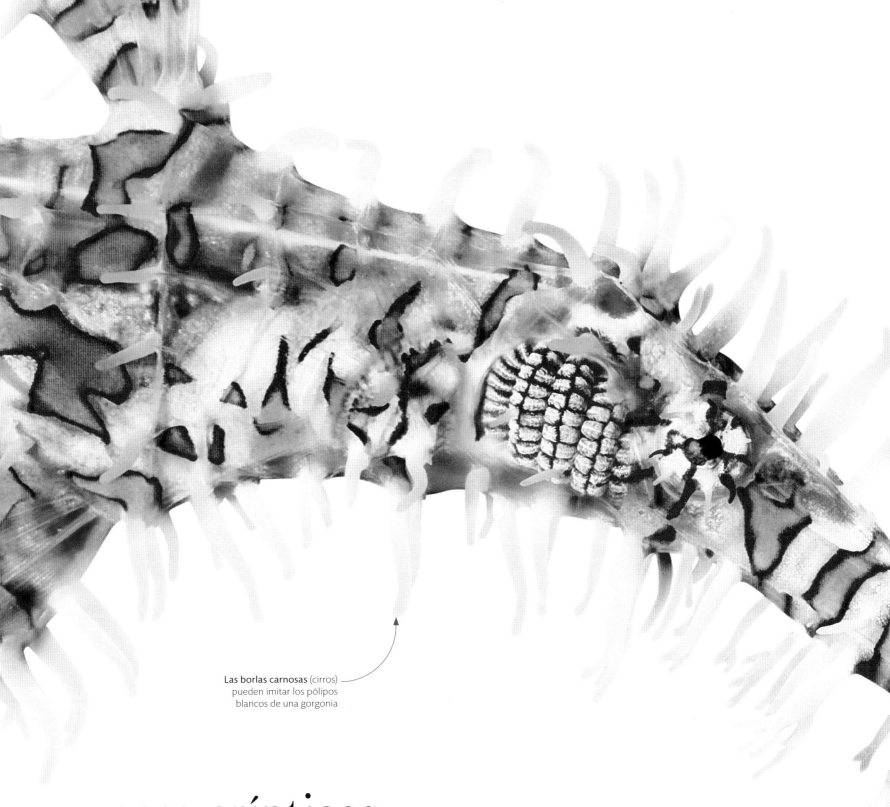

Las borlas carnosas (cirros)
pueden imitar los pólipos
blancos de una gorgonia

peces crípticos

Los arrecifes de coral y los mares poco profundos
son ambientes complejos, donde muchas especies
aprovechan la intrincada mezcla de colores y texturas
para esconderse de depredadores y acechar presas.
Los peces pipa fantasma son verdaderos maestros
en el arte del camuflaje y la cripsis; y las diferentes
especies están especializadas en imitar la apariencia y
el comportamiento de varios organismos del arrecife.

Al permanecer inmóvil,
el pez pipa perfecciona
el engaño

La pareja perfecta
El alargado cuerpo rojo y las
aletas extendidas de un pez
pipa fantasma arlequín se
parecen mucho a la colonia
ramificada de una gorgonia.

Cabeza abajo

Estar apoyado en la cabeza le ayuda al pez pipa fantasma arlequín a camuflarse entre las ramas verticales del coral. Otras especies de pez pipa fantasma adoptan un comportamiento similar cuando se ocultan entre la vegetación marina.

Los ojos a los lados de la cabeza giran en las cuencas, lo que le da al pez una visión completa incluso cuando está inmóvil

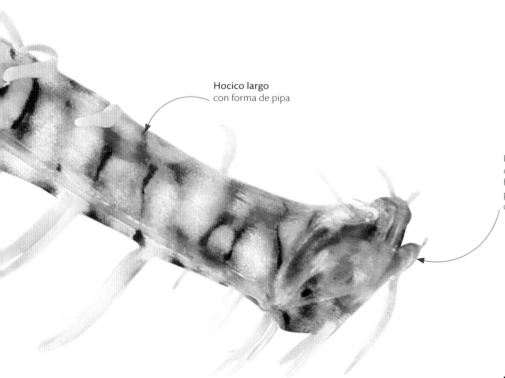

Hocico largo
con forma de pipa

La pequeña boca sin dientes en la punta del hocico succiona la presa, por lo general, pequeños crustáceos

Cambio de color

El pez pipa fantasma arlequín (*Solenostomus paradoxus*) cambia su apariencia para ser lo más discreto posible en cada etapa de su vida. Las larvas transparentes comienzan en aguas abiertas, donde viven entre el plancton. En la madurez, viven en el arrecife, rodeadas de gorgonias y crinoideos, donde adoptan colores intensos, texturas marcadas y un contorno irregular.

aletas especializadas

En torno al 99 % de los peces óseos, que suman unas 30 000 especies, tienen aletas radiadas; son el grupo de vertebrados más rico en especies. Esas aletas están formadas por finas redes de piel sostenidas por radios óseos. La adaptabilidad de esta estructura básica contribuye al éxito del grupo, ya que el tamaño, la forma y la función de las aletas varían y les dan a los peces habilidades especializadas que distinguen unas especies de otras. En el pez ballesta, la primera aleta dorsal es pequeña y triangular, con tres gruesos radios espinosos. Si el pez está relajado, las espinas están a ras del lomo, pero, si se siente amenazado, las levanta de forma que quedan perpendiculares al cuerpo.

La primera aleta dorsal, que contiene tres espinas, se levanta para defenderse

MECANISMO DE BLOQUEO

Si un pez ballesta se siente amenazado, levanta las espinas de la primera aleta dorsal. La espina secundaria, más pequeña, se encaja en una ranura de la espina delantera, más grande, y la bloquea. La frontal no puede bajar hasta que la secundaria se doble hacia atrás.

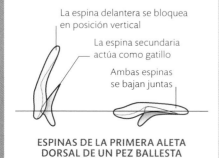

La espina delantera se bloquea en posición vertical

La espina secundaria actúa como gatillo

Ambas espinas se bajan juntas

ESPINAS DE LA PRIMERA ALETA DORSAL DE UN PEZ BALLESTA

La espina de doble función

Cuando el pez ballesta payaso (*Balistoides conspicillum*) es blanco de especies más grandes, la espina bloqueable es un importante mecanismo de defensa. Además de hacer que sea difícil tragarse a su dueño, este puede usarla para clavarse en una grieta donde el depredador no pueda alcanzarlo.

El **festoneado** de la segunda aleta dorsal proporciona propulsión

La aleta caudal movida en ráfagas cortas, le confiere velocidad natatoria, por ejemplo, cuando el pez huye de un depredador

Las aletas anales le ayudan al pez a impulsarse

Las aletas pélvicas son solo un par de fuertes púas ventrales

Venus en la concha (siglo I)
En el peristilo central de la Casa de Venus Marina, en Pompeya,
el centro lo ocupa un deslumbrante panel de frescos de Venus.
Sobre su valva, la transporta el viento atrapado en su manto
rojo y la acompañan ninfas marinas y un delfín.

mares de la Antigüedad

El mar tuvo un papel clave en las dos civilizaciones que sustentan gran parte de la cultura occidental. Las ciudades-estado de la antigua Grecia bordeaban el Egeo y se extendían a lo largo de la costa mediterránea, hasta quedar bajo el dominio romano en 146 a. C. En su apogeo, el Imperio romano controlaba todas las tierras en torno al Mediterráneo y muchas más allá. Para ambas civilizaciones, el mar fue una fuente de inspiración en su mitología y su arte.

Un suelo oceánico (siglo I)
Un mosaico del suelo de un *caldarium* romano (baño caliente)
muestra unos pescadores africanos persiguiendo peces y
monstruos marinos. Se recuperó de la Casa de Menandro
en Pompeya.

El mar personificado (siglos II–III)
En la mitología grecorromana, Ponto o el titán Océano
encarnaban el mar y engendraban una panoplia de
dioses del mar y vida marina. En este detalle de un
mosaico romano de Útica (Túnez), al dios acuático,
con barba de olas, pelo de algas y cuernos de pinzas de
langosta, lo acompañan unos erotes (dioses alados del
amor) que cabalgan sobre los lomos de los delfines.

La perfección del arte griego clásico sobrevive en estatuas, frisos y mosaicos, pero escasamente en la pintura. Entre los pocos frescos que quedan, están las tumbas de Paestum (Italia), que datan del siglo V a. C., y fragmentos de la civilización minoica en la isla de Creta. Dos en particular honran al mar: en Paestum, un buceador solitario flexiona el cuerpo mientras cae para zambullirse en el agua; en Creta, los delfines, pintados alrededor de 1500 a. C. y restaurados a principios del siglo XX, juegan a través de las paredes del palacio de Cnosos.

A través del arte romano ha aflorado el de la antigua Grecia, en gran parte porque el imperio en expansión se convirtió en un crisol de las culturas que lo precedieron. Algunos tesoros saqueados, como estatuas y pinturas de escenas mitológicas, se preservaron gracias a copias fieles. A los dioses helenísticos se les dio un nuevo nombre, y sus leyendas se repitieron en los frescos y mosaicos que adornaban las casas y los jardines de los romanos ricos.

Los mosaicos de la vida marina eran los preferidos para las casas de baños y las piscinas de los patios; así era en las lujosas villas de Pompeya. Un famoso mosaico de la Casa del Fauno celebra la abundancia de peces, langostas, anguilas y pulpos en un diseño que fue muy utilizado. En las colonias costeras de Turquía y el norte de África, los mosaicos presentaban dioses del mar, como Poseidón y Anfitrite, y bestias míticas con cola de pescado.

Los delfines eran populares como acompañantes de Afrodita o jugueteando alrededor de los pescadores y los barcos. En su *Historia natural* (77–79 d. C.), Plinio el Viejo contribuyó a su magia con la historia de un delfín que se hace amigo de un niño y lo lleva a la escuela todos los días.

> **[El delfín] no teme al hombre como si fuera un extraño, sino que va al encuentro de los barcos y salta y revolotea de un lado a otro…**
>
> PLINIO EL VIEJO, *HISTORIA NATURAL* (77-79 d. C.)

Las mandíbulas están cubiertas con un mosaico de resistentes dientes que se reemplazan continuamente a lo largo de la vida

DIENTES Y DIETA

La forma y la función de las mandíbulas y los dientes de los peces son variadas y especializadas. Así, los dientes del pez loro reina (*Scarus vetula*), que es herbívoro, son romos, con una superficie muy resistente y reemplazable; se usan para raspar la superficie de la roca y del coral sin dañar el hueso subyacente. Por el contrario, el pargo rojo (*Lutjanus campechanus*), que es carnívoro y se alimenta de pequeños peces y crustáceos, tiene dientes afilados como agujas que usa como arma para apuñalar y enganchar la presa.

Dientes romos y fusionados

HERBÍVORO (PEZ LORO REINA)

Dientes afilados y puntiagudos

CARNÍVORO (PARGO ROJO)

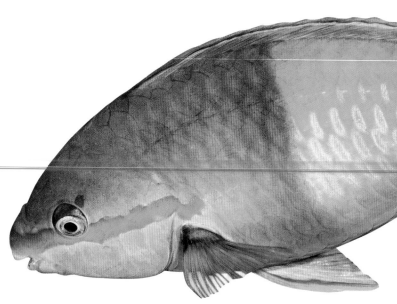

Excretar arena

Al alimentarse, el pez loro *(Chlorurus microrhinos)* extrae partículas del arrecife y de las rocas del sustrato y las ingiere con la comida. Las partículas pasan a través del aparato digestivo sin ser digeridas, y luego se excretan como arena blanca y fina.

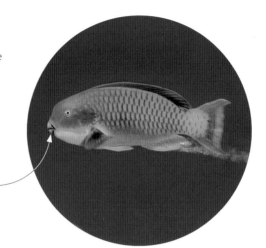

El pico fuerte y las mandíbulas potentes son típicos del pez loro, que es excavador

raspadores de arrecifes

Las superficies iluminadas por el sol de los arrecifes constituyen un sustrato ideal para las algas, que, a su vez, son alimento abundante para otros habitantes de los arrecifes, como los peces loro. Los dientes y las mandíbulas de estos coloridos peces, miembros de la familia de los lábridos, han evolucionado en una estructura similar a un pico. Algunas especies usan los dientes para raspar las algas de la superficie del arrecife; en otras, el pico es tan resistente que puede penetrar en el coral. Estos peces loro excavadores completan la dieta de algas con materia animal en forma de pólipos de coral.

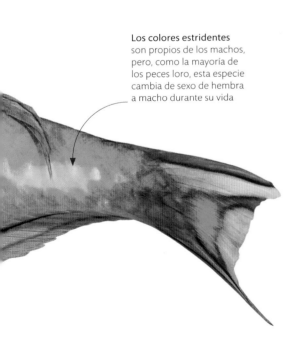

Los colores estridentes son propios de los machos, pero, como la mayoría de los peces loro, esta especie cambia de sexo de hembra a macho durante su vida

Los recursos del arrecife

El pez loro bicolor *(Scarus rubroviolaceus,* p. anterior, arriba) y su pariente *S. flavipectoralis* (en el centro de la doble página) viven en asociación con los arrecifes tropicales. Se alimentan raspando las algas de la superficie de las rocas y los corales con el pico. La compleja estructura del arrecife no solo les ofrece a los peces mucho espacio para alimentarse, sino que también les proporciona refugio.

mares litorales

Ricos en nutrientes que proceden de los afloramientos oceánicos y de la escorrentía terrestre, los mares litorales tienen una abundante vida vegetal y animal. Los hábitats poco profundos y ligeramente empapados son idóneos para la fotosíntesis, sobre todo para las plantas pequeñas y las macroalgas fijadas al fondo.

absorbiendo la luz

La base de la nutrición de las algas es la fotosíntesis, mediante la que, a partir de la energía de la luz solar, convierten el dióxido de carbono y el agua en glúcidos. Todas las algas marinas tienen pigmentos que absorben esa energía, y las frondas maximizan la superficie que captura la luz. Cada pigmento absorbe una longitud de onda de las que componen la luz solar blanca. Predomina la clorofila, verde, pero algunas macroalgas tienen pigmentos que las hacen pardas o rojas.

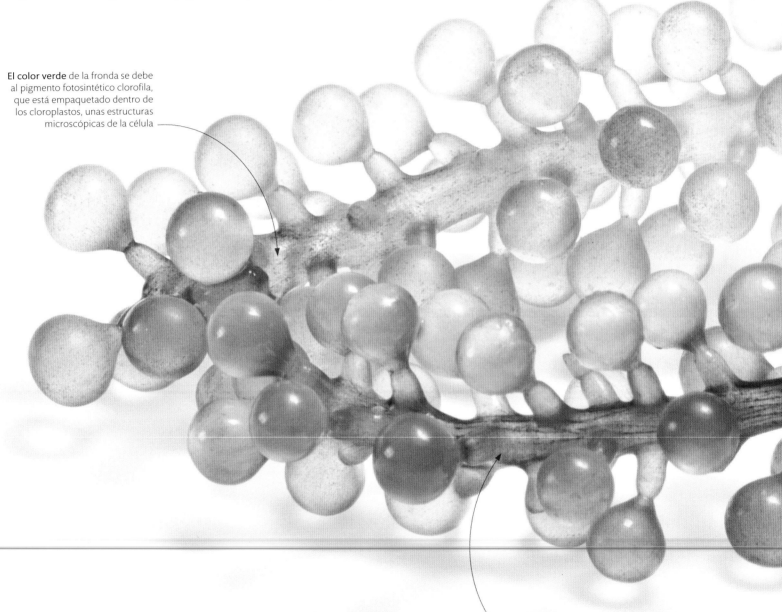

El color verde de la fronda se debe al pigmento fotosintético clorofila, que está empaquetado dentro de los cloroplastos, unas estructuras microscópicas de la célula

La franja central cilíndrica de la fronda tiene cloroplastos que llevan a cabo la fotosíntesis. Además, transporta a otras partes del alga los nutrientes producidos por la fotosíntesis

Espectro seleccionado

Las algas verdes, como *Caulerpa lentillifera*, no tienen otros pigmentos aparte de clorofila, el mismo de las plantas terrestres. La clorofila absorbe la luz del rango de longitud de onda del rojo y el azul, y permite su uso en la fotosíntesis; al mismo tiempo, refleja las longitudes de onda del verde.

Los rámulos, parecidos a uvas, almacenan glúcidos y otros nutrientes generados por la fotosíntesis; cada fronda está formada por una especie de nervio central con hileras de rámulos

Las frondas están endurecidas con un mineral blanco

Algas rojas

Además de la clorofila, las algas marinas rojas –como esta *Corallina*– tienen pigmentos accesorios; son ficobiliproteínas, que reflejan más luz roja y absorben más luz verde.

LUZ Y HÁBITAT

Los pigmentos fotosintéticos permiten que las algas prosperen en diferentes hábitats. La luz azul y verde penetra en el agua más hondo que otras longitudes de onda, por lo que las algas rojas, que absorben esas longitudes, crecen mejor a más profundidad. También es importante la cantidad y el tipo de pigmento: algunas algas de otros colores tienen más pigmento y absorben la luz en aguas más profundas.

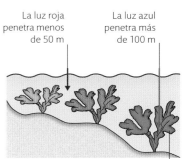

La luz roja penetra menos de 50 m

La luz azul penetra más de 100 m

Las algas marinas más profundas tienen más pigmento y absorben la longitud de onda que llega

DISTRIBUCIÓN VERTICAL DE LAS MACROALGAS MARINAS

kelp gigante

El kelp gigante *(Macrocystis pyrifera)* forma «bosques» submarinos que se elevan más de 30 m desde el fondo. Es un alga fotosintetizadora, propia de las aguas del Pacífico de América del Norte, desde Canadá hasta California, así como de las regiones templadas de todos los océanos del hemisferio sur.

El kelp gigante es el alga macroscópica más grande que existe. Este tipo de algas se sostienen en el agua, lo que permite que algunas se hagan muy largas. Se cree que el kelp gigante es el organismo que más rápido crece en longitud, la cual puede aumentar 61 cm al día. En aguas claras y ricas en nutrientes, con la temperatura del mar entre 5 y 20 °C, llega a 53 m de profundidad, pero solo se reproduce si la temperatura del agua es inferior a 18-20 °C.

Este kelp se ancla en el fondo del mar con rizoides –órganos de fijación parecidos a raíces que forman una masa alrededor de rocas y restos orgánicos del fondo (p. 27)–, con lo que evitan ir a la deriva hacia la costa. Las costas rocosas son un lugar idóneo para sujetarse. Un estipe primario se eleva hacia la superficie y manda ramificaciones laterales con láminas a modo de hojas, cada uno con un neumatocisto (vesícula de gas) en la base, que lo mantiene a flote. En la superficie, el kelp cubre el agua como si fuera un dosel. A menos que las pongan en peligro las aguas calientes o que los erizos las devoren en exceso, estas algas pueden vivir hasta siete años.

Los bosques de kelp son un hábitat clave para muchos animales. Albergan invertebrados, peces y sus larvas, y cobijan a las aves y a las nutrias marinas cuando hay tormenta. También son atractivos para los tiburones, los leones marinos y las focas.

Un bosque para capturar carbono
Los bosques de kelp gigante, como este de la costa de California donde se refugia la damisela herrero, absorben mucho dióxido de carbono. Son sumideros naturales de carbono, como los bosques terrestres, y reducen la acidez del agua de mar.

Los neumatocistos mantienen las hojas en posición vertical, lo que le permite al alga absorber la luz del sol para la fotosíntesis

A flote
Los neumatocistos están llenos de una mezcla de dióxido de carbono, oxígeno y nitrógeno que las células del kelp gigante producen y absorben del agua.

praderas submarinas

Son pocas las plantas que pueden vivir en el mar. Los bajíos iluminados por el sol albergan muchas algas, pero son organismos que carecen de hojas, raíces y flores verdaderas. En cambio, las plantas marinas, como la hierba de tortuga *(Thalassia testudinum)*, son plantas con flores. No solo toleran el medio marino salado, sino que prosperan en él: florecen, dejan semillas bajo la superficie y cubren vastas áreas del fondo marino. En una época de calentamiento global, estas alfombras verdes fotosintetizadoras son cruciales como sumidero de carbono atmosférico.

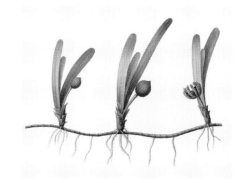

Reproducción asexual
La hierba de tortuga produce rizomas horizontales, de donde brotan clones; así va cubriendo grandes extensiones, como lo hacen las hierbas en tierra.

REPRODUCCIÓN SEXUAL

La diversidad genética de la hierba de tortuga se debe a la fecundación cruzada que se produce en la reproducción sexual. Una planta da flores masculinas o femeninas. Las masculinas liberan polen por la noche en masas con una mucosidad rica en glúcidos. La mucosidad atrae invertebrados hambrientos, que llevan el polen a las flores femeninas. Las flores fecundadas dan frutos con semillas. Los frutos flotan antes de asentarse en el fondo marino, donde germinarán las semillas.

Masas pegajosas de polen

Hasta cinco flores por planta

MASCULINA

Una sola flor por planta

FEMENINA

Las raíces anclan las plántulas al fondo

PLÁNTULA

Las semillas brotan cuando los frutos flotan

FRUTO

Praderas submarinas tropicales

La hierba de tortuga –alimento favorito de la tortuga verde, *Chelonia mydas*– es una planta común en el Caribe. Las plantas vecinas son clones interconectados, pero también se reproducen sexualmente: las olas dispersan los frutos llenos de semillas y dan lugar a nuevas colonias en otro sitio.

producir luz

La bioluminiscencia consiste en que algunos animales marinos de cuerpo blando y gelatinoso producen luz. Organismos como las medusas, los hidrozoos y los ctenóforos se vuelven luminosos si se agita el agua que los rodea, quizá para asustar a los depredadores o para atraer presas planctónicas. La luz se produce por una reacción química en los fotóforos, y es más llamativa en aguas oscuras y profundas, o bien por la noche cerca de la superficie.

Medusa incolora
Como muchas medusas, *Aequorea victoria*, la medusa de cristal (del tamaño del pulgar), un hidrozoo de las aguas superficiales del Pacífico oriental, tiene el cuerpo transparente. Eso la oculta de los depredadores en aguas abiertas. En el borde de la umbrela lleva los fotóforos, productores de luz que emiten un fugaz brillo verde.

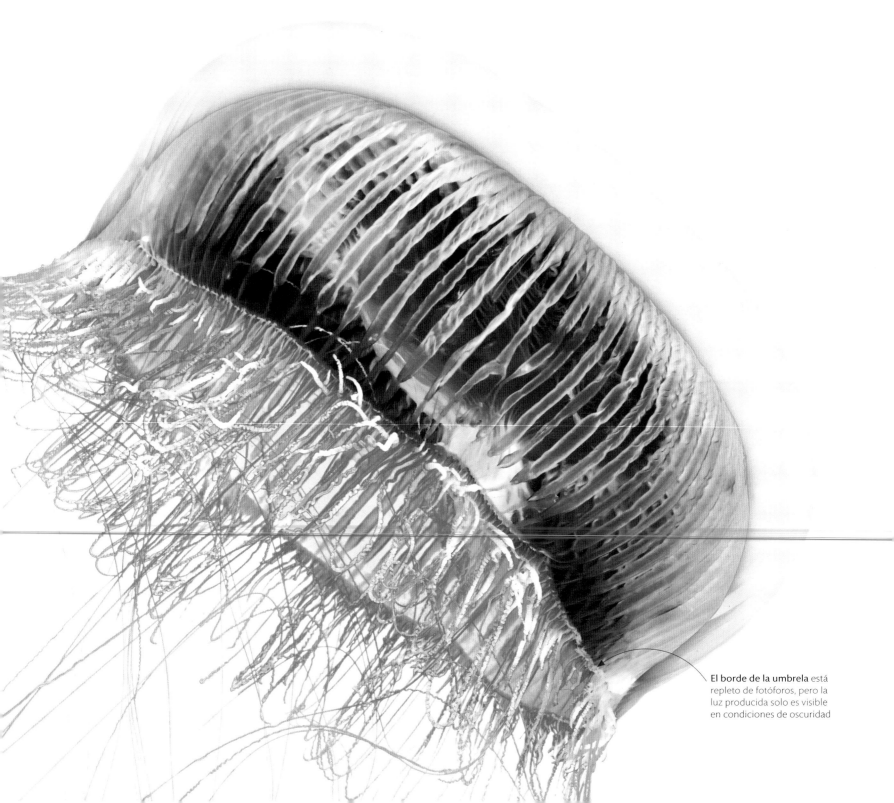

El borde de la umbrela está repleto de fotóforos, pero la luz producida solo es visible en condiciones de oscuridad

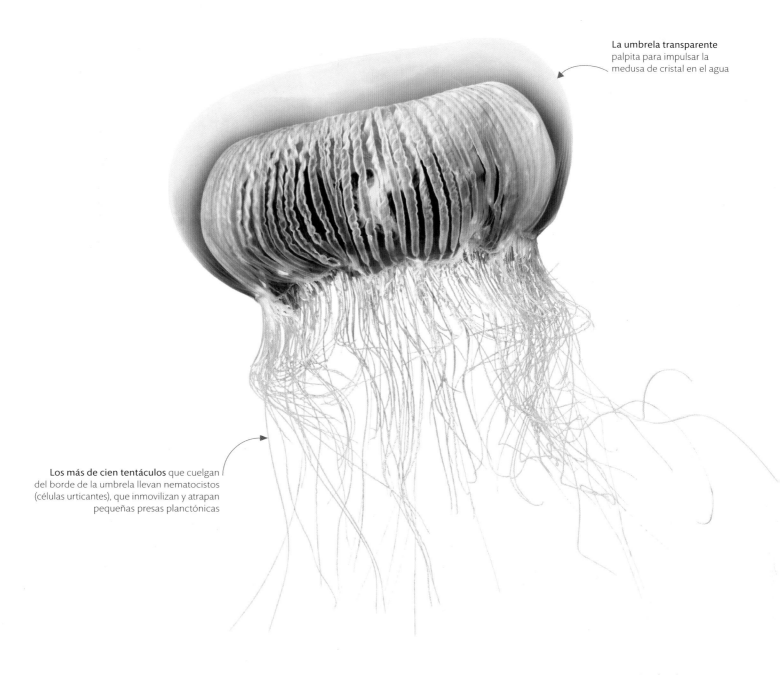

La umbrela transparente palpita para impulsar la medusa de cristal en el agua

Los más de cien tentáculos que cuelgan del borde de la umbrela llevan nematocistos (células urticantes), que inmovilizan y atrapan pequeñas presas planctónicas

Los fotóforos, densamente empaquetados, dan un brillo verde e iluminan el borde de la umbrela

CÓMO FUNCIONAN LOS FOTÓFOROS

La bioluminiscencia se debe a una sustancia productora de luz y a una enzima. Cuando la enzima entra en contacto con un desencadenante –como el calcio en la medusa de cristal–, hace que el productor de luz experimente un cambio químico, que hace que libere luz. El peculiar resplandor verde de la medusa de cristal se produce porque un componente extra –una proteína fluorescente– cambia la longitud de onda de la luz emitida de azul a verde.

DISPOSICIÓN Y FUNCIÓN DE LOS FOTÓFOROS DE LA MEDUSA DE CRISTAL

Productor de luz

Proteína fluorescente

Fotóforos alrededor del borde

Enzima

3. La proteína energizada emite luz verde

1. La enzima se fija al productor de luz, lo que hace que emita la energía como luz azul

2. La proteína fluorescente absorbe la energía de la luz

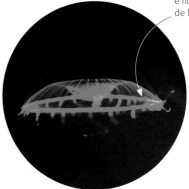

Verde brillante
Una vez activado, el cóctel de sustancias de los fotóforos de una medusa de cristal emite luz verde; cada destello dura solo unos segundos.

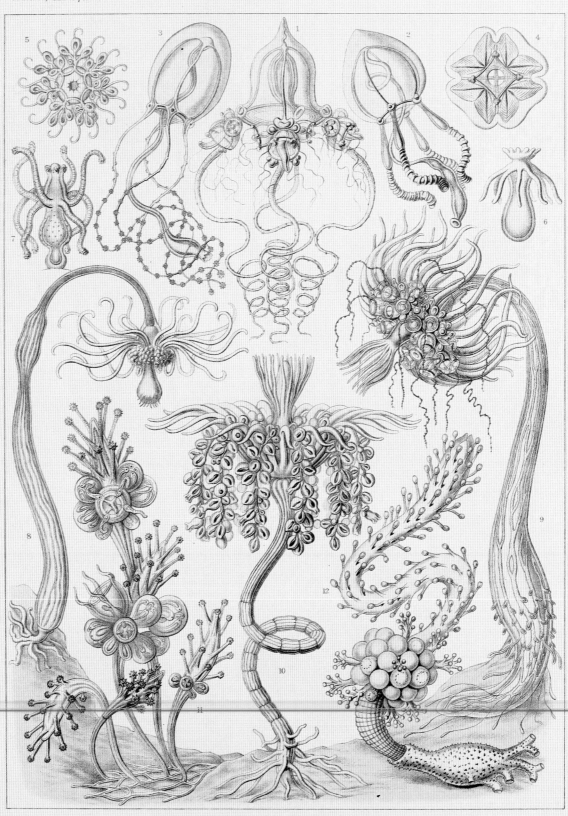

Tubulariae. — Röhrenpolypen.

alternancia
de generaciones

Los animales fijados al sustrato tienen que obtener el alimento cerca del lecho marino. Los hidrozoos (parientes de las anémonas, los corales y las medusas) tienen pólipos con tentáculos que no alcanzan lejos de donde crecen. Pero, en su ciclo de vida, muchos también producen un medusoide, que es una umbrela nadadora como la de las medusas. Los medusoides viajan por la columna de agua, donde capturan plancton más lejos de donde alcanzan los pólipos. La alternancia entre generaciones de pólipos y medusoides optimiza la explotación de las fuentes de alimento.

Dos generaciones
En su *Kunstformen der Natur* («Formas de arte de la naturaleza»), de 1904, Ernst Haeckel describe más de una docena de especies de hidrozoos, algunos de ellos como pólipos (abajo), y otros como medusas (arriba). No todas las especies tienen un ciclo de vida con los dos estadios: algunas no se convierten en medusoide y, como muchos otros invertebrados marinos, solo viven en aguas abiertas en su forma de larva microscópica.

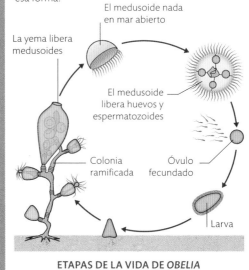

CICLO DE VIDA SEXUAL DE LOS HIDROZOOS
El hidrozoario *Obelia* forma colonias ramificadas de pólipos. Algunos pólipos generan yemas que producen medusoides. Estos son nadadores y liberan esperma y huevos en el agua. A partir de huevos fecundados, se desarrollan larvas, que se asientan en el fondo, donde forman nuevas colonias de pólipos. No todos los hidrozoos y animales similares siguen el mismo ciclo de vida. Algunos hidrozoos, así como las anémonas y los corales, no tienen etapa de medusoide, mientras que algunas especies de medusas solo existen en esa forma.

El medusoide nada en mar abierto

La yema libera medusoides

El medusoide libera huevos y espermatozoides

Colonia ramificada

Óvulo fecundado

Larva

ETAPAS DE LA VIDA DE *OBELIA*

Pólipos en primer plano
Los pólipos de *Tubularia indivisa* (un hidrozoo europeo que carece de etapa de medusoide) tienen varios anillos de tentáculos, que caen sobre el eje y se extienden hasta 15 cm desde su base.

Los gonozooides son cápsulas reproductivas que liberan larvas; estas se desarrollan y dan nuevas colonias de pólipos

Los tentáculos atrapan el plancton microscópico y lo transfieren a la boca, que está en el centro

Los prodigios de Matsu (siglo XVIII)
Un álbum de siete dibujos a tinta, que ahora se
encuentra en el Rijksmuseum (Ámsterdam), describe el
viaje por mar de una delegación de la dinastía Song a
la corte de Koryo en Corea en el año 1123. Los barcos
chinos están bajo la protección de la diosa del mar,
Matsu, a la que se representa aquí con su tradicional
túnica roja, flotando en una nube y con un *hu* (cetro
plano) de marfil como símbolo de poder.

La historia del gran diluvio (c. 1870)
En esta representación de una leyenda hindú, Matsya (uno de los diez avatares, o encarnaciones, del dios hindú Visnú) aparece como medio humano, medio pez. Aquí, salva a Manu (el primer hombre) y a los siete sabios del diluvio.

el mar en el arte

las deidades marinas asiáticas

Miles de años de arte y leyendas reflejan el miedo que el mar infunde en los humanos. En la mayoría de las culturas antiguas, las profundidades insondables y la imprevisibilidad del mar dieron lugar a mitos y creencias que atribuían al capricho y al poder protector de las deidades del mar fenómenos naturales tales como tempestades, corrientes y vientos favorables.

En los antiguos textos hindúes (Vedas), Váruna era el dios del cielo, pero luego llegó a simbolizar el mar, las nubes y el agua. La pintura de Mysore (estilo clásico del sur de la India) presenta deidades y escenas mitológicas, y Váruna se suele representar sobre la *makara*, criatura marina híbrida que se asemeja a un cocodrilo. En el *Ramayana*, epopeya india del siglo v a. C., también aparece en miniaturas Váruna, que surgió del océano para pacificar a Rama, un avatar del dios Visnú. Según la leyenda, Sita, esposa de Rama, estuvo cautiva al otro lado del océano, en Lanka. En China, a partir del siglo XI, el éxito de los viajes por mar se atribuía a la benevolencia de la diosa Matsu. Según la leyenda, se llamaba Lin Moniang, y nació en el año 960 en una ciudad costera china, donde era famosa por su habilidad para la natación. Mediante sus poderes, salvó a los miembros masculinos de su familia de ahogarse en el mar, lo que le dio estatus místico: en 1281, se le dio el título de *Tianfei* («princesa del cielo»).

Hacia el año 1400, el almirante chino Zheng He hizo tallar sus grandes hazañas en tablas de granito en dos ciudades de China. Atribuyó su éxito marinero a Matsu/Tianfei, a la que describió como «una luz divina», que calmaba a la tripulación en los mares agitados. En realidad, la luz debía de ser el fuego de San Telmo, fenómeno luminoso atmosférico de origen eléctrico que se ve desde los barcos durante las tormentas. La misma diosa se evoca en un álbum de dibujos a tinta del siglo XVIII (izquierda), en los que se la representa flotando sobre los barcos chinos a los que protege.

El culto a Matsu se extendió entre los marineros y pescadores fuera de China, por lo que hay estatuas de madera lacada, ilustraciones xilográficas y paneles pintados de la diosa en templos dedicados a ella en todo el mundo.

> ❝ Ante el peligro, una vez que invocamos el nombre divino, su respuesta a nuestra oración fue como un eco. ❞
>
> INSCRIPCIÓN DEL ALMIRANTE Y EXPLORADOR ZHENG HE DEDICADA A MATSU, EN EL TEMPLO DE LIUJIANG (1431)

El anillo interno de tentáculos labiales, más cortos, transfiere la presa a la boca, en el centro

El tubo está hecho de células urticantes especializadas y sedimento, todo unido por la mucosidad

Refugio tubular

Las anémonas tubulares no pueden retraer los tentáculos, pero, cuando las perturban, se meten en su tubo contrayendo los músculos en toda la longitud del cuerpo.

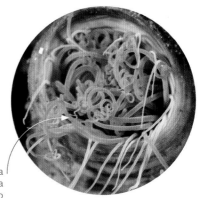

Los tentáculos desaparecen a medida que la anémona retira el cuerpo al fondo del tubo

El anillo exterior de tentáculos, más largos, tiene aguijones con los que atrapa presas y se defiende

vivir en un tubo

La mayoría de las anémonas deben buscarse la vida fijadas sobre una superficie, y no pueden alcanzar más allá de donde llegan sus tentáculos; pero hay un grupo que ha evolucionado, de manera que no solo vive sobre sedimento blando, sino que el animal se mueve arriba y abajo en el fondo marino. Son las anémonas tubulares, que viven dentro de tubos verticales, parcialmente enterrados. En vez de estar ancladas en el fondo, se pueden deslizar hacia arriba a través del tubo o hundirse en el interior cuando el peligro amenaza.

Los tentáculos emergentes

La anémona tubo *Pachycerianthus multiplicatus*, propia de aguas litorales europeas, sale del fondo de su tubo para barrer el agua con los tentáculos en busca de presas planctónicas. Un espécimen maduro puede abarcar unos 30 cm.

ANATOMÍA DE LA ANÉMONA

Las anémonas tienen una sola abertura para ingerir alimentos y eliminar residuos. El intestino es una cavidad revestida de células digestivas. Las presas, paralizadas por los tentáculos, se transfieren a la boca; luego, las enzimas liberadas por el revestimiento del intestino las digieren. El disco basal está fijado a una superficie en la mayoría de las anémonas. Las tubulares, se mueven arriba y abajo.

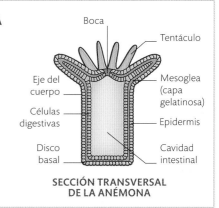

Boca

Tentáculo

Eje del cuerpo

Mesoglea (capa gelatinosa)

Células digestivas

Epidermis

Disco basal

Cavidad intestinal

SECCIÓN TRANSVERSAL DE LA ANÉMONA

La antena, sensible al tacto, ayuda a la navegación cuando el gusano de fuego se arrastra sobre un arrecife

Los palpos son las proyecciones carnosas, una a cada lado de las antenas, que el gusano usa para manipular el alimento

La tercera antena, que es central, se ve aquí curvada hacia abajo

La carúncula lleva sensores químicos y crece como una extensión del primer segmento del cuerpo

El parapodio es un apéndice carnoso que presenta cirros (filamentos sensoriales) y quetas (haces de cerdas); cada segmento del cuerpo tiene un par de parapodios

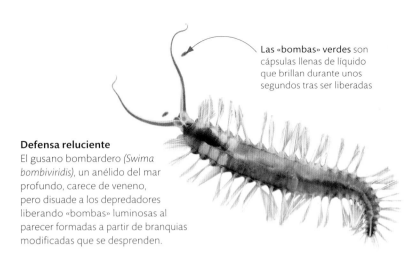

Las «bombas» verdes son cápsulas llenas de líquido que brillan durante unos segundos tras ser liberadas

Defensa reluciente
El gusano bombardero *(Swima bombiviridis)*, un anélido del mar profundo, carece de veneno, pero disuade a los depredadores liberando «bombas» luminosas al parecer formadas a partir de branquias modificadas que se desprenden.

cerdas punzantes

Los anélidos son gusanos segmentados. Los gusanos arenícolas intermareales y las lombrices de tierra son anélidos. El cuerpo presenta quetas (o setas), unas pequeñas cerdas que ayudan a la tracción para arrastrarse o excavar. Pero algunos anélidos marinos usan las quetas para defenderse. Los gusanos de fuego tienen quetas llenas de veneno. Cuando un depredador amenaza al gusano, este se desprende de las quetas, que propinan un doloroso pinchazo al atacante.

Cada cirro (filamento sensorial similar a un tentáculo) puede ser sensible al tacto

Paquete de quetas erizadas; cada queta está reforzada con quitina resistente y minerales calcáreos que la hacen quebradiza, así que la punta se puede romper

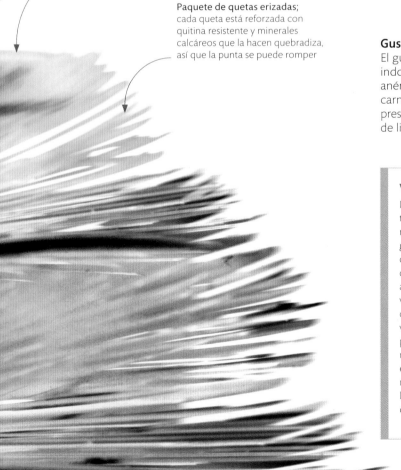

Gusano que pica
El gusano de fuego *Chloeia flava* vive en las costas indopacíficas. Este anélido rastrea a sus víctimas —como anémonas y esponjas— mediante la carúncula, un órgano carnoso que detecta en el agua pistas químicas de posibles presas. Las cerdas venenosas protegen al animal de las aves de litoral y de los peces que comen gusanos.

VENENO AGRESIVO

Los venenos son sustancias tóxicas. La mayoría de los animales marinos venenosos, como los gusanos de fuego, usan su veneno como defensa, pero algunos lo despliegan agresivamente para atrapar presas. Los caracoles venenosos, a pesar de ser lentos, cazan peces utilizando un dardo venenoso, que causa una rápida parálisis. El dardo es la rádula modificada (una pieza bucal que el resto de los caracoles usan para raspar algas, pp. 34–35), y está en la punta de la probóscide, que el caracol dispara desde la boca.

El sifón detecta la presencia de peces en el agua

La probóscide se proyecta desde la boca y lanza el arpón contra el pez

La boca se expande y engulle a la presa paralizada

ESTRATEGIA DE CAZA DE UN CARACOL VENENOSO

CICLO DE VIDA DE LA VIEIRA

Este molusco solo puede nadar en las etapas juvenil y adulta. La vieira es hermafrodita: cada individuo libera en el agua tanto esperma como huevos. Cada huevo fecundado se convierte en un veliger, una larva planctónica similar a la de otros bivalvos y caracoles marinos. Tras producir un pie de arrastre, cada veliger se asienta sobre un alga o una planta, a la que se une por medio de hilos pegajosos. Ahí, la vieira crece hasta que es lo bastante grande para escapar de los cangrejos y otros depredadores del fondo. Entonces se convierte en un adulto de vida libre y sexualmente maduro.

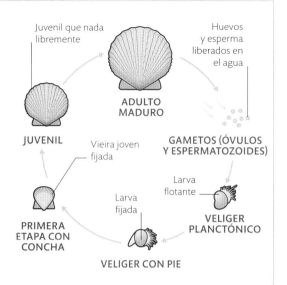

Juvenil que nada libremente

Huevos y esperma liberados en el agua

ADULTO MADURO

JUVENIL

Vieira joven fijada

GAMETOS (ÓVULOS Y ESPERMATOZOIDES)

Larva flotante

Larva fijada

VELIGER PLANCTÓNICO

PRIMERA ETAPA CON CONCHA

VELIGER CON PIE

Múltiples ojos

A diferencia de otros bivalvos, la vieira tiene dos filas de docenas de ojos que la alertan de movimientos sospechosos para que pueda alejarse del peligro. Cada ojo tiene una lente cristalina y una retina, que procesan las imágenes.

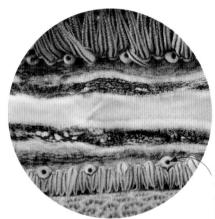

El ojo de la vieira tiene una capa reflectante, como un espejo, que mejora su capacidad de captar la luz

Escapando del peligro

Las vieiras, como esta *Argopecten irradians* de la costa atlántica de América del Norte, pueden utilizar las valvas batientes para su impresionante respuesta de escape. Los complejos ojos, que proporcionan mucha resolución tanto en la visión periférica como en la central, ayudan a reconocer los depredadores que se aproximan.

aletear para nadar

Los moluscos bivalvos tienen la concha formada por dos partes, o valvas. Articulada por el medio, la concha se cierra gracias a los músculos que se contraen para tirar de las dos valvas. Para abrir la concha, el bivalvo relaja esos músculos, y así deja que entren partículas de comida del agua, pero, por lo demás, son mayormente sedentarios. Las vieiras son singulares, ya que pueden nadar en aguas abiertas con rápidos movimientos de apertura y cierre de sus valvas.

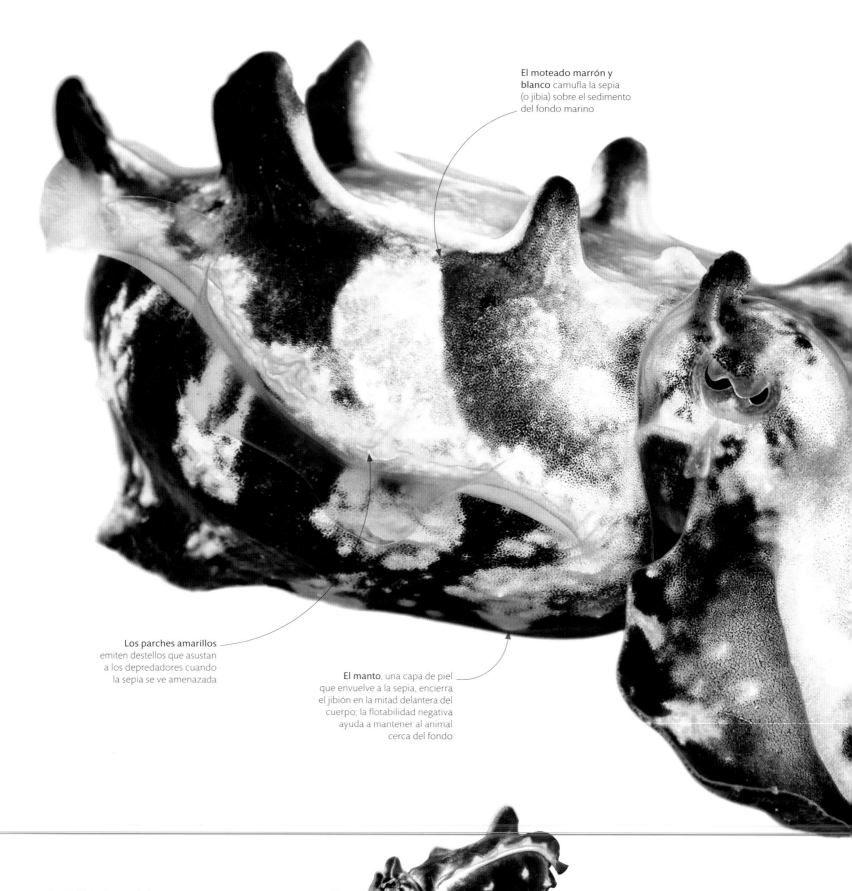

El moteado marrón y blanco camufla la sepia (o jibia) sobre el sedimento del fondo marino

Los parches amarillos emiten destellos que asustan a los depredadores cuando la sepia se ve amenazada

El manto, una capa de piel que envuelve a la sepia, encierra el jibión en la mitad delantera del cuerpo; la flotabilidad negativa ayuda a mantener al animal cerca del fondo

Flotabilidad en miniatura

La pequeña sepia bentónica *Metasepia pfefferi*, de las zonas tropicales de Australia, tiene un jibión proporcionalmente menor que otras sepias de profundidad media. Regula la flotabilidad en un estrecho rango de profundidades. La carne tóxica de esta sepia –advertida por los colores llamativos– ayuda a compensar su vulnerabilidad frente a los depredadores más ágiles.

La papila nudosa (una de las seis proyecciones pares) de la parte superior del cuerpo rompe el contorno de la sepia; lo cual incrementa su capacidad de camuflaje

El jibión de la castañuela, o almendrita *(Sepia elegans)*, se extiende a lo largo del cuerpo

Cada cámara mide menos de 1 mm de largo

Jibión
Cuando la sepia muere, su jibión flotante (porque está lleno de gas) puede llegar a las playas. Una sección transversal ampliada revela las cámaras huecas en el interior.

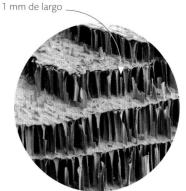

ESTRUCTURA INTERNA

Cada brazo está equipado con cuatro filas de ventosas que manejan las presas: peces y crustáceos

Los brazos rosados se extienden hacia abajo para agarrarse al sustrato, y también se utilizan para desplazarse sobre el fondo

flotabilidad
cambiante

A diferencia de la mayoría de los peces, que flotan por medio de la vejiga natatoria llena de gas y regulable (p. 231), algunos animales controlan cuándo flotar o hundirse. Las sepias lo hacen mediante una concha interna: el jibión. Las cámaras huecas del jibión empujan al animal hacia arriba, lo que le permite nadar en aguas abiertas. Para descender al fondo, la sepia inunda las cámaras con líquido, lo que le da al animal flotabilidad negativa y hace que se hunda; así puede excavar en el fondo o desplazarse por él.

CONCHA DE CEFALÓPODO

Entre los moluscos cefalópodos hay nadadores diversos: nautilos, pulpos, *Spirula*, sepias y calamares. El nautilo posee concha externa como la del caracol, pero con cámaras (como un jibión) para controlar la flotabilidad. El pequeño *Spirula* (parecido al calamar) es de aguas profundas, y emplea su acaracolada concha interna de manera similar. En el calamar, la concha interna se reduce a una simple estructura de sostén: la pluma. Los pulpos carecen de concha, pero eso los hace más flexibles.

Concha externa acaracolada y con cámaras

Sin concha

NAUTILO

PULPO

Concha interna enroscada y con cámaras

Concha interna, plana con cámaras

SPIRULA

SEPIA

Concha interna simple (pluma)

CALAMAR

Vista del vórtice
Tomada por la Estación Espacial
Internacional en septiembre de 2018,
esta fotografía muestra el movimiento
en espiral del vórtice alrededor del ojo
del tifón Trami, en el Pacífico.

huracanes
y tifones

Un ciclón tropical violento que se produce en el Atlántico o en el
Pacífico nororiental se llama huracán; y un tifón es lo mismo en
el Pacífico noroccidental. Se caracterizan por vientos en espiral de
hasta 350 km/h, a menudo acompañados de lluvia torrencial. Se
producen cuando la temperatura en los 45 m superiores del mar
es superior a 27 °C, que se alcanzan a finales del verano y en otoño
en la zona ecuatorial, sobre todo en los océanos Pacífico, Atlántico
occidental e Índico. El calentamiento global está aumentando la
duración, frecuencia e intensidad de estos fenómenos tormentosos,
que pueden causar graves daños en las zonas costeras; no obstante,
disminuyen a medida que se desplazan sobre tierra firme y pierden
el contacto con la fuerza que los impulsa.

DENTRO DE UN HURACÁN

El aumento de la temperatura superficial hace que se evapore mucha agua del
mar, lo que crea torres de convección de hasta 15 km de altura. La baja presión en
la superficie atrae más aire, lo que crea sistemas de nubes y tormentas eléctricas
en espiral. La fuerza de Coriolis (consecuencia de la rotación de la Tierra) hace que
el viento gire y que, a medida que la tormenta crezca, se retroalimente.

El vapor de agua se
eleva desde la superficie

Vientos fuertes
que giran en espiral

El aire se eleva
y forma nubes
densas

Aire aspirado
por baja presión

En el ojo del huracán,
los vientos son más
suaves, pero la superficie
del mar asciende

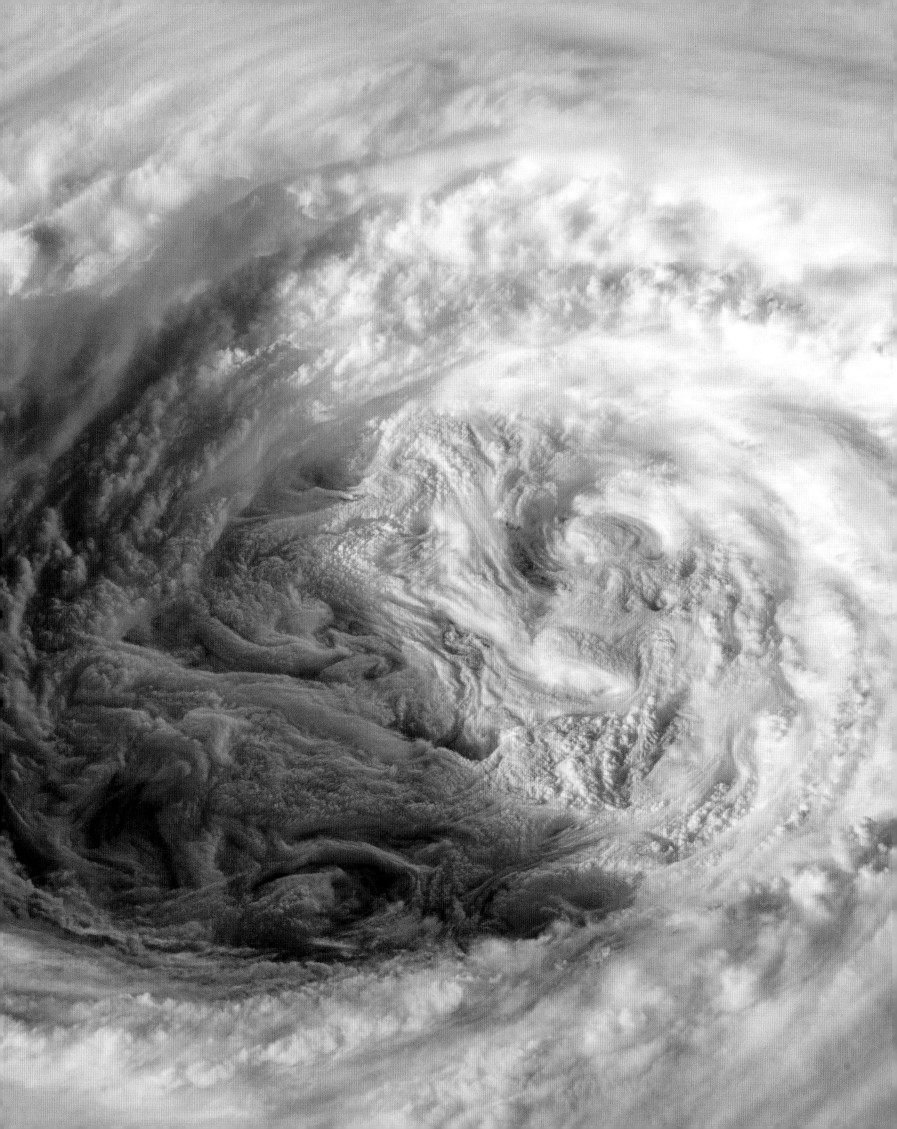

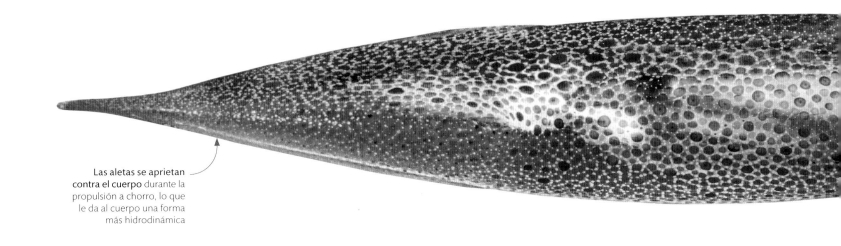

Las aletas se aprietan
contra el cuerpo durante la
propulsión a chorro, lo que
le da al cuerpo una forma
más hidrodinámica

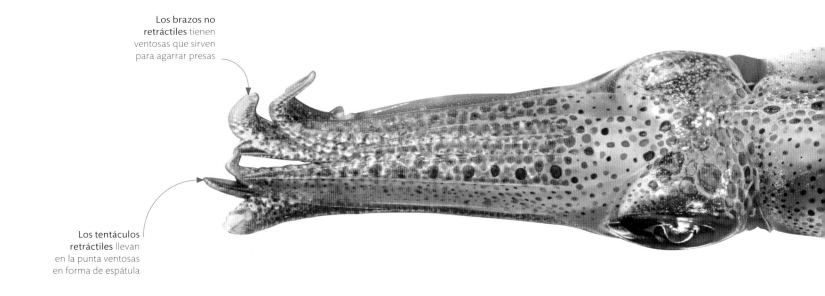

Los brazos no
retráctiles tienen
ventosas que sirven
para agarrar presas

Los tentáculos
retráctiles llevan
en la punta ventosas
en forma de espátula

propulsión a chorro

Los moluscos, como los caracoles y las babosas, se arrastran
lentamente sobre un pie musculoso, pero algunos pueden nadar.
Los cefalópodos, entre los que están los calamares y los pulpos,
son nadadores rápidos. Tienen forma de torpedo, y así cortan el agua
y pueden generar un empuje notable, sobre todo al disparar un chorro
de agua por el sifón, lo cual les proporciona ráfagas de más velocidad.

Una aleta ondulante
recorre cada lado del
manto del calamar

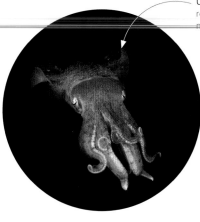

Aletas poderosas
La ondulación de
las aletas provoca
el empuje contra el
agua necesario para
nadar más despacio
cuando no se necesita
la propulsión a chorro.

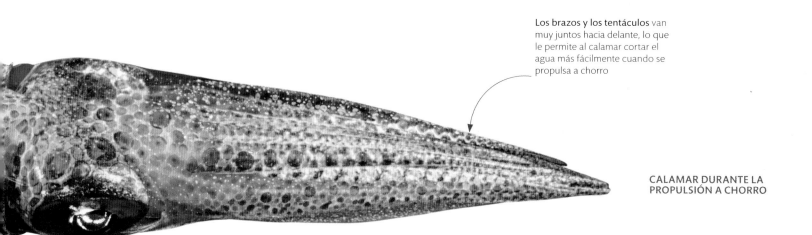

Los brazos y los tentáculos van muy juntos hacia delante, lo que le permite al calamar cortar el agua más fácilmente cuando se propulsa a chorro

CALAMAR DURANTE LA
PROPULSIÓN A CHORRO

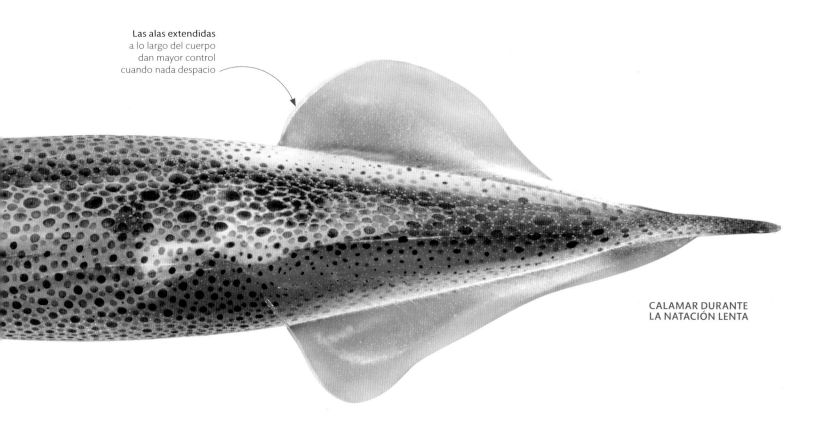

Las alas extendidas
a lo largo del cuerpo
dan mayor control
cuando nada despacio

CALAMAR DURANTE
LA NATACIÓN LENTA

LA PROPULSIÓN A CHORRO

Los moluscos tienen manto, una estructura como una piel que fabrica la concha en los caracoles y envuelve el cuerpo de los cefalópodos. Los músculos de la pared del manto dilatan la cavidad subyacente, que se hincha con el agua; luego, se contraen para expulsar un chorro de agua por un sifón móvil. Dirigiendo el sifón adelante o atrás, el calamar puede controlar la dirección en la que se propulsa.

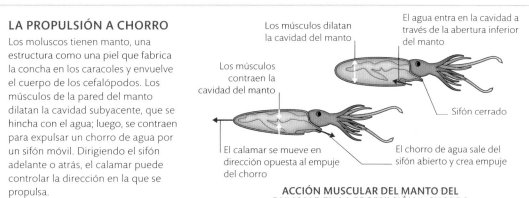

Los músculos dilatan la cavidad del manto

El agua entra en la cavidad a través de la abertura inferior del manto

Los músculos contraen la cavidad del manto

Sifón cerrado

El calamar se mueve en dirección opuesta al empuje del chorro

El chorro de agua sale del sifón abierto y crea empuje

**ACCIÓN MUSCULAR DEL MANTO DEL
CALAMAR EN LA PROPULSIÓN A CHORRO**

Depredador veloz

La propulsión a chorro ayuda al calamar *(Loligo vulgaris)* a cubrir largas distancias rápidamente. Reserva su uso para escapar de los depredadores y capturar presas que se mueven deprisa: los ocho brazos y los dos tentáculos retráctiles los emplea para agarrar peces y crustáceos. Sin embargo, la propulsión a chorro no permite girar y maniobrar con precisión al nadar; para eso, el calamar usa las aletas.

nudibranquios

Estos coloridos moluscos viven en aguas someras y profundas en todo el mundo. Se conocen más de 3000 especies de nudibranquios. Algunos se arrastran por el fondo, y otros viven en la columna de agua. Se dividen en dos grupos: eólidos y dóridos; ambos son hermafroditas, es decir, los individuos tienen órganos sexuales masculinos y femeninos, pero no pueden autofecundarse.

Collage de color
El eólido *Coryphella verrucosa* es blanco traslúcido. Vive en la zona intermareal y en las protegidas aguas del Atlántico Norte y del Pacífico. Deposita los huevos en una cadena blanca enrollada y, como todos los nudibranquios, pierde el caparazón en la etapa larval. Llega a medir 3,5 cm de longitud.

Nudibranquios eólidos
Este grupo tiene los rinóforos (órganos sensoriales) en la cabeza, y respiran mediante ceras en forma de tentáculo que cubren al animal por encima. En algunos, sus colores brillantes sirven de camuflaje; en otros, advierten a los depredadores de su toxicidad. Varias especies se alimentan de presas más grandes y bien armadas, como las medusas; ingieren los nematocistos sin que se hayan disparado y los almacenan en unas bolsas especiales en la punta de las ceras, que desempeñan un papel en la defensa y el intercambio de gases.

Los rinóforos, órganos sensoriales, tienen la punta blanca

La superficie de los tentáculos laterales (orales) y de los rinóforos está cubierta por protuberancias parecidas a verrugas

El esófago rojo se ve bajo la piel traslúcida

EDMUNDSELLA PEDATA
2 cm de longitud

BERGHIA NORVEGICA
3 cm de longitud

FACELINA BOSTONIENSIS
5,5 cm de longitud

Nudibranquios dóridos
Casi todas las especies de este grupo tienen el cuerpo blando. Tienen dos rinóforos (órganos sensoriales) en la cabeza, y mechones de branquias con aspecto de plumas hacia la parte posterior del manto. Usan las branquias para respirar, y en algunas especies se retraen dentro de una bolsa. Al igual que los eólidos, son carnívoros que se alimentan de animales variados, incluso de otros nudibranquios.

Los de cuerpo anaranjado llegan a medir 2 cm de largo

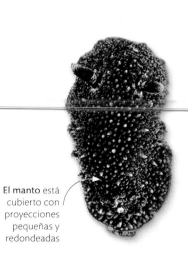

El manto está cubierto con proyecciones pequeñas y redondeadas

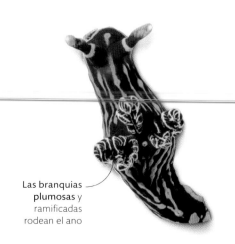

Las branquias plumosas y ramificadas rodean el ano

LIMACIA CLAVIGERA
2 cm de longitud

GONIODORIS CASTANEA
4 cm de longitud

NEMBROTHA KUBARYANA
12 cm de longitud

El manto, o cubierta de la parte superior del cuerpo, se extiende en largas proyecciones en forma de dedos llamadas ceras

El «pie» muscular, o parte inferior, permite que la babosa quede adherida al agua por tensión superficial

La parte inferior del cuerpo se conoce como «pie»

Las ceras contienen glándulas digestivas de color marrón rojizo, rojo o amarillo

A lo largo del cuerpo hay grupos de ceras medianas o grandes

GLAUCUS ATLANTICUS
3 cm de longitud

FJORDIA CHRISKAUGEI
2-3 cm de longitud

PTERAEOLIDIA IANTHINA
Hasta 12 cm de longitud

Los rinóforos gruesos tienen la punta amarilla

Las marcas características azul oscuro pueden ser continuas o discontinuas

Los bordes enrollados (parapodios) se pliegan para caminar sobre el lecho marino y se abren para nadar

POLYCERA QUADRILINEATA
4 cm de longitud

CHROMODORIS ELISABETHINA
5 cm de longitud

HEXABRANCHUS SANGUINEUS
40 cm de longitud

El exoesqueleto, como el de la langosta, está endurecido por carbonato de calcio

Las quelas (pinzas) tienen suficiente fuerza como para abrir cocos con los que alimentarse

Gigante terrestre
El cangrejo de los cocoteros *(Birgus latro)*, que alcanza los 4 kg, es el invertebrado terrestre más grande, pero su tamaño es solo una pequeña fracción del que llega a alcanzar el bogavante americano.

cuerpos pesados

Crecer mucho tiene pros y contras. Mientras que un animal grande puede vencer a los depredadores o competidores a base de fuerza bruta, cargar con su propio peso ejerce presión sobre el cuerpo. Los artrópodos, animales con patas articuladas, usan el esqueleto externo como una armadura; es el caso de los crustáceos. Un artrópodo más grande necesita una armadura más gruesa, pero ese peso adicional restringe el movimiento y limita el tamaño del animal. Solo en el agua, donde el peso corporal se ve contrarrestado por la flotabilidad, los crustáceos pueden hacerse gigantes, como el bogavante americano.

FLOTAR POR EL AGUA
El peso (determinado por la gravedad y medido en newtons) cambia según si el objeto está en el aire o en el agua. La masa, o cantidad de materia, se mide en kilogramos, y es fija. En el mar, donde la gravedad se ve compensada, en parte, por el empuje hacia arriba del agua, una langosta grande tiene suficiente fuerza muscular como para mover las extremidades y caminar sobre el fondo; pero, en tierra, el peso de la langosta es mucho mayor, y apenas puede moverse.

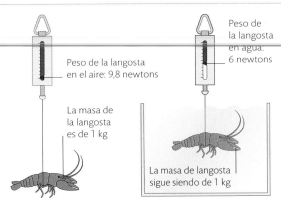

Peso de la langosta en agua: 6 newtons

Peso de la langosta en el aire: 9,8 newtons

La masa de la langosta es de 1 kg

La masa de langosta sigue siendo de 1 kg

PESO Y MASA DE LA LANGOSTA EN EL AIRE Y EL AGUA

Armadura reemplazable
Originario del noroeste del Atlántico, el bogavante americano *(Homarus americanus)* es el artrópodo más pesado del mundo: el espécimen más grande registrado pesaba 20 kg, aunque la mayoría de los individuos de su especie pesan mucho menos. Como todos los artrópodos, muda periódicamente el exoesqueleto, y construye un nuevo caparazón para que el animal pueda crecer. Como crece toda la vida, puede que el que batió el récord tuviera más de un siglo.

Las largas antenas están llenas de receptores táctiles sensibles en aguas oscuras o turbias

Las quelas en forma de pinza del primer par de patas están agrandadas y se usan para defenderse de los depredadores

El caparazón es parte del exoesqueleto; este es un escudo que cubre la cabeza y el tórax, de donde salen las patas, los cuales están fusionados

El abdomen alargado se divide en seis segmentos articulados, lo que permite que el cuerpo se flexione

Los cinco pares de patas caminadoras tienen múltiples articulaciones y están rematadas con pequeñas quelas

El abanico de la cola actúa como un remo cuando el abdomen está flexionado, e impulsa al animal hacia atrás, a menudo para alejarse de un peligro

Los cirros son lo bastante fuertes como para soportar el peso del lirio de mar; al moverse adelante y atrás, ayudan al animal a «caminar» sobre el fondo marino

Los brazos apuntando hacia arriba atrapan mejor las partículas de comida que caen desde arriba

Orificios hacia arriba

La boca de un lirio de mar está en el centro y mira hacia arriba, no hacia abajo, como en las estrellas de mar, por lo que optimiza la recepción de partículas de comida que caen de arriba y que recoge con los brazos. Luego, pasan a través de un intestino en forma de «U», y los desechos no digeridos salen por el ano, que también está orientado hacia arriba.

El cáliz (cuerpo central) alberga la boca del lirio de mar, y contiene un intestino corto y enroscado

alimentación
suspensívora

Los animales que se nutren de diminutas partículas suspendidas en el agua obtienen mejores resultados si extienden el cuerpo sobre un área grande. Eso es lo que hacen los lirios de mar, parientes de las estrellas de mar: dirigen los brazos hacia las corrientes para atrapar plancton y restos de materia orgánica mientras «caminan» por el fondo sobre los cirros a modo de extremidades. Algunos lirios de mar también mueven los brazos arriba y abajo para nadar.

RECOGIDA DE PARTÍCULAS

Los filtradores verdaderos, como las almejas, bombean agua a través de una parte del cuerpo que parece un colador, pero los suspensívoros, como los lirios de mar, peinan el agua para encontrar alimento. Los pies ambulacrales (hidráulicos) a lo largo de los brazos de un lirio de mar mueven la comida hacia unos surcos, donde los cilios (estructuras microscópicas parecidas a pelos) la llevan hacia la boca.

Los pies ambulacrales introducen la comida en los surcos

Los cilios de los surcos transportan partículas hacia la boca

SECCIÓN DEL BRAZO DE UN LIRIO DE MAR

Las pínulas de cada brazo se abren hacia fuera en el agua para ayudar a atrapar la comida

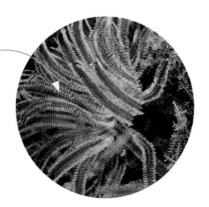

Brazos plumosos
Los brazos de los lirios de mar son múltiplos de cinco. Algunas especies llegan a tener 200 brazos. Cada brazo está equipado con innumerables pínulas, que son ramas laterales.

La gran ola de Kanagawa (1829–1833)
La feroz energía de la enorme ola pintada por Katsushika
Hokusai, suspendida sobre los barcos atrapados a su
merced, ha hecho de esta obra (de la serie *Treinta y seis
vistas del monte Fuji*, de Hokusai) la más reconocida de
todos los grabados japoneses. Aunque era común que
los grabados en ese momento fueran coloridos, aquí
se utilizó una paleta limitada con un efecto poderoso
para enfatizar el dominio de la ola.

Los peces en la poesía (década de 1830)
Realista en detalles y delicadamente coloreado, *Peces kurodai y kodai con brotes de bambú y bayas*, de Utagawa Hiroshige, es uno de los veinte grabados encargados por una asociación de poesía para ilustrar poemas sobre peces.

el mar en el arte

la gran ola

Desde antiguo, los artistas japoneses, habitantes de un país insular rodeado por las olas del Pacífico y las complejas corrientes y remolinos del mar de Japón, han buscado inspiración en el mar. En el sintoísmo, todo en la naturaleza, desde la costa rocosa hasta las profundidades marinas, tiene su fuerza vital: esta energía es casi tangible en los grabados en madera japoneses.

El grabado en madera, o xilografía, entró en Japón hace unos dos mil años, pero no se popularizó hasta el periodo Edo (1603–1868). Mientras que solo los ricos podían pagar las pinturas, los grabados en madera eran asequibles, pues se imprimían a miles y eran baratos. Las impresiones eran una colaboración entre un artista, que dibujaba en papel, un tallador, que lo pasaba a bloques de madera a partir del papel, y el impresor. Las primeras eran monocromáticas, pero a mediados del siglo XVIII las impresiones en color, o *nishiki-e*, se hacían con hasta veinte colores.

Tradicionalmente, las xilografías representaban escenas urbanas, con geishas, cortesanas, actores de teatro kabuki y escenas eróticas. Las llamaban *ukiyo-e*, que significa «imágenes del mundo flotante», en referencia a los placeres transitorios. Sin embargo, en torno al final del período Edo hubo un interés creciente por el mundo natural, y los artistas del grabado en madera respondieron creando paisajes y marinas; se inspiraron en las tradiciones literarias y se metieron de lleno con los vaivenes y los ritmos del mar.

Entre los artistas del grabado en madera que han perdurado se encuentran Hokusai, conocido por *La gran ola de Kanagawa*, e Hiroshige, del que se dice que es el último gran maestro de *ukiyo-e* japonés. Las xilografías de Hiroshige reflejan el mar en todos los aspectos, desde las olas rompiendo en las rocas con una tranquila orilla lejana en *El mar de Satta Peak, provincia de Suruga* (1858), hasta las corrientes traidoras de *Los remolinos de Naruto, provincia de Awa* (1855).

Cuando Japón se abrió a Occidente, en la década de 1850, después de siglos de aislamiento, estos grabados fueron muy apreciados en Europa y Estados Unidos, y venerados por los artistas impresionistas y posimpresionistas.

> 66 Estas olas son garras; sientes que el bote está atrapado en ellas. 99

CARTA DE VINCENT VAN GOGH A SU HERMANO THEO (1888)

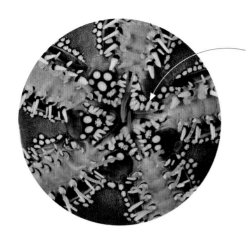

Las mandíbulas duras están formadas por huesecillos modificados

Boca de ofiura
Los pies ambulacrales de los brazos de una ofiura pasan la comida a las pequeñas mandíbulas que flanquean la boca debajo del disco central. La comida entra en un estómago corto; los desechos no digeridos salen a través de la boca, ya que el intestino no tiene ano separado.

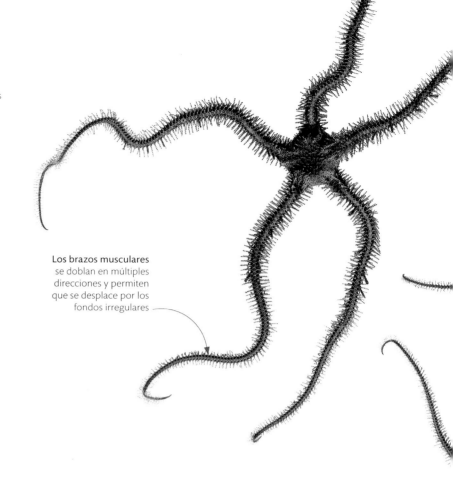

Los brazos musculares se doblan en múltiples direcciones y permiten que se desplace por los fondos irregulares

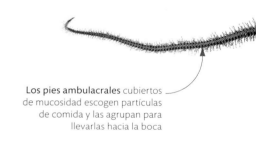

Los pies ambulacrales cubiertos de mucosidad escogen partículas de comida y las agrupan para llevarlas hacia la boca

caminar con los **brazos**

La piel gruesa y reforzada de una estrella de mar limita su flexibilidad, por lo que el animal tiene que arrastrarse lentamente con sus cientos de diminutos pies ambulacrales, parecidos a una ventosa (pp. 220-221). En las ofiuras, sus parientes, la piel es más flexible, y una compleja red de músculos permite que los brazos se muevan más libremente en horizontal. Serpenteando de un lado a otro, los brazos espinosos de una ofiura se agarran al sustrato y avanzan; en vez de centrarse en la locomoción, los pies ambulacrales sin ventosas quedan libres para atrapar partículas de comida.

SOPORTES CORPORALES

Como otros equinodermos (erizos, estrellas de mar, lirios de mar y pepinos de mar), el cuerpo de la ofiura se sostiene tanto por los osículos duros que refuerzan la piel como por el sistema de canales por los que circula el agua de mar y que transporta materiales. Los músculos que corren a lo largo de los brazos controlan los movimientos de estos.

Los osículos son placas duras en la piel

Los músculos longitudinales se contraen para doblar el brazo

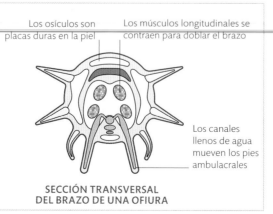

Los canales llenos de agua mueven los pies ambulacrales

SECCIÓN TRANSVERSAL DEL BRAZO DE UNA OFIURA

Brazos frágiles
Una ofiura de espinas finas (*Ophiothrix fragilis*) emplea los sinuosos brazos para caminar sobre el fondo mientras el animal atrapa restos de materia orgánica y microorganismos. Los brazos se rompen con facilidad, pero se pueden regenerar.

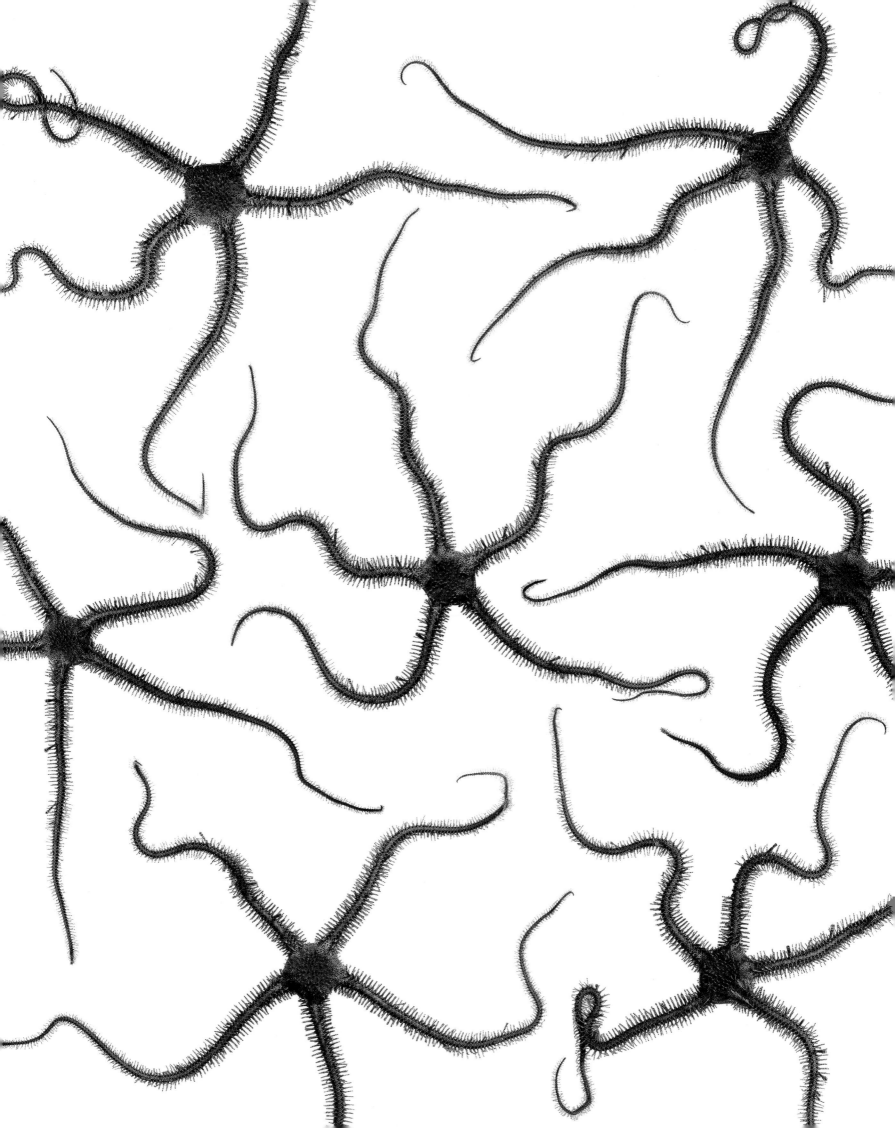

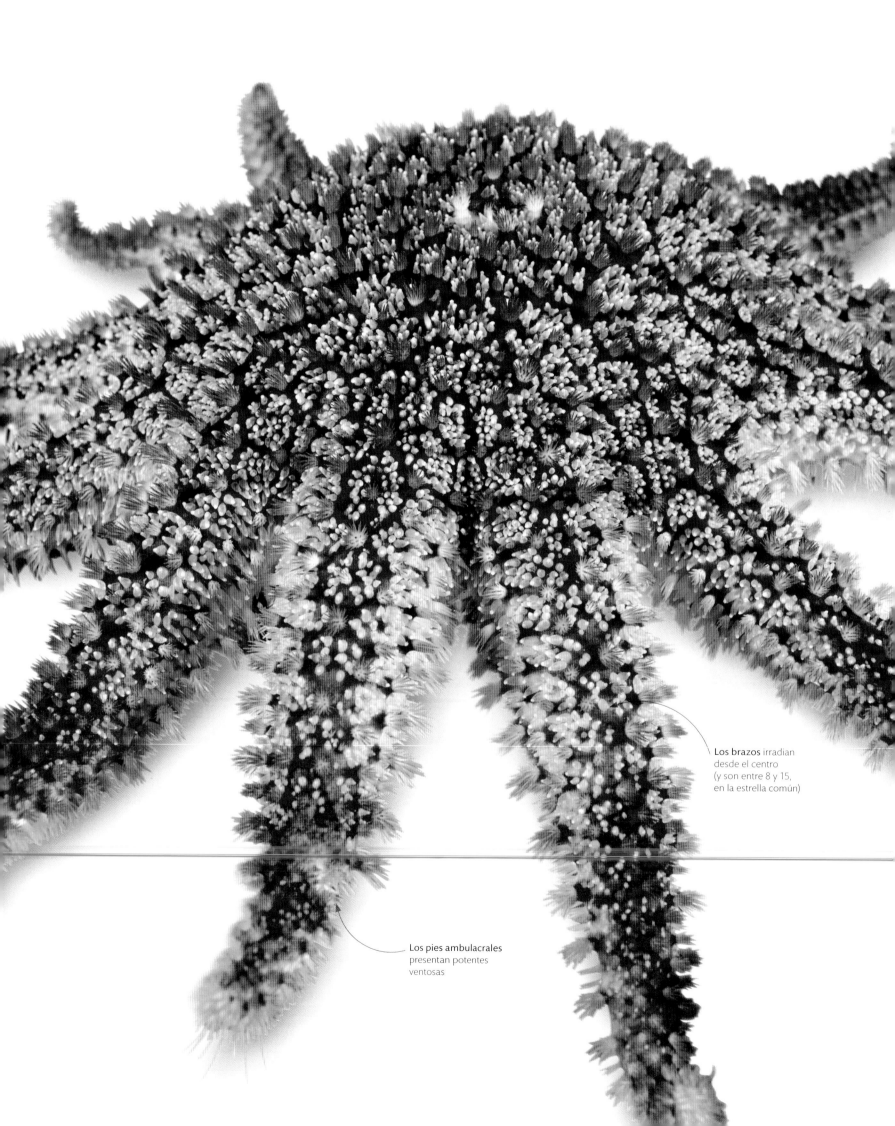

Los brazos irradian desde el centro (y son entre 8 y 15, en la estrella común)

Los pies ambulacrales presentan potentes ventosas

Puntas adhesivas
Cada pie ambulacral de
una estrella de mar termina
en un disco, que segrega
tanto sustancias químicas
adhesivas como disolventes
de las mismas. Así se adhiere
la estrella temporalmente
a otras superficies.

Los pies ambulacrales
salen de ranuras que
recorren el brazo

pies ambulacrales

Uno de los rasgos que definen a los equinodermos son los pies ambulacrales, unas estructuras con varias funciones. Son los principales órganos de locomoción en las estrellas de mar y los erizos; también actúan como sensores sensibles al tacto, y su fina piel sirve de superficie para el intercambio de gases. Asimismo, desempeñan un papel importante en el proceso de alimentación, pues ayudan a conducir pequeñas partículas a la boca. Además, en las estrellas de mar, su fuerza adhesiva se utiliza para abrir la concha de presas como los mejillones y las almejas.

Las espinas agrupadas
facilitan el agarre
al fondo marino

La punta del brazo
contiene puntos
oculares diminutos
sensibles a la luz

En movimiento
La acción de los pies ambulacrales permite
que la estrella *Crossaster papposus* se arrastre
por superficies horizontales, verticales o
salientes. Cada brazo tiene estructuras
sensoriales, como puntos oculares, que
permiten distinguir la luz de la sombra.

EL SISTEMA VASCULAR DEL AGUA

En los equinodermos, los pies
ambulacrales forman parte de un
sistema que utiliza la presión del agua
para la locomoción, la alimentación
y la respiración. En las estrellas de mar,
el agua entra (y sale) del sistema a través
de un poro en la parte superior del
cuerpo. A continuación, circula hacia
el canal anular y los canales radiales.
De ahí, el agua puede pasar a los pies
ambulacrales, cada uno de los cuales
tiene una ampolla y un pie elástico.
La contracción de la ampolla empuja
el agua hacia el pie, que se extiende.

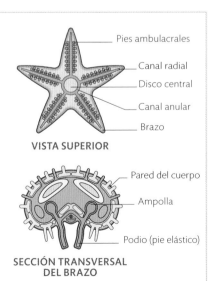

Pies ambulacrales

Canal radial

Disco central

Canal anular

Brazo

VISTA SUPERIOR

Pared del cuerpo

Ampolla

Podio (pie elástico)

**SECCIÓN TRANSVERSAL
DEL BRAZO**

Número de brazos

La mayoría de las especies de estrellas de mar tienen cinco brazos, pero algunas tienen 10, 20 o incluso 50. Por debajo, cada brazo está cubierto por miles de diminutos pies ambulacrales, que le permiten al animal desplazarse sobre las rocas, ponerse encima de algas y agarrar presas. Cada brazo contiene un sistema corporal completo, por lo que, si el animal pierde uno, puede sobrevivir sin él. La estrella también puede regenerar el brazo perdido.

Las proyecciones cortas irradian desde el disco central en forma de cojín

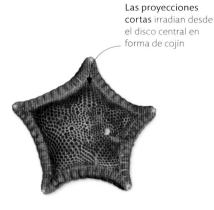

ESTRELLA DE MAR DE TIPO COJÍN
Ceramaster granularis

La parte superior del cuerpo está cubierta de pequeñas placas «óseas»

ESTRELLA DE MAR DE 5 BRAZOS
Neoferdina cumingi

Brazos largos y delgados que alcanzan los 12–15 cm

ESTRELLA DE MAR DE 6 A 16 BRAZOS
Luidia senegalensis

Tamaño

El diámetro de una estrella de mar puede variar desde unos pocos milímetros hasta 1 m. El tamaño del disco central también es variable. Algunos, como el de la estrella *Henricia leviuscula*, son muy pequeños en relación con la longitud del brazo; otros son muy grandes. La especie más grande conocida es la estrella girasol *(Pycnopodia helianthoides)*, que llega a pesar 5 kg y a vivir 35 años.

El brazo está bordeado de espinas en forma de remo

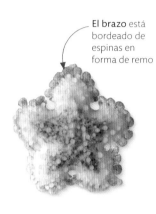

0,5–1 CM
Allostichaster palmula

El disco central ocupa menos de una quinta parte del diámetro total

8–12 CM
Henricia leviuscula

Los brazos rechonchos están cubiertos de espinas de colores brillantes

HASTA 30 CM
Pentaceraster cumingi

Hábitat y profundidad

Las estrellas de mar se encuentran en todo tipo de ambientes marinos, desde los gélidos océanos polares hasta los hábitats tropicales. Algunas viven siempre en aguas poco profundas, en charcas de marea y en costas rocosas, mientras que otras habitan en lechos de algas y otros ambientes del arrecife de coral. Se han encontrado especies a profundidades de 9000 m.

La lisa superficie superior está cubierta de mucosidad

COSTERA, HASTA 100 M
Estrella de cuero
Dermasterias imbricata

El color procede del pigmento azul linckiacianina

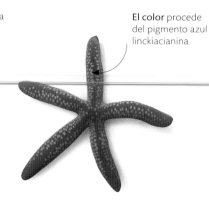

DE SUPERFICIE, HASTA 70 M
Estrella azul
Linckia laevigata

Está cubierta por completo de seudopaxilas (pequeñas espinas)

DE 100 A 1000 M
Crossaster papposus

estrellas de mar

Las estrellas de mar son equinodermos estrechamente relacionados con los pepinos de mar (holoturias) y los erizos de mar. Hay más de dos mil especies, depredadoras en su mayoría, que se encuentran en todos los océanos, y se reconocen por su simetría radial, generalmente de cinco puntas. No tienen cerebro ni sangre; en su lugar, un sistema vascular hidráulico mueve el agua del mar a través del cuerpo y lleva los nutrientes a los órganos.

Las espinas venenosas cubren toda la parte superior

ESTRELLA DE MAR DE 16 A 25 BRAZOS
Estrella corona de espinas
Acanthaster planci

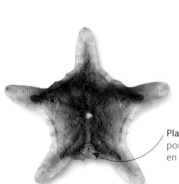

La parte inferior tiene más de 15 000 pies ambulacrales con ventosas

HASTA 1 M
Estrella girasol
Pycnopodia helianthoides

Placa de madreporita por la cual entra el agua en el sistema vascular

MÁS DE 1000 M
Porcellanaster ceruleus

La joya del mar

La estrella *Pentaceraster alveolatus* vive en las zonas intermareales y en las plataformas de arrecifes del Indopacífico, entre 1 m y 60 m de profundidad. Mide hasta 40 cm de diámetro, y vive sola o en grupos cerca de hierbas marinas y allá donde las microalgas son abundantes.

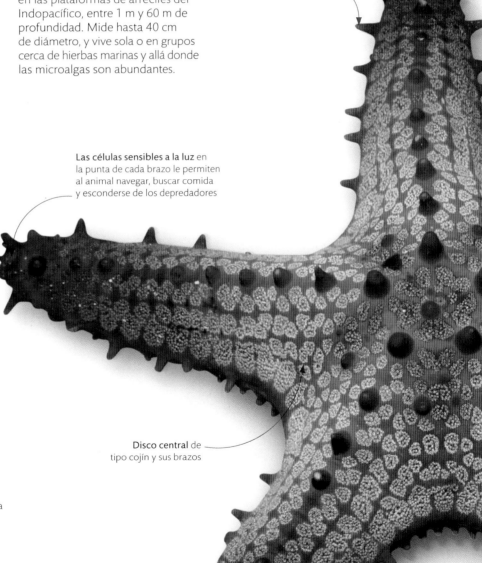

Filas de espinas prominentes recorren el centro y los laterales de los brazos

Las células sensibles a la luz en la punta de cada brazo le permiten al animal navegar, buscar comida y esconderse de los depredadores

Disco central de tipo cojín y sus brazos

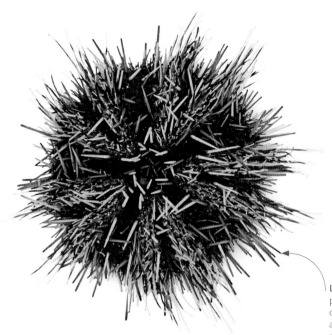

Simetría de cinco radios

La mayoría de los equinodermos tienen cinco ejes que irradian desde el centro. En este erizo *(Tripneustes gratilla)*, hay cinco filas dobles de pies ambulacrales (p. 221) intercaladas con bandas de espinas, en su mayoría de color naranja.

Las espinas y los pies ambulacrales se disponen en bandas alternas que irradian desde la boca

Los pies ambulacrales pueden llegar mucho más allá del cuerpo

piel espinosa

Los equinodermos son un grupo numeroso y muy diverso de invertebrados que solo se encuentran en el mar. Su nombre significa «piel espinosa», y los más pequeños son los erizos. El cuerpo de estos está cubierto de largas espinas móviles, que giran en la base y sirven para maniobrar y repeler a los depredadores o a los organismos incrustantes. Las espinas varían según la especie, desde las más finas y afiladas hasta las más robustas con forma de lápiz.

El agujero de la parte superior es el punto de salida de los tractos digestivo y reproductor y del sistema vascular hidráulico (p. 221)

El orificio es el punto de salida de un pie ambulacral

Testa del erizo

El cuerpo de un erizo de mar lo sostiene la testa, un esqueleto en forma de concha. Cuando el erizo está vivo, una fina capa de tejido blando cubre la testa, las espinas están unidas a los tubérculos (protuberancias) mediante rótulas y los pies ambulacrales salen por poros diminutos. Cuando el erizo muere, las espinas se caen, y los pies ambulacrales y el tejido se descomponen; solo queda la testa.

El tubérculo fue en su día el punto de unión de una espina

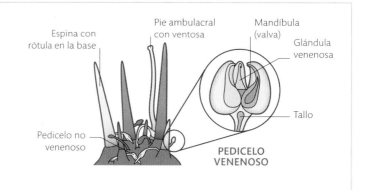

Espina con
rótula en la base

Pie ambulacral
con ventosa

Mandíbula
(valva)

Glándula
venenosa

Pedicelo no
venenoso

Tallo

**PEDICELO
VENENOSO**

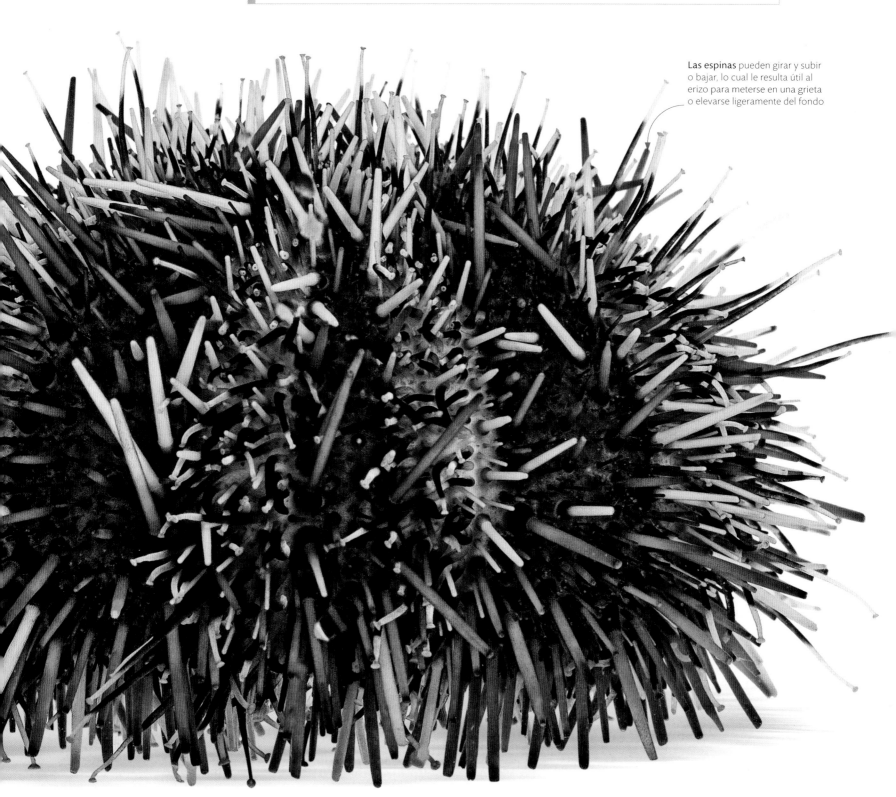

Las espinas pueden girar y subir
o bajar, lo cual le resulta útil al
erizo para meterse en una grieta
o elevarse ligeramente del fondo

tiburón martillo

Las nueve especies de tiburones martillo se reconocen por su cabeza ancha y aplanada, llamada cefalófilo. A pesar de su aspecto y tamaño, el tiburón martillo común (*Sphyrna lewini*) no suele ser agresivo con las personas, pero la actividad humana lo ha llevado a la lista de especies en peligro.

El tiburón martillo tiene los ojos y las fosas nasales situados en los extremos del martillo, lo que le proporciona una buena visión binocular y un agudo sentido del olfato. El cefalófilo también ofrece mayor superficie para las células sensoriales del tiburón (ampollas de Lorenzini), que le permiten al animal percibir los campos eléctricos emitidos por sus potenciales presas. Los tiburones martillo tienen la boca relativamente pequeña, por lo que se alimentan de peces e invertebrados que se pueden tragar enteros. Se ha observado que utilizan un lado del cefalófilo para sujetar una raya antes de comerla.

Los adultos alcanzan los 3,6–4 m de longitud. Se encuentran en la mayoría de los océanos templados y tropicales, normalmente entre 25 m y 275 m de profundidad. Suelen nadar solos o en parejas, pero periódicamente forman bancos cerca de los montes submarinos o de las costas insulares.

Los animales maduros dan a luz grandes camadas de crías vivas (entre 12 y 41) en aguas costeras, muchas de las cuales son devoradas por otros tiburones. La pesca y el comercio de aleta de tiburón también han hecho mella en estas especies, tanto en los adultos como en los juveniles.

Superbanco de tiburones

Los tiburones martillo forman enormes cardúmenes. Las teorías sobre por qué lo hacen son varias: desde la migración hasta la agresión y la exhibición de cortejo. El hecho es que los hace muy vulnerables a la pesca selectiva.

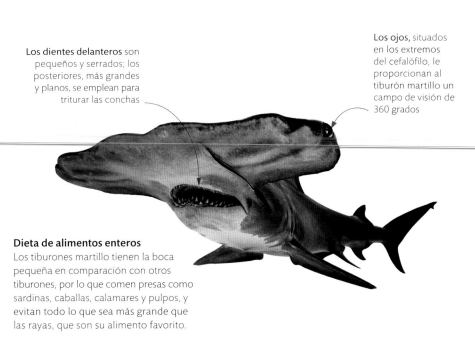

Los dientes delanteros son pequeños y serrados; los posteriores, más grandes y planos, se emplean para triturar las conchas

Los ojos, situados en los extremos del cefalófilo, le proporcionan al tiburón martillo un campo de visión de 360 grados

Dieta de alimentos enteros
Los tiburones martillo tienen la boca pequeña en comparación con otros tiburones, por lo que comen presas como sardinas, caballas, calamares y pulpos, y evitan todo lo que sea más grande que las rayas, que son su alimento favorito.

En el aire
Los grandes grupos de mantarrayas hacen espectaculares exhibiciones en las que salen a la superficie saltando en el aire. Se cree que este comportamiento es una forma de comunicación.

Las aletas golpean la superficie y emiten sonidos que recorren una larga distancia bajo el agua

Los lóbulos cefálicos (estructuras en forma de remo delante de la boca) se enroscan cuando la raya salta

volando bajo el agua

Las rayas y las mantarrayas, que son peces cartilaginosos de aspecto muy similar, han desarrollado una forma y un estilo de natación únicos utilizando el cuerpo aplanado y las grandes aletas pectorales. Muchas especies viven en el fondo marino, y ondean las aletas para propulsarse sobre el lecho. Otras se aventuran en la parte superior de la columna de agua para alimentarse por filtración, y baten las aletas arriba y abajo, a la manera en que lo hacen las aves y los murciélagos para volar.

Movimiento perpetuo
Las mantarrayas nadan sin cesar para mantener un flujo de agua sobre sus branquias. Se desplazan mucho, a menudo nadando en grandes grupos como este, frente a la costa de Baja California (México). Las especies más pequeñas son muy gregarias y suelen reunirse en bancos de miles de individuos.

LOS ALIMENTOS LLEGAN CON EL ALA

Cuando se alimentan, las mantarrayas nadan despacio. Con su movimiento generan una corriente de alimentación, y se nutren por filtración a través de la boca, que se abre hacia delante. Los dos lóbulos cefálicos se despliegan, y canalizan el agua y el plancton hacia la boca. Ya dentro, la corriente pasa por encima de los rastrillos branquiales; el plancton rebota en el filtro y fluye hacia la garganta, y el agua sale por las branquias.

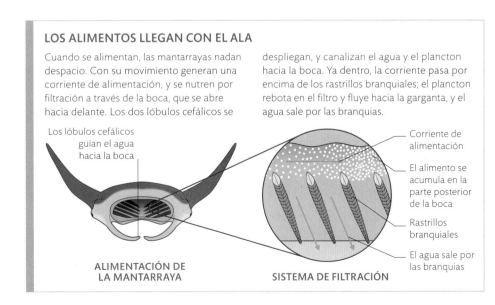

Los lóbulos cefálicos guían el agua hacia la boca

Corriente de alimentación

El alimento se acumula en la parte posterior de la boca

Rastrillos branquiales

El agua sale por las branquias

ALIMENTACIÓN DE LA MANTARRAYA

SISTEMA DE FILTRACIÓN

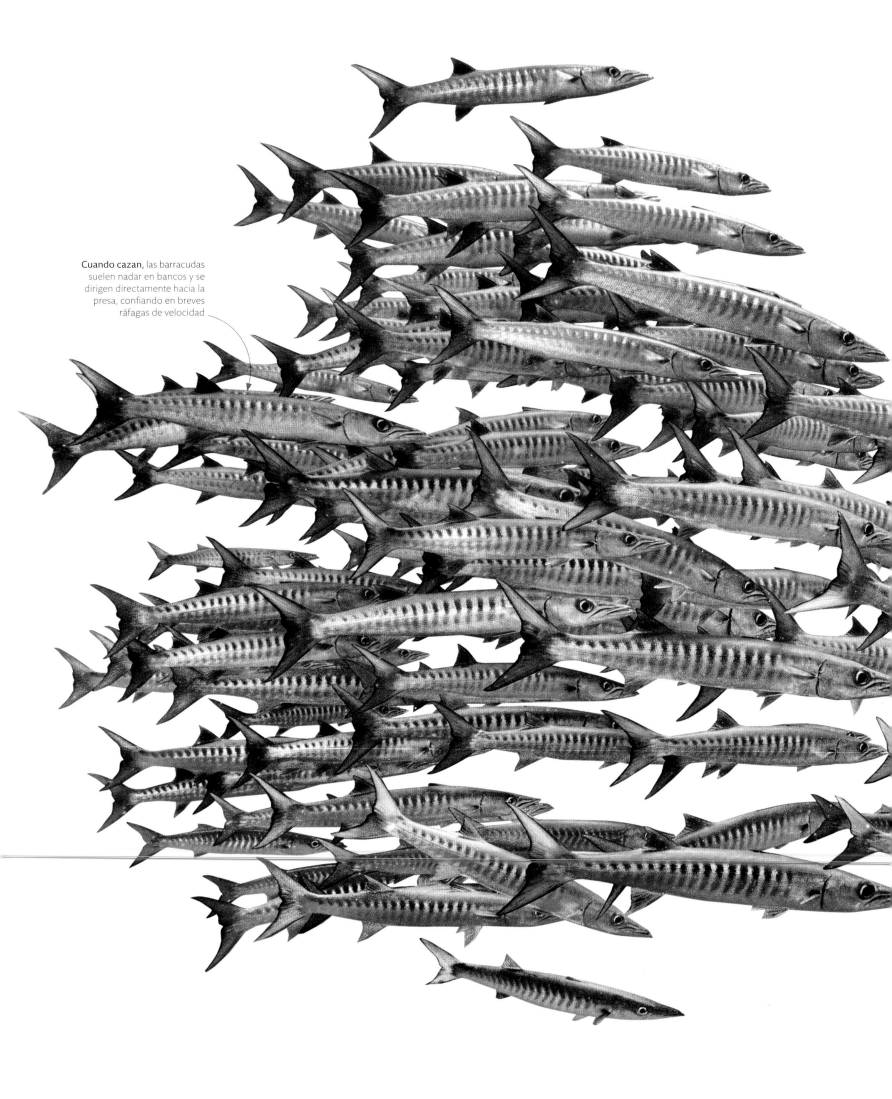

Cuando cazan, las barracudas suelen nadar en bancos y se dirigen directamente hacia la presa, confiando en breves ráfagas de velocidad

Ajuste cuidadoso

La barracuda *Sphyraena putnamae* es un pez depredador y muy veloz. Tiene una gran vejiga natatoria que regula su flotabilidad y ahorra energía. Ajustar el volumen de gas en la vejiga natatoria para compensar los cambios de presión al subir o bajar puede ralentizar al pez. Por eso, la barracuda suele hacer solo breves movimientos verticales.

Su cuerpo hidrodinámico, en forma de torpedo es todo músculos, lo que hace de la barracuda un pez nadador rápido y potente

vejigas natatorias

Como todo buceador sabe, mantener una posición estable en el agua puede ser difícil. Para la mayoría de los peces óseos que viven en aguas abiertas, la solución que ahorra energía es una vejiga natatoria llena de gas (principalmente, oxígeno), cuyo control cuidadoso le da al pez una flotabilidad neutra y la capacidad de permanecer sin esfuerzo a cierta profundidad en el agua, sin flotar hacia arriba ni hundirse. Muchos de los peces que viven en el fondo del mar carecen de vejiga natatoria. Tampoco la tienen los tiburones y las rayas, pues nadan de forma constante y en su gran hígado acumulan escualeno, un aceite de baja densidad que aumenta su flotabilidad.

AJUSTE DE LA FLOTABILIDAD

Las finas paredes de la vejiga natatoria permiten que se expanda y se contraiga según la cantidad de gas que contenga. Cuando el pez nada hacia arriba, la presión del agua disminuye, lo que hace que el gas de la vejiga se expanda; para evitar que el pez suba a la superficie, se elimina gas de la vejiga. Lo contrario ocurre cuando nada hacia abajo: aumenta la presión del agua, se añade gas y no se hunde.

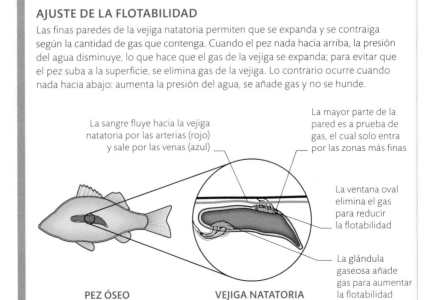

La sangre fluye hacia la vejiga natatoria por las arterias (rojo) y sale por las venas (azul)

La mayor parte de la pared es a prueba de gas, el cual solo entra por las zonas más finas

La ventana oval elimina el gas para reducir la flotabilidad

La glándula gaseosa añade gas para aumentar la flotabilidad

PEZ ÓSEO

VEJIGA NATATORIA

fuera de la vista

La cripsis es la estrategia de permanecer oculto. Una de sus formas es el camuflaje, es decir, confundirse con el fondo mediante la coloración, la forma o la textura, si bien el comportamiento también es un factor clave. En los peces rata, la finalidad de hacerse invisibles es tanto ofensiva como defensiva; para lograrlo permanecen parcialmente enterrados en el sedimento, donde esperan una oportunidad para atrapar a una presa que se aventure a la distancia de ataque.

ATRAER A LA PRESA

Los peces rata tientan a sus presas con un trozo de carne que sobresale de la boca. El señuelo se asemeja a un pequeño invertebrado de cuerpo blando, como un gusano de trapo, y puede sacudirlo para atraer la atención de la presa potencial. Los ojos saltones observan atentamente, y, cuando un pez pequeño se acerca lo suficiente, en unas centésimas de segundo, el pez rata abre su enorme boca orientada hacia arriba y crea una oleada de agua a la que la presa es incapaz de escapar.

Al acecho

El pez rata *Uranoscopus sulphureus* permanece parcialmente oculto en la arena. Sus colores irregulares y la textura granulada de la piel se confunden con el fondo, y, al mover las aletas pectorales y la cola bajo la arena, desdibuja los contornos y las sombras que podrían alertar a su presa del peligro. A veces, del sedimento solo sobresalen los ojos giratorios.

Tratamiento de choque

Como todos los peces rata, *Uranoscopus scaber* tiene una coloración críptica. Es también una de las pocas especies marinas (junto con *U. sulphureus*) capaz de realizar bioelectrogénesis, es decir, de producir una descarga eléctrica para disuadir a los depredadores.

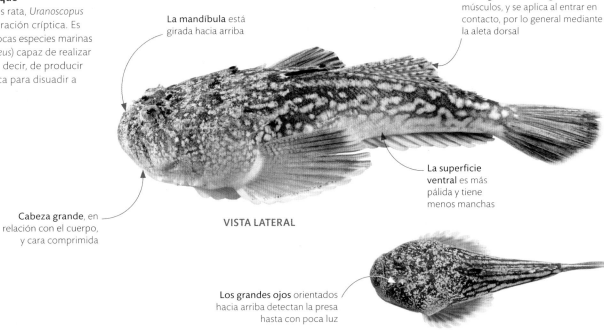

La mandíbula está girada hacia arriba

La carga eléctrica la generan los músculos, y se aplica al entrar en contacto, por lo general mediante la aleta dorsal

La superficie ventral es más pálida y tiene menos manchas

Cabeza grande, en relación con el cuerpo, y cara comprimida

VISTA LATERAL

Los grandes ojos orientados hacia arriba detectan la presa hasta con poca luz

VISTA SUPERIOR

Costas elevadas
Las pintorescas costas de las islas Lofoten, un archipiélago frente a la costa noroeste de Noruega, son un ejemplo de litoral elevado debido a la actividad tectónica.

el nivel del mar cambia

El nivel del mar es la media de la altura de la superficie oceánica respecto a tierra firme. Ha cambiado a lo largo de la historia por los cambios climáticos y por el movimiento de las placas tectónicas. Hace 80 millones de años, debido a la expansión de las dorsales oceánicas (pp. 264–265), el agua se desplazó hacia arriba, y el nivel del mar estaba 250–350 m más alto que el actual. En sentido contrario, en el punto álgido de la última glaciación (hace unos 25 000 años), con un enorme volumen de agua almacenada en los casquetes polares, el nivel del mar estaba 120 m más bajo que ahora. A medida que el calentamiento global derrite los casquetes polares, el nivel va subiendo, y quizá suba 50 cm más para finales del siglo.

CAMBIOS REGIONALES DE LA LÍNEA DE COSTA

El nivel relativo del mar puede subir o bajar en zonas de actividad tectónica que elevan la masa terrestre o la hunden. Cuando la elevan, el nivel relativo del mar desciende y la línea de costa avanza. Por el contrario, cuando la masa terrestre se hunde, el nivel del mar local sube y le gana terreno a la línea de costa. Ambos procesos modifican localmente la línea de costa, pero no afectan al nivel del mar global.

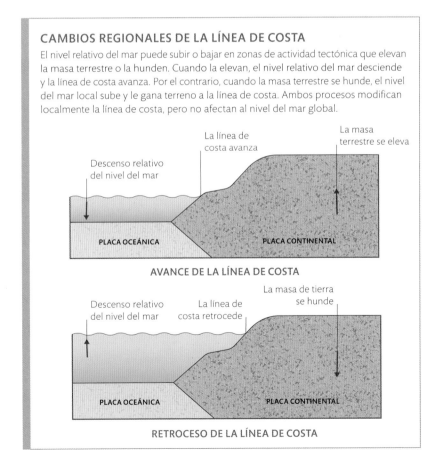

La línea de costa avanza

La masa terrestre se eleva

Descenso relativo del nivel del mar

PLACA OCEÁNICA

PLACA CONTINENTAL

AVANCE DE LA LÍNEA DE COSTA

La masa de tierra se hunde

Descenso relativo del nivel del mar

La línea de costa retrocede

PLACA OCEÁNICA

PLACA CONTINENTAL

RETROCESO DE LA LÍNEA DE COSTA

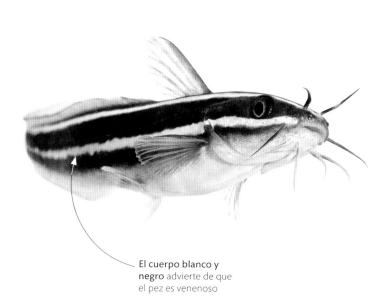

Detectar el movimiento

El pez gato del coral *(Plotosus lineatus)*, el único siluro que vive en los arrecifes de coral, tiene órganos sensoriales muy desarrollados, entre ellos, las líneas laterales, formadas por poros y canales sensitivos a lo largo de ambos flancos. Las células sensoriales de la línea lateral detectan las vibraciones (incluso las ondas sonoras de baja frecuencia) y los cambios de presión, lo que ayuda a este pez nocturno a navegar por aguas oscuras y a percibir el movimiento de las presas que no puede ver.

El cuerpo blanco y **negro** advierte de que el pez es venenoso

sentidos omnipresentes

En el agua se transmite muy bien la información sensorial, como vibraciones y señales eléctricas. Muchos peces poseen sentidos bien desarrollados, y los de los siluros son especialmente agudos. Sus grandes ojos son útiles porque la transmisión de la luz es limitada en el agua, y su audición se ve reforzada por los pequeños huesos que transmiten al oído interno las ondas sonoras recogidas por la vejiga natatoria. Además, el siluro tiene receptores químicos y eléctricos por toda la superficie del cuerpo.

ÓRGANOS QUIMIORRECEPTORES

El siluro tiene entre 250 000 y varios millones de quimiorreceptores, que son similares a las papilas gustativas, pero repartidos por todo el cuerpo. Gracias a ellos, el pez puede notar el gusto de cualquier cosa que entre en contacto con él, lo cual le permite cazar en la oscuridad. Las papilas gustativas no tienen que tocar el posible alimento para probarlo, pues las sustancias químicas que proceden del alimento potencial se difunden a través del agua, llegan a las papilas gustativas y las estimulan.

Alta densidad de papilas gustativas a lo largo del borde anterior de la aleta

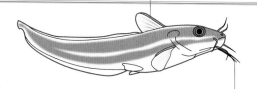

La posición adelantada de las barbillas, con muchas papilas gustativas, aumenta la posibilidad de hallar alimento delante del pez

PAPILAS GUSTATIVAS DEL PEZ GATO

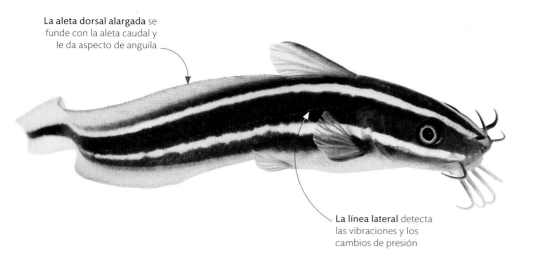

La aleta dorsal alargada se funde con la aleta caudal y le da aspecto de anguila

La línea lateral detecta las vibraciones y los cambios de presión

El primer radio de la aleta dorsal y de la aleta pectoral produce una picadura aguda

Las fosas nasales contienen receptores olfativos muy sensibles

Los grandes ojos proporcionan una excelente visión en aguas claras

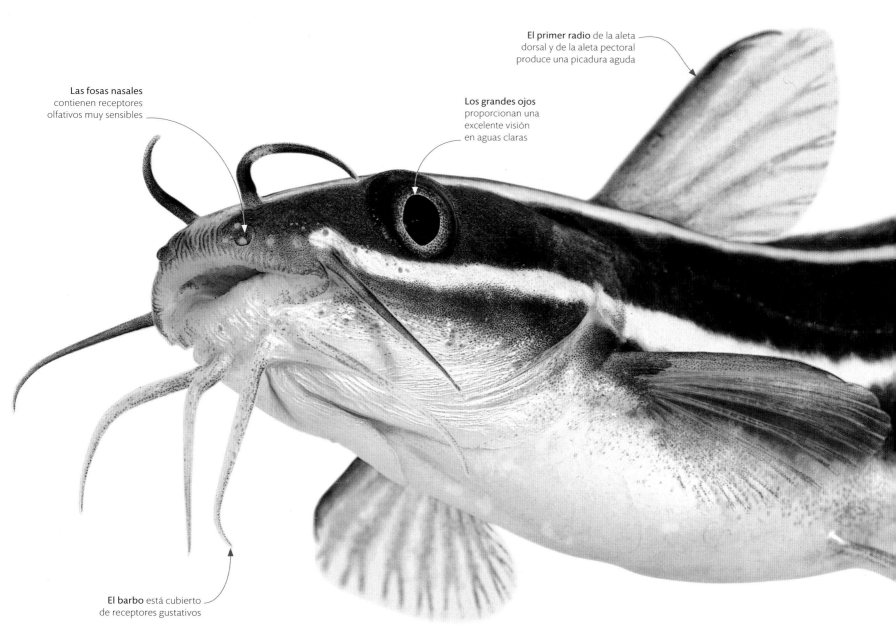

El barbo está cubierto de receptores gustativos

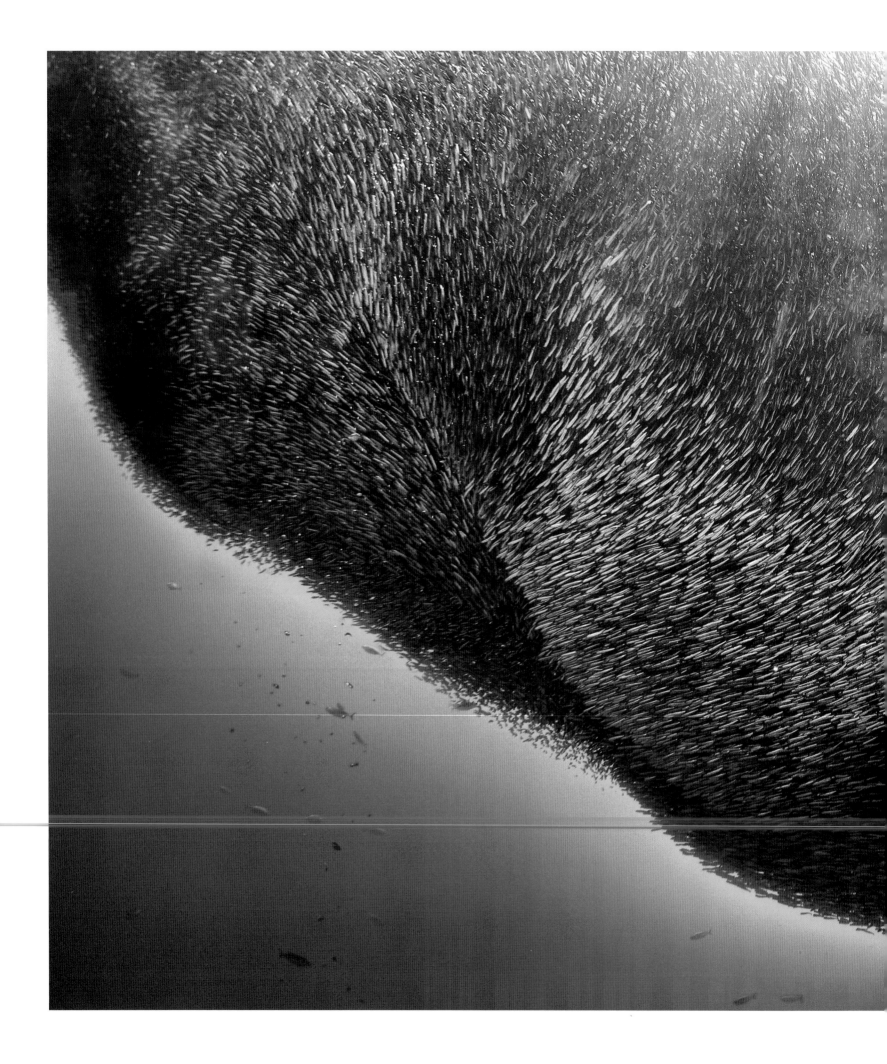

Cuerpo sensible
Los poros sensibles a la presión de todo el cuerpo le permiten a la sardina detectar los movimientos de otros peces cercanos y reaccionar al instante, por ejemplo, formando un grupo compacto.

Las escamas dispersan la luz y dificultan que los depredadores se fijen en una sola sardina

migrar en cardúmenes

Entre la primavera y el verano aumenta el plancton en los mares templados, ricos en nutrientes, y muchos peces llegan desde zonas más cálidas para alimentarse. Entre ellos se hallan las sardinas y los boquerones, pequeños peces de la familia de los arenques que migran en bancos de millones de individuos siguiendo las corrientes estacionales. Durante la migración, el banco atrae a muchos depredadores (aves marinas, tiburones, delfines y ballenas) en lo que se conoce como frenesí alimentario.

Más seguros en grupo
Cuando un banco de sardinas (en este caso, *Sardina pilchardus*) percibe una amenaza, compacta aún más el grupo y cada pez intenta permanecer en el centro, donde es menos probable que lo detecten. La masa de cuerpos se desplaza y cambia de forma en un intento de confundir a los depredadores.

GRUPOS DE PECES

Los peces suelen reunirse en grupos. Un cardumen es una agregación relativamente casual de peces, que se mueven en diferentes direcciones y albergan individuos de una o más especies. Un banco es un grupo mucho más organizado, en el que los miembros se mueven de forma coordinada. El banco casi siempre tiene función defensiva. Los peces pequeños, como los de la familia del arenque, suelen nadar en bancos muy unidos, lo cual les permite sobrevivir.

Grupo disperso de peces orientados en distintas direcciones

CARDUMEN

Grupo compacto que se mueve como uno solo en una dirección

BANCO

fragata común

Presente en las islas tropicales de los océanos Atlántico, Pacífico e Índico occidentales, la fragata común *(Fregata minor)* se eleva sobre las olas durante días, a veces semanas. Lo llaman «pájaro pirata» por su costumbre de robar agresivamente la comida del pico de otras aves marinas.

Las fragata se alimenta de peces voladores y calamares, y vuela durante varias horas, observando las presas que rompen la superficie, para apoderarse de ellas con su largo y ganchudo pico. Aunque adquiere la mayor parte de su alimento de este modo, también es un cleptoparásito: roba presas capturadas por otro animal. Las fragatas atacan a otras aves marinas (sobre todo a los piqueros) en pleno vuelo cuando vuelven al nido, acosándolas para que renuncien a la comida destinada a sus polluelos. A ese comportamiento de barco de guerra deben su nombre común, pues los barcos que usaban los piratas en sus incursiones oceánicas eran fragatas.

Con hasta 105 cm de longitud y 1,5 kg de peso, pero con una envergadura de hasta 2,3 m, la relación entre la superficie de las alas y la masa corporal de la fragata común es la más alta de todas las aves vivas. La superficie del ala, así como su forma larga y estrecha, le permiten volar grandes distancias en busca de alimento; no obstante, suele permanecer a menos de 160 km de tierra donde posarse.

Sin embargo, esta especialista aérea tiene una debilidad importante: las plumas de la fragata no son impermeables, ya que no tienen suficiente aceite para quedar protegidas del agua del mar. Una fragata nunca se moja voluntariamente, ya que, si su plumaje se empapa, puede ser incapaz de volver a despegar.

Atraer a la pareja
Al igual que los cormoranes y los piqueros, las fragatas tienen saco gular. El macho infla su enorme saco de color rojo brillante para atraer pareja. Las hembras también tienen bolsa gular, pero nunca la inflan.

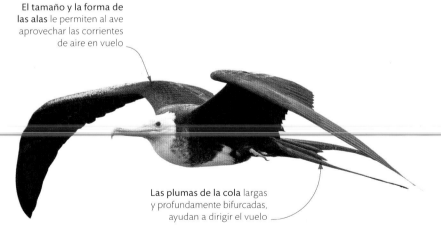

El tamaño y la forma de las alas le permiten al ave aprovechar las corrientes de aire en vuelo

Las plumas de la cola largas y profundamente bifurcadas, ayudan a dirigir el vuelo

Vuelo de larga distancia
Todas las aves tienen los huesos llenos de aire, lo que las hace ligeras, pero el esqueleto de una fragata constituye una fracción menor de su peso corporal comparado con el de cualquier otra ave; por eso es tan ágil volando. Puede planear durante semanas y dormir en pleno vuelo.

Los ojos escrutan **el agua** en busca de presas, y el pelícano selecciona un objetivo

El ángulo de inmersión pronunciado aumenta la probabilidad de capturar un pez

La posición del cuerpo se ajusta cuando está encima del agua, listo para la inmersión

Las alas se empiezan a plegar hacia atrás; la cabeza y el cuello se estiran hacia delante

El pico se abre para engullir el pez; las alas están ahora en una hidrodinámica forma de V

La zambullida
Lanzarse en picado desde gran altura (hasta 20 m) le permite al pelícano pardo contrarrestar el efecto de la refracción de la luz en la superficie del agua, lo que aumenta su precisión en la captura de presas.

buceo en picado

Las aves que capturan peces bajo el agua tienen el inconveniente de que su cuerpo, adaptado a volar, tiende a flotar. Los especialistas en buceo, como el alcatraz, alcanzan presas profundas gracias a que se lanzan desde gran altura. El pelícano pardo hace lo mismo para aprovechar los bancos de peces de los mares costeros; esa estrategia lo diferencia de los pelícanos de agua dulce, que atrapan sus presas remando en la superficie.

CLEPTOPARÁSITOS

Los pelícanos dedican mucho tiempo a drenar el agua de la bolsa y manipular las capturas antes de tragarlas; y eso los hace vulnerables a los cleptoparásitos (ladrones de presas ajenas). En el Caribe, la gaviota reidora americana (*Larus atricilla*) se posa sobre la cabeza de los pelícanos jóvenes, más propensos a soltar el pescado que los adultos. Pero, en el golfo de México, la gaviota de mexicana (*L. heermanni*) acosa a los adultos que llevan más capturas.

GAVIOTA REIDORA AMERICANA (*LARUS ATRICILLA*) ADULTA Y JUVENIL

La bolsa de piel que cuelga de la mandíbula inferior del pico se expande para albergar varios litros de agua llena de peces

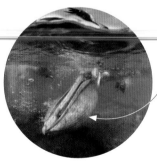

Agarrar la captura
El pelícano pardo se centra en un pez, pero suele recoger varios en la bolsa, junto con mucha agua, que tiene que drenar antes de poder tragar la captura.

Pelícano costero
El pelícano pardo *(Pelecanus occidentalis)* pesca en mares costeros poco profundos de Centroamérica y el Caribe. Ahí, los afloramientos de agua rica en nutrientes alimentan los bancos de boquerones y sardinas más grandes del planeta. Su cuerpo marrón chocolate contrasta con el plumaje mayormente blanco de sus parientes de agua dulce.

La mandíbula superior del pico del pelícano está reforzada con una fuerte quilla, que lo ayuda a llevar capturas pesadas

El largo cuello le permite al pelícano apoyar su pesado pico contra el pecho cuando está en el suelo o incluso volando

El plumaje marrón oscuro está impermeabilizado con una capa aceitosa

La punta del pico tiene una «uña» afilada con la que agarra firmemente los peces resbaladizos

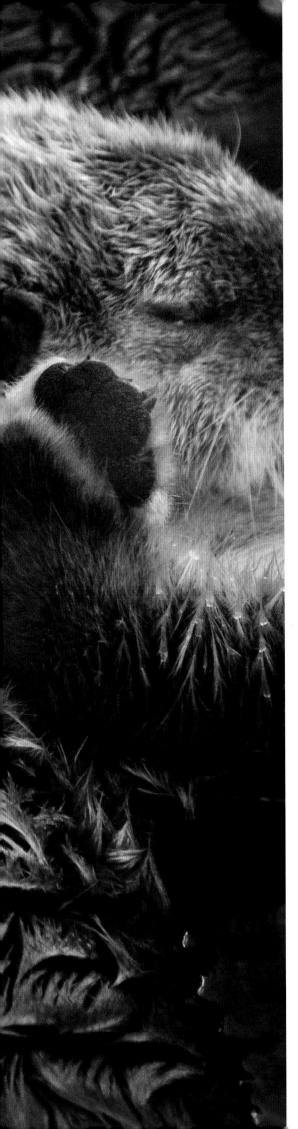

Uso de herramientas
Tras una inmersión, la nutria coloca frente a ella una roca cuidadosamente elegida; luego golpea una almeja contra la roca para abrir la concha y comerse el animal.

especies destacadas

nutria marina

Adaptada a su hábitat, la nutria marina *(Enhydra lutris)* tiene el pelo muy denso, poderosas patas traseras palmeadas, una fuerte cola con forma de timón y unos sentidos del olfato y del tacto muy sensibles, con los que localiza presas en aguas turbias. Y es de los pocos mamíferos que usan herramientas.

La nutria marina, habitante del norte del océano Pacífico, pertenece a la familia de los mustélidos, junto con las comadrejas y los tejones. Es uno de los mamíferos marinos más pequeños; los adultos miden en torno a 1,2 m. Su cuerpo es estilizado y muy flotante, y, aparte de la nariz y las almohadillas, está cubierto por un denso pelaje de dos capas. La piel interior, muy aislante, tiene unos 155 000 pelos/cm²; la capa exterior, de pelos más largos, forma una barrera impermeable. En su aseo, la nutria introduce burbujas de aire aislantes en el pelaje. A diferencia de las focas y los leones marinos, las nutrias carecen de capa de grasa, por lo que dependen del pelo para estar calientes y secas.

La nutria marina pasa casi toda su vida en el mar; además de aparearse y dar a luz en el agua, flota sobre la espalda cuando come, duerme o se asea. Se sumerge hasta 75 m para buscar alimento en el fondo; para ello, cierra las fosas nasales y los oídos mientras está bajo el agua. Los adultos necesitan comer entre el 20 % y el 33 % de su peso cada día para mantenerse con vida. Los largos bigotes y las patas delanteras sensibles detectan las vibraciones en condiciones de escasa visibilidad, lo que le permite encontrar almejas, erizos, cangrejos y otros invertebrados en la oscuridad. La nutria marina puede esconder varias presas en sendas bolsas de piel bajo los antebrazos, para poder llevar más comida a la superficie.

Colgados
Las nutrias marinas suelen descansar en la superficie formando grupos, llamados «balsas». Además de envolverse y asegurarse en algas marinas, las nutrias pueden sujetar las patas delanteras de otro animal para no alejarse.

Las orejas son pequeñas y carecen de parte externa (pabellón auricular), pero son muy sensibles; los dugongos (o dugones) dependen más del oído que de la vista

Sus fuertes bigotes detectan los objetos del fondo marino, incluso en aguas turbias

Pastar en pareja
Los dugongos pasan la mayor parte del tiempo solos o en pareja. Se alimentan como si pastaran, lo cual parece destructivo, pero sus visitas regulares hacen que vuelvan a crecer algunas variedades de hierbas marinas que, sin ellos, serían desplazadas por plantas más resistentes.

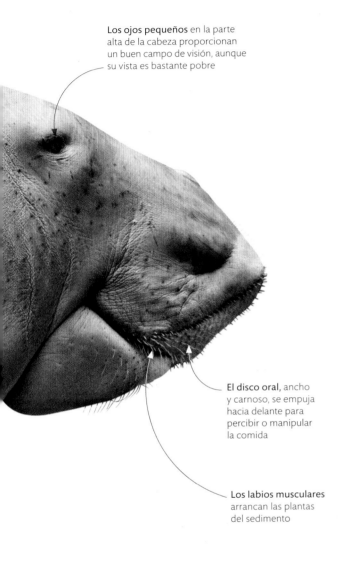

Los ojos pequeños en la parte alta de la cabeza proporcionan un buen campo de visión, aunque su vista es bastante pobre

El disco oral, ancho y carnoso, se empuja hacia delante para percibir o manipular la comida

Los labios musculares arrancan las plantas del sedimento

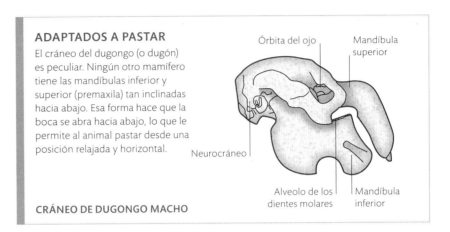

ADAPTADOS A PASTAR
El cráneo del dugongo (o dugón) es peculiar. Ningún otro mamífero tiene las mandíbulas inferior y superior (premaxila) tan inclinadas hacia abajo. Esa forma hace que la boca se abra hacia abajo, lo que le permite al animal pastar desde una posición relajada y horizontal.

Órbita del ojo

Mandíbula superior

Neurocráneo

Alveolo de los dientes molares

Mandíbula inferior

CRÁNEO DE DUGONGO MACHO

pastar en la hierba

Los sirenios constituyen un grupo de raros mamíferos marinos, que incluye los manatíes, del Atlántico, y el dugongo (*Dugong dugon*), del Indopacífico. A veces se llaman vacas marinas porque comen pastando. Son prácticamente herbívoros, y se alimentan de hierbas marinas y algas. Como su alimentación es poco energética, los dugones se toman la vida con calma y se limitan a las aguas tropicales y subtropicales más cálidas, donde no necesitan quemar energía para mantener constante la temperatura corporal.

Sendas pastadas
Los dugones se comen todas las partes de la planta, incluidas las raíces, por lo que crean serpenteantes senderos de sedimentos desnudos a medida que deambulan por las praderas marinas.

El jurel dorado aprovecha los pequeños invertebrados que hace aparecer el dugongo al ir pastando

yubarta

Aunque la yubarta *(Megaptera novaeangliae)* destaca en muchos aspectos, como su tamaño, su inteligencia y la distancia que recorre cada año, este mamífero marino es célebre por sus sofisticadas vocalizaciones, o cantos, producidos por los machos durante la época de apareamiento.

A la yubarta también se la llama «ballena jorobada», porque arquean la espalda al sumergirse y se ve un perfil jorobado. Aunque puede llegar a medir hasta 16 m de longitud, no es la ballena más grande, pero tiene el récord de las aletas pectorales más largas, que pueden alcanzar los 5 m, casi un tercio de su longitud total. Se ha observado que madres y crías se tocan las aletas mientras nadan, posiblemente para transmitir tranquilidad.

Los machos vocalizan hasta veinte minutos seguidos, con sonidos que abarcan varias octavas y que se oyen hasta a 30 km de distancia. Todos los machos de un grupo cantan la misma combinación de gemidos, aullidos y quejidos, a veces con sutiles variaciones, pero con la misma melodía base. Se ha comprobado, por otra parte, que los cantos evolucionan y se desarrollan melodías nuevas cada pocos años.

La yubarta es uno de los mamíferos que migran a más distancia. Muchos individuos hacen un viaje anual de ida y vuelta que suma unos 16000 km: pasan el verano alimentándose en zonas ricas en krill y demás especies del plancton antes de migrar para pasar el invierno en las aguas más cálidas de su lugar de cría. Las yubartas estuvieron a punto de extinguirse en el siglo XX. Sin embargo, los esfuerzos de conservación han conseguido que la mayoría de las poblaciones reconocidas ya no estén en peligro.

Marcas de distinción
La yubarta tiene la parte superior oscura, y presenta manchas blancas en el vientre y bajo las aletas de la cola y las pectorales; esas manchas son diferentes en cada individuo. Las yubartas del hemisferio sur tienen la parte inferior más blanca que las del norte.

CAZAR EN GRUPO

Las yubartas suelen cooperar para cazar, y utilizan sonidos y golpes de aleta para arrear o desorientar a sus presas. La red de burbujas es exclusiva de las yubartas, que usan el espiráculo para formar cortinas de burbujas con las que acorralar a las presas; después, producen más burbujas por debajo para impulsarlas hacia arriba. Entonces nadan con la boca abierta por el centro de la red, capturando bocados de presas.

ALIMENTARSE EN UNA RED DE BURBUJAS

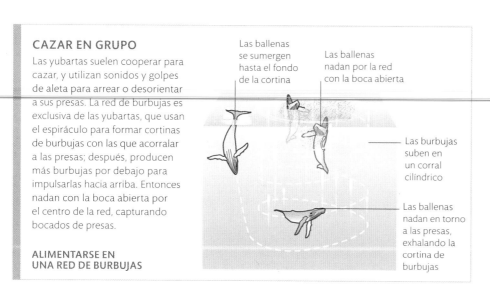

Las ballenas se sumergen hasta el fondo de la cortina

Las ballenas nadan por la red con la boca abierta

Las burbujas suben en un corral cilíndrico

Las ballenas nadan en torno a las presas, exhalando la cortina de burbujas

Aguas ricas
Frente a la costa de California (EE UU), las corrientes frías
procedentes del Ártico se combinan con los vientos de la costa
y hacen que suban los nutrientes a la superficie, lo que provoca
el crecimiento del fitoplancton, que se ve aquí en verde.

afloramiento
y hundimiento

Las corrientes verticales llevan el agua hacia la superficie
(afloramiento) o la transportan hacia abajo (hundimiento). Esos
fenómenos son más comunes en las regiones costeras, pero se
producen también lejos de tierra. En la parte central de los giros
oceánicos (sistemas de circulación de las corrientes superficiales)
convergen las corrientes de aguas profundas y se produce
hundimiento. En torno a Noruega, Groenlandia y la Antártida es
intenso el hundimiento de agua fría y densa; luego, las corrientes
la arrastran hacia el sur. Cuando se produce el afloramiento, se
acercan los nutrientes a la superficie, lo que favorece la proliferación
de plancton, que, a su vez, atrae mucha vida marina. Destacan las
zonas de afloramiento de Perú, Namibia y el oeste de Canadá.

EL EFECTO DE LAS CORRIENTES Y LOS VIENTOS

El afloramiento costero se produce cuando las corrientes superficiales se desvían
hacia la costa por el efecto de la rotación de la Tierra combinado con el de los
vientos dominantes. El movimiento del agua superficial lejos de la costa atrae el
agua profunda hacia arriba. En las regiones donde las corrientes superficiales se
desvían hacia la costa, el agua es arrastrada hacia abajo.

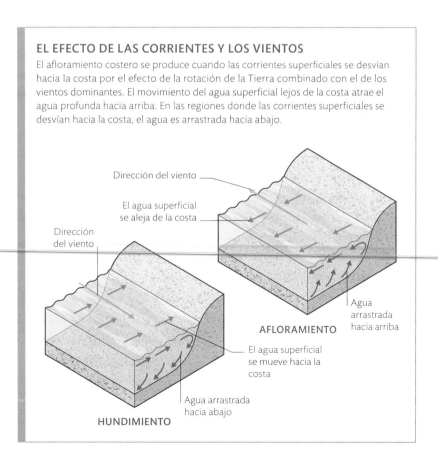

Dirección del viento

El agua superficial
se aleja de la costa

Dirección
del viento

Agua
arrastrada
hacia arriba

AFLORAMIENTO

El agua superficial
se mueve hacia la
costa

Agua arrastrada
hacia abajo

HUNDIMIENTO

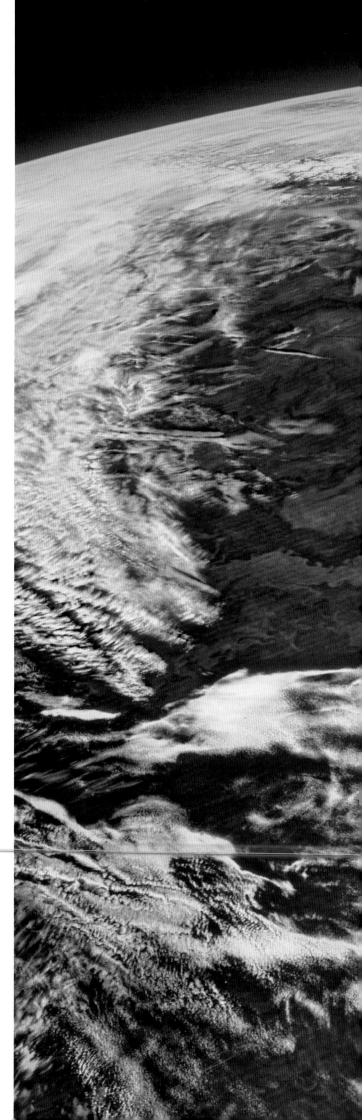

delfín pintado del Atlántico

El delfín pintado del Atlántico *(Stenella frontalis)* es un mamífero marino curioso, juguetón y sociable. Vive en aguas atlánticas templadas y tropicales desde el sur de Brasil hasta Nueva Inglaterra, pasando por el golfo de México, en el oeste, y desde Angola hasta Marruecos, en el este.

A pesar de su nombre, el delfín pintado del Atlántico nace sin manchas, y no las adquiere hasta que tiene entre 8 y 15 años; además, en algunos individuos no aparecen, por lo que se confunden con el delfín mular. Las crías miden entre 60 cm y 120 cm al nacer, pero los adultos alcanzan entre 1,7 m y 2,3 m, y llegan a pesar entre 110 y 141 kg.

Son capaces de sumergirse hasta 60 m de profundidad y aguantar la respiración diez minutos. También se encuentran en las aguas menos profundas de la plataforma continental y se acercan a la costa para alimentarse cerca de los bancos de arena o para surfear las olas que provocan los barcos de recreo. Se alimentan sobre todo de pequeños peces y de invertebrados del fondo, como calamares y pulpos. Usan la ecolocalización para navegar y encontrar comida, y suelen cazar en grupo: colaboran entre ellos para rodear a las presas y evitar que escapen. Se alimentan con frecuencia junto a delfines mulares, listados y comunes, con los que interactúan de forma regular. Los grupos pueden estar formados por entre cinco y quince delfines, pero la media se acerca a los cincuenta. A veces se unen varios grupos para viajar en supermanadas de unos doscientos o más individuos.

El delfín pintado del Atlántico es muy comunicativo. Utiliza silbidos, chasquidos, chillidos y zumbidos, así como burbujas, para «hablar» entre individuos dentro de un grupo, tanto a corta como a larga distancia. También utilizan sonidos que parecen ladridos para ahuyentar a los grupos rivales.

Actividad en grupo

Los grupos socializan en las aguas claras y poco profundas de las Bahamas. Los machos jóvenes forman fuertes lazos, a menudo para toda la vida, con otros machos.

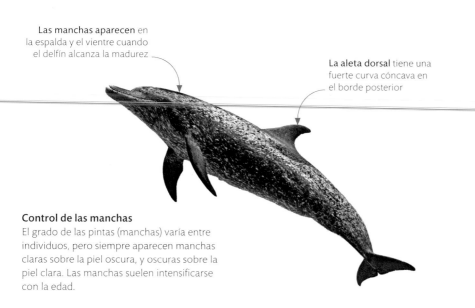

Las manchas aparecen en la espalda y el vientre cuando el delfín alcanza la madurez

La aleta dorsal tiene una fuerte curva cóncava en el borde posterior

Control de las manchas

El grado de las pintas (manchas) varía entre individuos, pero siempre aparecen manchas claras sobre la piel oscura, y oscuras sobre la piel clara. Las manchas suelen intensificarse con la edad.

mar abierto

Muchos organismos viven en el duro entorno del mar abierto. Las fuertes corrientes y la falta de cobijo han llevado tanto a los depredadores como a las presas a desarrollar adaptaciones que permiten aumentar la velocidad o camuflarse.

Flotador inflado

Algunos sifonóforos –como la especie ártica *Marrus orthocanna*– se mantienen a flote con la ayuda de una vejiga llena de gas. Ajustando la cantidad de gas, el animal controla su posición en la columna de agua.

El neumatóforo naranja brillante (vejiga llena de gas) está junto a las campanas de propulsión

trabajo de división

Los sifonóforos son animales que nadan o se dejan llevar en el mar como hacen las medusas, pero viven en colonias como los corales. Las colonias las integran zooides (individuos), que están adaptados a realizar diferentes tareas. Tal división del trabajo mejora la eficacia de la colonia; algunos zooides unidos al estolón de la colonia se encargan de la propulsión y funcionan como la umbrela de una medusa; los zooides especializados en la alimentación tienen boca y tentáculos como los pólipos de un coral o una anémona.

Colonia de media agua

Dos campanas nadadoras de *Sulculeolaria biloba,* un sifonóforo de aguas profundas, están unidas al estolón que lleva pólipos de alimentación provistos de tentáculos con los que capturan presas planctónicas. Una de las campanas tiene una gota de aceite, que ayuda a mantener la flotabilidad.

ORGANIZACIÓN COLONIAL

Los zooides de un sifonóforo comparten los nutrientes de las presas planctónicas que atrapan a través del estolón. Este tiene dos zonas: el nectosoma, con campanas pulsantes, y el sifosoma, con pólipos y tentáculos. También puede haber un neumatóforo, que es un flotador lleno de gas. Algunos sifonóforos, como la carabela portuguesa, no tienen nectosoma, y la colonia, que va a la deriva según el viento, flota en la superficie gracias a su neumatóforo.

Neumatóforo

Campana de propulsión

Pólipo de alimentación

Estolón

Pólipo reproductor

Nectosoma

Sifosoma

ESTRUCTURA DEL SIFONÓFORO

Diatomas

Son organismos unicelulares cuya pared celular está hecha de sílice. Producen gran parte del oxígeno del mundo y eliminan una enorme cantidad del dióxido de carbono de la atmósfera. La sílice de la pared celular las hace más pesadas que otros organismos unicelulares, pero sus adaptaciones les permiten permanecer en la superficie del agua y fotosintetizar. Se mantienen en suspensión gracias a las turbulencias del agua.

Las células curvadas se unen en largas cadenas espirales de 30 a 300 micras de longitud

GUINARDIA STRIATA

El cuerpo se compone de dos mitades, como una caja y su tapa

TRICERATIUM FAVUS

Célula plana con forma de disco que vive sola o en colonias

PLANKTONIELLA SOL

Dinoflagelados

Tienen dos flagelos que los impulsan por el agua como un sacacorchos. La mayoría de ellos tienen el cuerpo cubierto por una pared celular compleja. Algunos atrapan otros organismos del plancton. Cuando disponen de muchos nutrientes, pueden formar grandes masas, lo que da lugar a las mareas rojas, que son tóxicas tanto para la vida marina como para la humana.

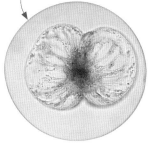

Especie bioluminiscente con muchos cloroplastos; la célula mide de 30 a 1000 micras

PYROCYSTIS PSEUDONOCTILUCA

Sus células carecen de pared celular dura

GYMNODINIUM

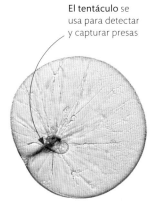

El tentáculo se usa para detectar y capturar presas

NOCTILUCA SCINTILLANS

fitoplancton

El fitoplancton está formado por organismos que van a la deriva con las corrientes y se nutren por fotosíntesis, entre ellos, algas microscópicas y cianobacterias. Como dependen de la luz solar para fotosintetizar, solo viven en las capas superiores del mar. El fitoplancton es crucial para el ciclo del carbono (eliminan dióxido de carbono y liberan oxígeno) y para las redes tróficas, ya que son la base de la alimentación de todos los otros seres vivos marinos, desde el zooplancton hasta las ballenas.

Colonia de abanicos

La diatomea de agua salobre *Licmophora flabellata* recibe su nombre por la forma de abanico que tienen sus colonias. Las células adyacentes están unidas en la punta del eje principal y, al formar una cadena, aumentan la superficie total. Se trata de una especie bentónica que suele estar adherida a algas rojas y marrones; también se encuentra en aguas costeras.

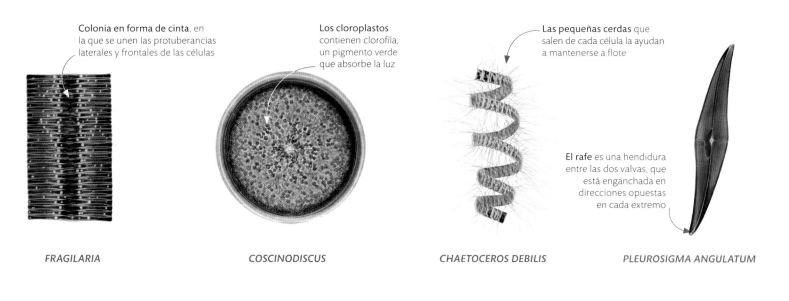

Colonia en forma de cinta, en la que se unen las protuberancias laterales y frontales de las células

Los cloroplastos contienen clorofila, un pigmento verde que absorbe la luz

Las pequeñas cerdas que salen de cada célula la ayudan a mantenerse a flote

El rafe es una hendidura entre las dos valvas, que está enganchada en direcciones opuestas en cada extremo

FRAGILARIA

COSCINODISCUS

CHAETOCEROS DEBILIS

PLEUROSIGMA ANGULATUM

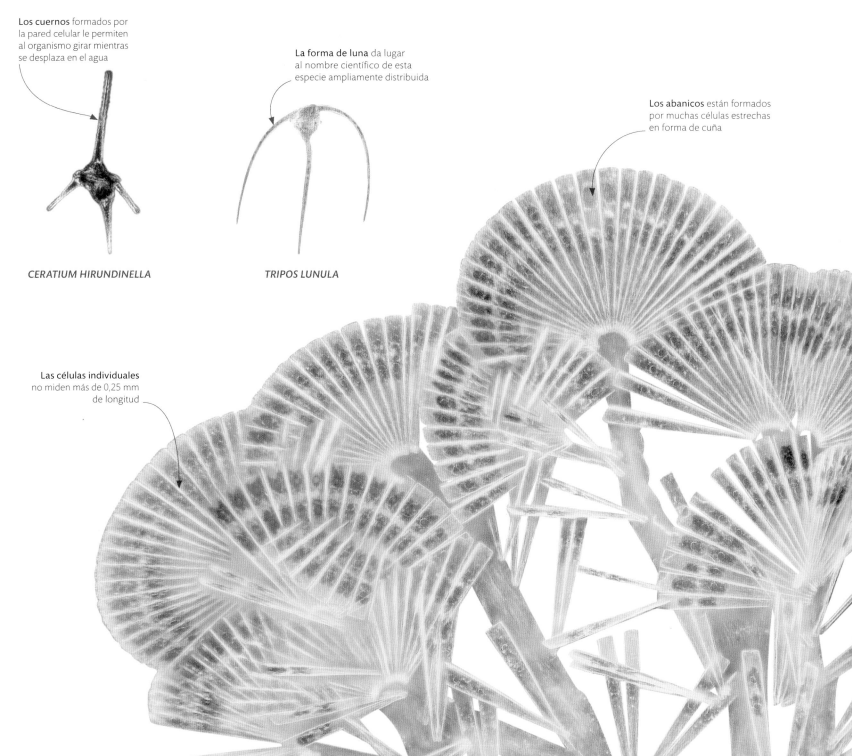

Los cuernos formados por la pared celular le permiten al organismo girar mientras se desplaza en el agua

La forma de luna da lugar al nombre científico de esta especie ampliamente distribuida

Los abanicos están formados por muchas células estrechas en forma de cuña

CERATIUM HIRUNDINELLA

TRIPOS LUNULA

Las células individuales no miden más de 0,25 mm de longitud

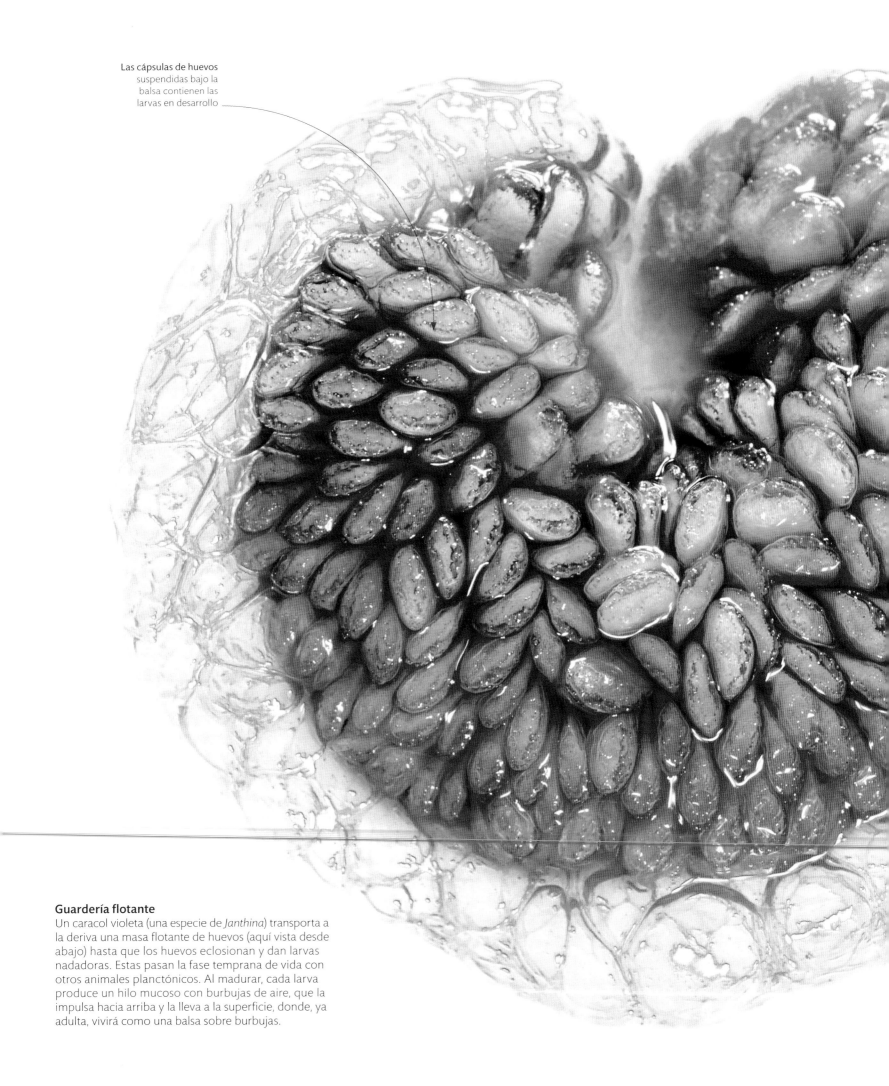

Las cápsulas de huevos suspendidas bajo la balsa contienen las larvas en desarrollo

Guardería flotante

Un caracol violeta (una especie de *Janthina*) transporta a la deriva una masa flotante de huevos (aquí vista desde abajo) hasta que los huevos eclosionan y dan larvas nadadoras. Estas pasan la fase temprana de vida con otros animales planctónicos. Al madurar, cada larva produce un hilo mucoso con burbujas de aire, que la impulsa hacia arriba y la lleva a la superficie, donde, ya adulta, vivirá como una balsa sobre burbujas.

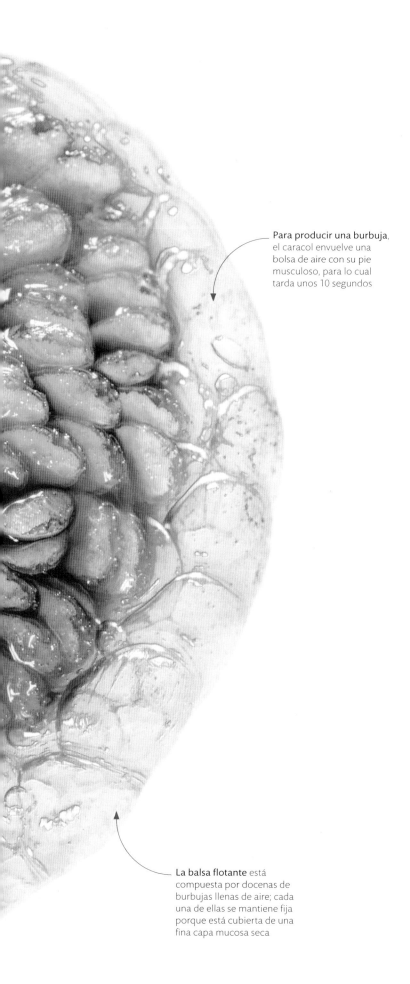

Para producir una burbuja, el caracol envuelve una bolsa de aire con su pie musculoso, para lo cual tarda unos 10 segundos

La balsa flotante está compuesta por docenas de burbujas llenas de aire; cada una de ellas se mantiene fija porque está cubierta de una fina capa mucosa seca

Caracol flotante

Un caracol violeta se aferra fuertemente a su balsa de burbujas con el musculoso pie, y el resto del cuerpo cuelga por debajo. La concha es especialmente fina y ligera, lo que lo ayuda a mantenerse a flote.

La concha tiene forma helicoidal, igual que las conchas de otras muchas especies de caracoles

mantenerse a flote

La superficie del mar, donde abunda el plancton fotosintetizador, es un buen lugar para alimentarse. El pleuston es la comunidad de animales de la superficie, algunos de los cuales parece que no deberían flotar. En lugar de arrastrarse sobre el fondo, los caracoles violeta van a la deriva en mar abierto y se alimentan de hidrozoos flotantes. Con el pie moldean burbujas de aire recubiertas de mucosidad que se secan y forman una balsa inflada. Esa estructura, aunque delicada, puede sostener un caracol adulto, incluso cuando lleva una masa de huevos.

DEPREDADORES Y PRESAS

Muchos hidrozoos coloniales, parientes de las medusas y las anémonas, se desplazan a la deriva con el apoyo de vejigas llenas de gas. Entre ellos se encuentran la carabela portuguesa (Physalia physalis) y el velero (Velella velella), que atrapan peces con tentáculos urticantes. Otros miembros del pleuston, como los caracoles violeta, son depredadores de ambos hidrozoos.

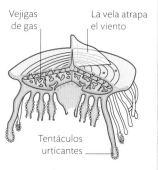

Vejigas de gas

La vela atrapa el viento

Tentáculos urticantes

SECCIÓN TRANSVERSAL DEL VELERO

mantener la vida
en la oscuridad

El agua que se filtra bajo los volcanes submarinos pasa por rocas fundidas, lo que hace que el agua vuelva a salir por los respiraderos hidrotermales (fisuras) en forma de corrientes hirvientes de salmuera concentrada. Las bacterias son los únicos organismos que viven de sustancias químicas de esa agua. En torno a los respiraderos viven comunidades de animales, incluso enjambres de camarones y gusanos gigantes. Los animales de los respiraderos son independientes de las cadenas tróficas alimentadas por luz en las superficies marina y terrestre, que comienzan con las algas y las plantas.

Un par de «ojos» rosados bajo el caparazón detectan la radiación infrarroja de los respiraderos y guían al camarón hacia los lugares donde puede encontrar alimento

El caparazón delgado y transparente permite que la radiación infrarroja de los respiraderos hidrotermales llegue a los ojos alargados que se encuentran debajo

RESPIRADEROS HIDROTERMALES

Cuando la salmuera caliente de los respiraderos se encuentra con el océano frío y profundo, algunas de sus sustancias minerales, como el sulfuro de hierro, se solidifican y forman chimeneas y fumarolas negras. Las bacterias de las paredes de las chimeneas procesan el sulfuro de hidrógeno de la salmuera y el oxígeno del agua circundante, y liberan energía. Utilizan la energía para fabricar glúcidos y otros nutrientes a partir de dióxido de carbono y agua, en un proceso denominado quimiosíntesis.

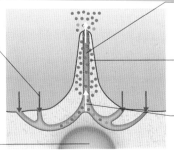

El agua del mar se filtra por el fondo marino

El sulfuro de hidrógeno reacciona en las bacterias cercanas y libera energía

La actividad geotérmica calienta el agua del mar, que se mezcla con los sulfuros y gases de la roca circundante

El sulfuro de hierro forma chimeneas o se escapa en forma de fumarola

El agua caliente sale disparada a través de respiraderos del fondo marino

CÓMO UN RESPIRADERO HIDROTERMAL SOSTIENE UNA CADENA TRÓFICA

Camarón del fondo marino

El camarón *Rimicaris exoculata* se alimenta de bacterias y restos orgánicos en el agua caliente que rodea los respiraderos hidrotermales, a menudo a más de 3 km de profundidad. En algunos lugares, esta especie se reúne en grupos de hasta 2500 individuos por metro cuadrado.

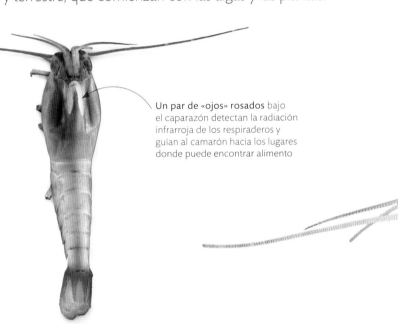

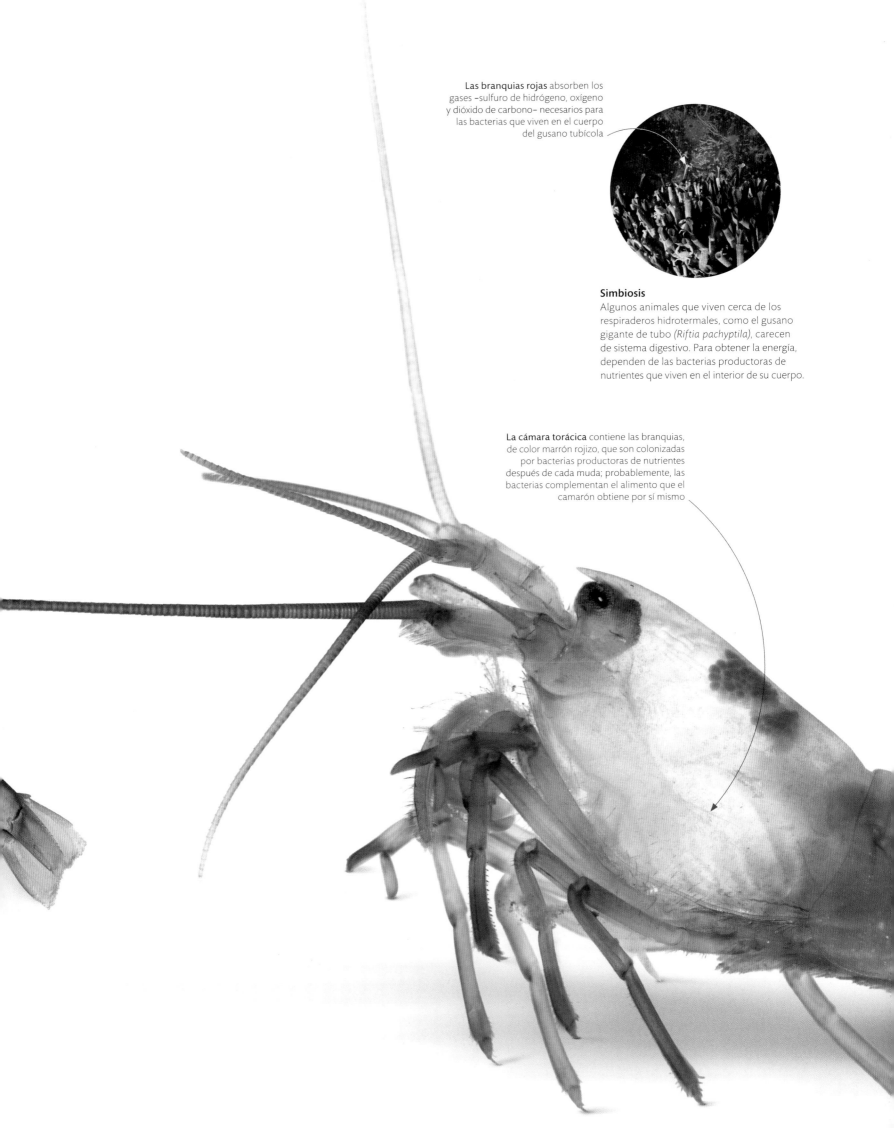

Las branquias rojas absorben los gases –sulfuro de hidrógeno, oxígeno y dióxido de carbono– necesarios para las bacterias que viven en el cuerpo del gusano tubícola

Simbiosis
Algunos animales que viven cerca de los respiraderos hidrotermales, como el gusano gigante de tubo *(Riftia pachyptila)*, carecen de sistema digestivo. Para obtener la energía, dependen de las bacterias productoras de nutrientes que viven en el interior de su cuerpo.

La cámara torácica contiene las branquias, de color marrón rojizo, que son colonizadas por bacterias productoras de nutrientes después de cada muda; probablemente, las bacterias complementan el alimento que el camarón obtiene por sí mismo

En el cruce
Un buceador desciende a la fisura entre las placas tectónicas americana y euroasiática. El cañón de Silfra, en Islandia, lleno de agua dulce, es una de las nuevas partes de la dorsal oceánica que se han explorado.

nuevo fondo oceánico

El conjunto de las dorsales oceánicas conforma la cordillera más larga de la Tierra, pues se extiende a lo largo de más de 80 000 km bajo el mar. La dorsal es amplia y escarpada, y se eleva unos 3 km por encima de la llanura abisal (el fondo marino entre los márgenes continentales y la dorsal oceánica). Está formada por una cadena continua de volcanes activos, y continúa la línea de los límites de placas divergentes, que son las que se separan. A lo largo de ella se producen frecuentes terremotos y se forma nuevo fondo oceánico por el afloramiento de material volcánico. La zona de la dorsal oceánica casi no se ha explorado. En raras ocasiones, la cresta de la dorsal se eleva por encima del mar, por ejemplo, en Islandia, donde la actividad volcánica es especialmente intensa.

LA DORSAL OCEÁNICA

A lo largo de la dorsal oceánica, se forma nueva corteza oceánica donde la lava fundida (magma) sale al fondo marino, a más de 2 km bajo la superficie del mar. El magma fundido rezuma sin cesar a través de las fracturas de la corteza y, al enfriarse rápidamente, forma lava almohadillada. Los diques son paredes verticales de roca basáltica, que se endurecen en las fracturas y separan lentamente las dos partes de fondo marino recién formado.

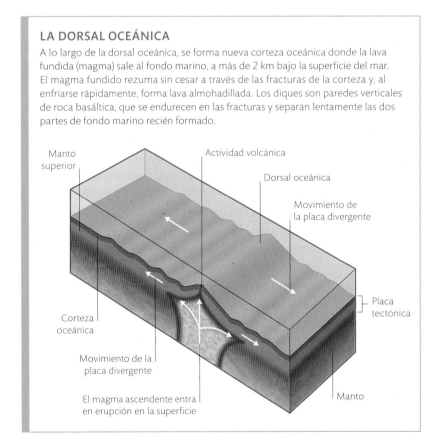

Manto superior

Actividad volcánica

Dorsal oceánica

Movimiento de la placa divergente

Placa tectónica

Corteza oceánica

Movimiento de la placa divergente

El magma ascendente entra en erupción en la superficie

Manto

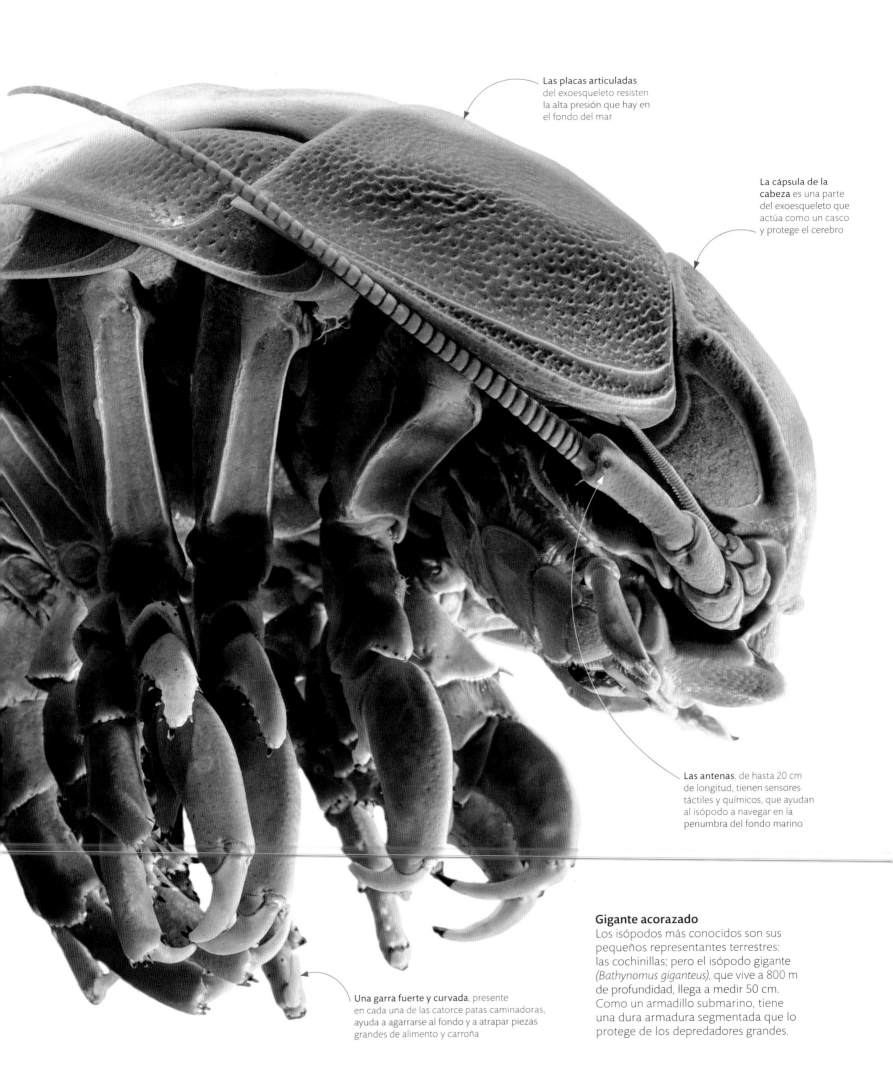

Las placas articuladas del exoesqueleto resisten la alta presión que hay en el fondo del mar

La cápsula de la cabeza es una parte del exoesqueleto que actúa como un casco y protege el cerebro

Las antenas, de hasta 20 cm de longitud, tienen sensores táctiles y químicos, que ayudan al isópodo a navegar en la penumbra del fondo marino

Una garra fuerte y curvada, presente en cada una de las catorce patas caminadoras, ayuda a agarrarse al fondo y a atrapar piezas grandes de alimento y carroña

Gigante acorazado

Los isópodos más conocidos son sus pequeños representantes terrestres: las cochinillas; pero el isópodo gigante (*Bathynomus giganteus*), que vive a 800 m de profundidad, llega a medir 50 cm. Como un armadillo submarino, tiene una dura armadura segmentada que lo protege de los depredadores grandes.

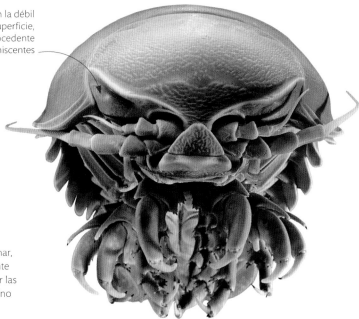

Los ojos compuestos recogen la débil luz solar que llega desde la superficie, así como la luz procedente de las presas bioluminiscentes

Oportunista del fondo marino

La comida es escasa en el fondo del mar, por lo que el carroñero isópodo gigante puede actuar como depredador y usar las patas articuladas para agarrar un pepino de mar que se arrastra o un pez de movimiento lento.

gigantes de aguas profundas

Los animales más grandes del planeta viven en el océano. El campeón de todos ellos es la ballena azul, que pesa como cuarenta elefantes africanos, los mayores animales terrestres. Los cuerpos pueden crecer más cuando tienen flotabilidad (p. 212), y, aunque el crecimiento es lento en el frío de las zonas marinas más profundas, algunos animales de aguas profundas viven lo suficiente como para convertirse en gigantes entre sus parientes. Aquí hay primos de las cochinillas que crecen hasta ser del tamaño de perros pequeños, y también hay calamares que alcanzan la longitud de un autobús.

CALAMARES DESCOMUNALES

El calamar colosal *(Mesonychoteuthis hamiltoni)*, que puede llegar a medir 10 m de longitud, es el mayor invertebrado del mundo; el calamar gigante *(Architeuthis)* tiene tentáculos más largos, pero menor volumen. Estos gigantes depredadores, que suelen estar a más de 500 m de profundidad, rara vez se ven vivos. La mayor parte de lo que se sabe sobre ellos procede de ejemplares arrastrados a la costa.

CALAMAR GIGANTE VARADO, TERRANOVA (1883)

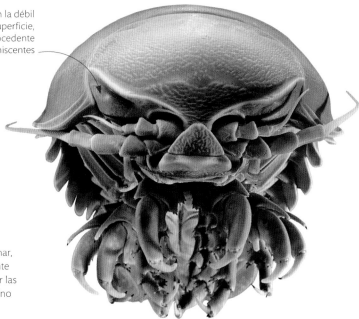

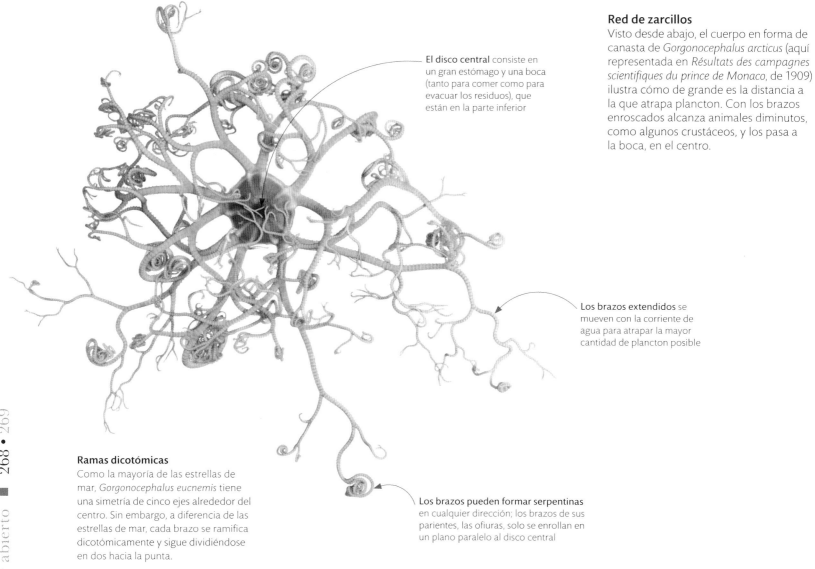

El disco central consiste en un gran estómago y una boca (tanto para comer como para evacuar los residuos), que están en la parte inferior

Red de zarcillos

Visto desde abajo, el cuerpo en forma de canasta de *Gorgonocephalus arcticus* (aquí representada en *Résultats des campagnes scientifiques du prince de Monaco*, de 1909) ilustra cómo de grande es la distancia a la que atrapa plancton. Con los brazos enroscados alcanza animales diminutos, como algunos crustáceos, y los pasa a la boca, en el centro.

Los brazos extendidos se mueven con la corriente de agua para atrapar la mayor cantidad de plancton posible

Ramas dicotómicas

Como la mayoría de las estrellas de mar, *Gorgonocephalus eucnemis* tiene una simetría de cinco ejes alrededor del centro. Sin embargo, a diferencia de las estrellas de mar, cada brazo se ramifica dicotómicamente y sigue dividiéndose en dos hacia la punta.

Los brazos pueden formar serpentinas en cualquier dirección; los brazos de sus parientes, las ofiuras, solo se enrollan en un plano paralelo al disco central

Los brazos enroscados en torno al disco central durante el día son menos vulnerables a los depredadores

brazos ramificados

La disposición radial de los brazos en las estrellas de mar y sus parientes les permite arrastrarse por el fondo, pero con movimientos limitados al plano horizontal. Pero estas ofiuras (pp. 218–219) pueden alcanzar cierta altura en la columna de agua. Los brazos se ramifican en una masa retorcida de zarcillos que recuerda al monstruo femenino griego Gorgona. Los brazos entrelazados son una eficaz trampa para atrapar pequeños animales planctónicos que flotan en el agua, una fuente de alimento fuera del alcance de las estrellas de mar y las otras ofiuras.

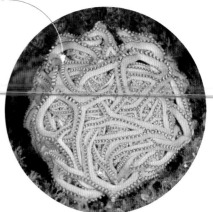

Descansando de día

Las estrellas canasta, como esta *Astrocaneum spinosum*, mantienen los brazos retraídos durante el día; los extienden al anochecer y se alimentan durante toda la noche.

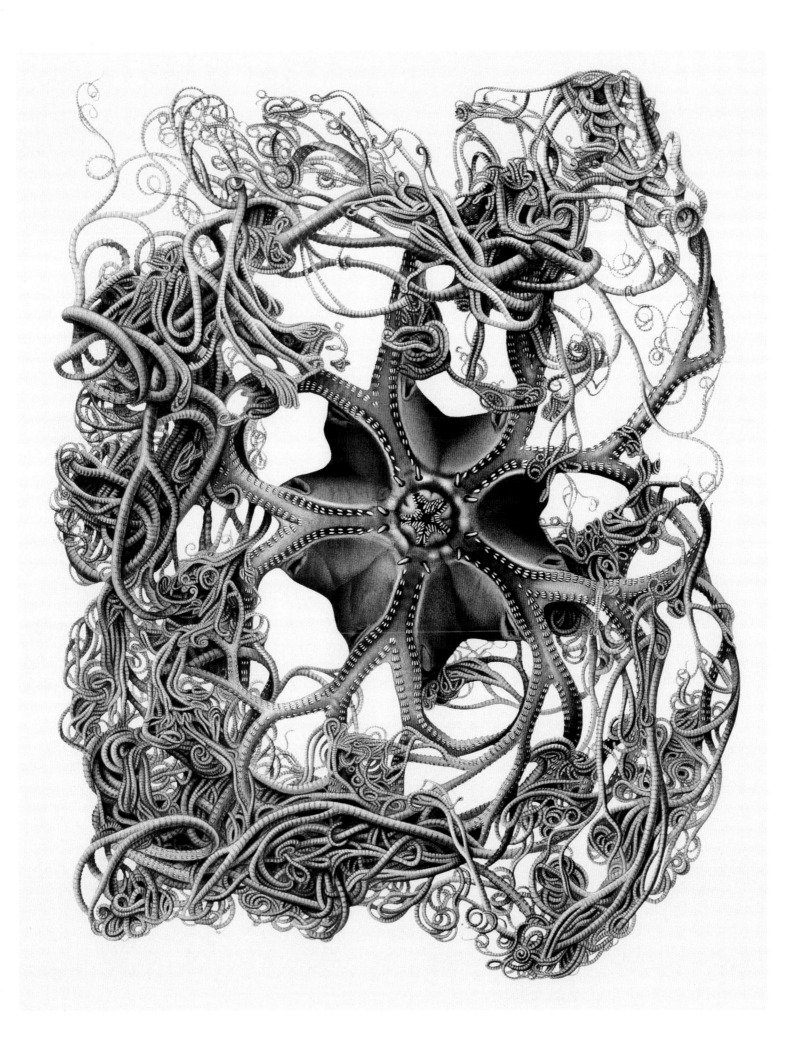

Hidrozoos

Se trata de un grupo muy amplio de animales que se consideran diferentes de las verdaderas medusas. En él hay organismos solitarios con forma de medusa y otros coloniales, los sifonóforos, que consisten en pólipos o, a veces, medusas juntas (que se han soltado de la carabela portuguesa). Otros hidrozoos pueden tener solo forma de medusas o de pólipo en todo su ciclo vital; así, *Melicertum octocostatum* tiene una fase de pólipo, pero *Aeginopsis laurentii*, no.

Boca con ocho labios plegados, que conduce a un estómago corto y octogonal

La membrana circular en la base de la umbrela reduce la abertura; así aumenta la fuerza del chorro de agua de propulsión

Un flotador lleno de gas (neumatóforo) mantiene la colonia a flote

Los largos tentáculos en forma de cuenta capturan e inmovilizan presas; cada cuenta contiene células urticantes (nematocistos)

MELICERTUM OCTOCOSTATUM

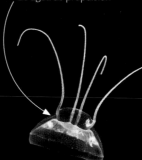

AEGINOPSIS LAURENTII

CARABELA PORTUGUESA
Physalia physalis

Cubozoos

Las cubomedusas, o avispas de mar, deben el nombre a su forma, y son los cnidarios más venenosos. Tienen ropalios, unas almohadillas musculares en la umbrela, con uno o más tentáculos unidos a cada uno. En la fase de pólipo se produce una metamorfosis que da lugar a una medusa, en vez de brotar muchas.

La umbrela mide 2 cm de diámetro, y sus cápsulas urticantes son las más mortíferas

Los tentáculos están cubiertos por millones de nematocistos, que liberan dardos muy venenosos

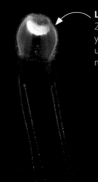

CARUKIA BARNESI

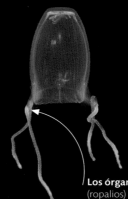

Los órganos sensoriales (ropalios) están agrupados en la base de cada tentáculo

ALATINA ALATA

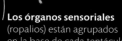

CHIRONEX FLECKERI

Estaurozoos

Este grupo comprende animales cuyo ciclo vital es más similar al de los corales o las anémonas que al de otras medusas. Tienen el cuerpo con forma de trompeta, y no alternan entre pólipo y medusa de natación libre. Al igual que el coral, se adhieren a un sustrato del que cuelgan el resto de su vida.

Cada brazo, o rama, tiene 100–140 tentáculos

La cabeza en forma de embudo tiene la misma longitud que el pedúnculo

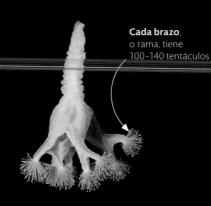

LUCERNARIA QUADRICORNIS

Los brazos están conectados por una fina membrana que casi llega a la punta

HALICLYSTUS AURICULA

HALICLYSTUS SALPINX

Escifozoos

Son las medusas auténticas, y el grupo comprende unas 200 especies marinas que nadan libremente. Los pólipos son menos conspicuos, pero suelen ser longevos. La fase de medusa puede no ser la más larga, pero sí la más vistosa, con su umbrela acampanada. Se mueven contrayendo y relajando los músculos de la umbrela.

Medusa colorida
que emite luz cuando la molestan

Cuatro lóbulos
(brazos orales) cuelgan de la boca

ACALEFO LUMINISCENTE
Pelagia noctiluca

Los tentáculos cortos
forman una franja alrededor del margen de la umbrela

AURELIA LIMBATA

La umbrela
puede medir 60 cm de diámetro, con tentáculos de 3 m de largo

ORTIGA DE MAR DEL NORTE
Chrysaora melanaster

La umbrela es gruesa en el centro y más fina en el borde

El gigante de los océanos

La medusa más grande del mundo es la melena de león gigante *(Cyanea capillata)*. Nada sin parar y recorre grandes distancias en las fuertes corrientes marinas. Se suele encontrar en los océanos Ártico, Atlántico Norte y Pacífico, donde se alimenta de zooplancton, peces, otras medusas y camarones.

Una melena de tentáculos
punzantes de hasta 36 m de largo enreda a la presa

medusas e hidrozoos

Estos gelatinosos invertebrados depredadores que nadan libremente son cnidarios. La mayoría de las medusas y los hidrozoos alternan entre la fase de pólipo y la de medusa (esta última con su umbrela en forma de paraguas). Como otros cnidarios, tienen simetría radial y carecen de sistema circulatorio y nervioso, pero en la cavidad interna digieren las presas, que atrapan con tentáculos armados con células urticantes.

Alimentarse por filtración
Un gran tiburón ballena
nadando a 1 m/s puede
filtrar alrededor de un millón
de litros de agua por hora.

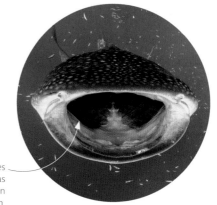

La boca contiene dientes
vestigiales y unas almohadillas
filtrantes esponjosas con un
tamaño de malla de 1 mm,
aproximadamente

tiburones filtradores

La alimentación por filtración es muy eficiente. Los animales marinos más grandes, como las ballenas barbadas y los tiburones peregrino, boquiancho y ballena, capturan así algunos de los más pequeños. Esas tres especies de tiburón se alimentan principalmente por filtración pasiva, que consiste en nadar despacio, con la boca abierta, a través de enjambres de plancton o calamares o peces. Entonces se filtra el alimento y se expulsa el agua. El tiburón ballena *(Rhincodon typus)*, que es el mayor pez vivo (9–15 m de longitud), también puede succionar selectivamente organismos más grandes.

Migrar para comer
Los tiburones ballena recorren enormes distancias entre la zona de cría y las aguas donde se alimentan. En la foto, el tiburón va acompañado de una rémora; estos peces se adhieren a los tiburones utilizando una aleta dorsal modificada en forma de disco de succión, y se alimentan de las heces y los ectoparásitos del tiburón.

FILTRACIÓN DE FLUJO CRUZADO

El sistema de filtración del tiburón ballena es de flujo cruzado. La corriente de alimentación (que sale de la boca) corre en paralelo a los peines filtradores, donde el agua se expulsa a los lados hacia las branquias. Las partículas de alimento se concentran en una masa tragable en la parte posterior de la garganta. Este sistema se obstruye menos que cuando el flujo golpea el filtro de frente. En ocasiones, los tiburones «tosen» para retirar el material de sus filtros.

**SISTEMA DE FILTRACIÓN
DEL TIBURÓN BALLENA**

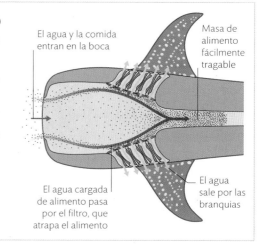

El agua y la comida
entran en la boca

Masa de
alimento
fácilmente
tragable

El agua
sale por las
branquias

El agua cargada
de alimento pasa
por el filtro, que
atrapa el alimento

corrientes marinas

El viento es la principal fuerza impulsora de las corrientes en la superficie del mar.
Actúa en conjunción con el gradiente de presión que originan las gigantescas masas
de agua de mar impulsadas por los giros oceánicos, que son bucles generados por
el efecto Coriolis, debido, a su vez, a la rotación de la Tierra. Las corrientes marinas
son enormemente poderosas; por ejemplo, la corriente del Golfo equivale, por sí
sola, a la descarga de los veinte principales ríos del mundo. También es importante
la vasta red de corrientes lentas y profundas, que involucra el 90 % del agua marina.
Estas corrientes hacen circular energía, nutrientes, sal y sedimentos por todo el
mundo. La acción conjunta de las corrientes superficiales y profundas modera
el clima de la Tierra.

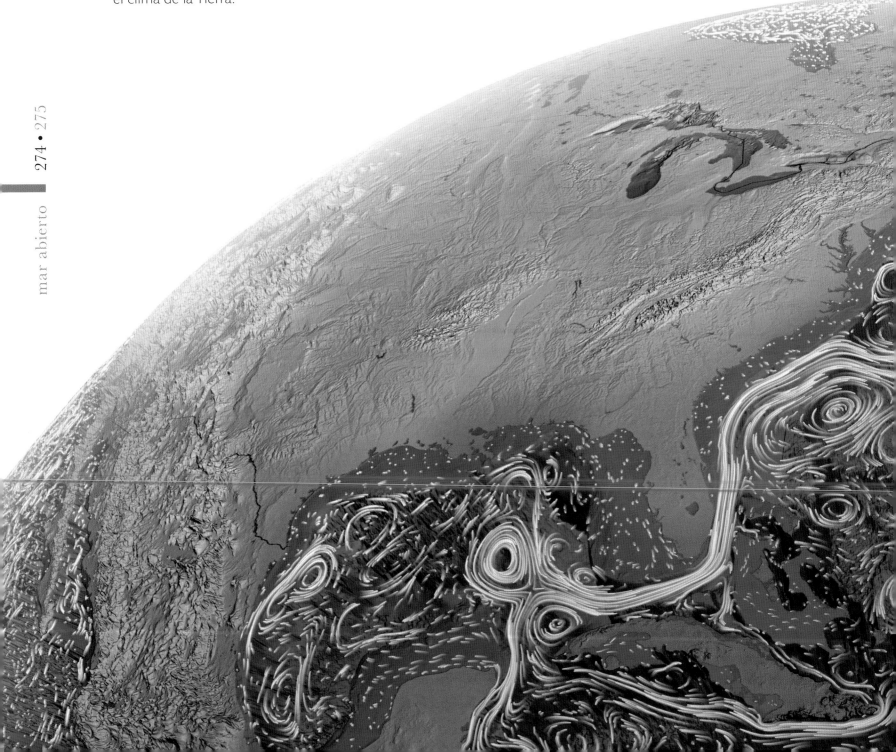

EL EFECTO CORIOLIS

Como todos los objetos en movimiento
no anclados a la superficie de la Tierra,
las corrientes marinas se ven afectadas
por la rotación de la Tierra. Es el efecto
Coriolis (en honor al científico francés
Gaspard-Gustave de Coriolis), que
consiste en que las corrientes oceánicas
del hemisferio norte se desvían hacia la
derecha, mientras que las del hemisferio
sur lo hacen hacia la izquierda. Como la
velocidad de rotación terrestre es mayor
en el ecuador que en las latitudes más
altas, el efecto es mayor en las latitudes
más cercanas a él.

HEMISFERIO
NORTE

Dirección
de la rotación
de la Tierra

Dirección inicial
de la corriente

Desviación
resultante del
efecto Coriolis

Desviación
resultante del
efecto Coriolis

Dirección inicial
de la corriente

HEMISFERIO SUR

Océano perpetuo
Utilizando datos de numerosas fuentes,
la NASA compiló una visualización de las
corrientes marinas. Esta parte del Caribe
y el Atlántico nororiental muestra la
corriente del Golfo, que fluye hacia el
noreste desde Florida.

tiburón blanco

El tiburón blanco *(Carcharodon carcharias)*, un depredador oceánico de primer orden, llega a medir más de 6 m y a pesar varias toneladas. Esta especie fue muy temida por los humanos, pero los ataques son raros y las personas son la mayor amenaza para esta especie, que se ha declarado en estado vulnerable.

El tiburón blanco tiene una distribución geográfica muy amplia, pues se encuentra en todas las aguas frías, templadas y tropicales. Este tiburón de crecimiento lento tarda hasta 16 años en alcanzar la madurez, y las hembras dan a luz cada dos o tres años. Los humanos lo han cazado para obtener sus mandíbulas, aletas y dientes, así como para reducir su acercamiento a las playas, diezmando así sus poblaciones. No obstante, el tiburón blanco posee notables características que lo convierten en un formidable cazador, lo que aumenta su supervivencia.

Es parcialmente endotérmico, o de sangre caliente; eso hace que el cerebro, los músculos natatorios y el aparato digestivo estén a más temperatura que el agua. Así, el animal se mantiene muy activo y alcanza gran velocidad, hasta 60 km/h, cuando caza. Su cuerpo es hidrodinámico; además, está dotado de una excelente visión del color, y su olfato es de los mejores entre los tiburones. Tiene electrorreceptores muy sensibles en la cabeza, con los que detecta el más mínimo campo eléctrico generado por la presa. Pese a ello, suele recurrir a tácticas de emboscada cuando caza. El tiburón nada lento por debajo de la presa potencial, que se perfila contra la superficie del océano; pero la presa no puede ver a su depredador, porque la parte superior oscura del tiburón se confunde con la turbidez del agua. Cuando ataca desde abajo, el tiburón da un golpe casi vertical, y hasta puede saltar unos 8 m fuera del agua.

Herramientas del oficio

Los dientes inferiores estrechos sujetan la presa, y los superiores grandes desgarran la carne. El tiburón prefiere presas con alto contenido calórico, como las focas o los delfines, pero también come calamares, tortugas, peces y otros tiburones.

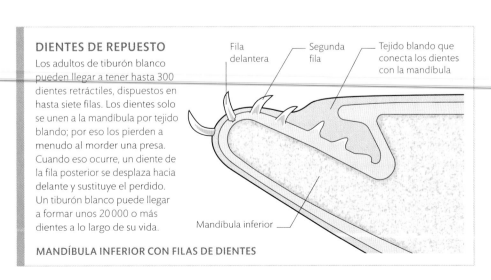

DIENTES DE REPUESTO

Los adultos de tiburón blanco pueden llegar a tener hasta 300 dientes retráctiles, dispuestos en hasta siete filas. Los dientes solo se unen a la mandíbula por tejido blando; por eso los pierden a menudo al morder una presa. Cuando eso ocurre, un diente de la fila posterior se desplaza hacia delante y sustituye el perdido. Un tiburón blanco puede llegar a formar unos 20 000 o más dientes a lo largo de su vida.

Fila delantera

Segunda fila

Tejido blando que conecta los dientes con la mandíbula

Mandíbula inferior

MANDÍBULA INFERIOR CON FILAS DE DIENTES

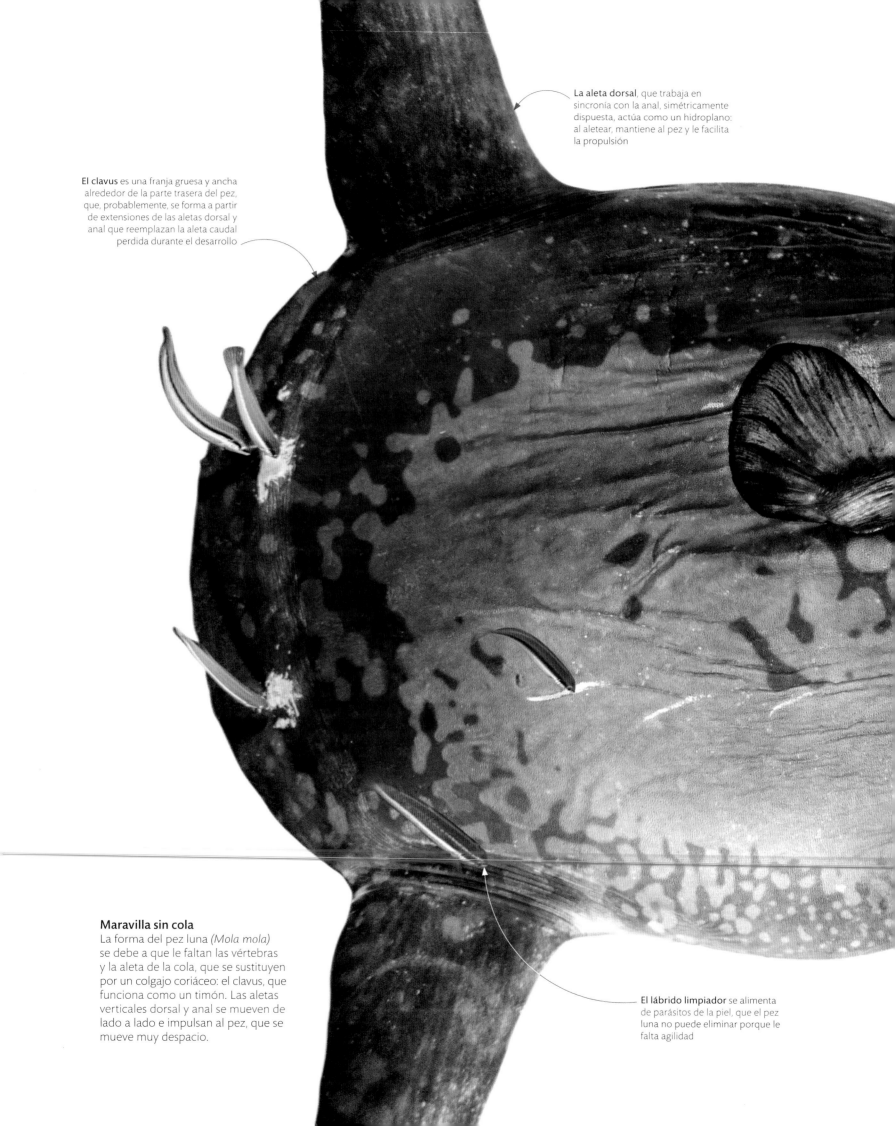

La aleta dorsal, que trabaja en sincronía con la anal, simétricamente dispuesta, actúa como un hidroplano: al aletear, mantiene al pez y le facilita la propulsión

El clavus es una franja gruesa y ancha alrededor de la parte trasera del pez, que, probablemente, se forma a partir de extensiones de las aletas dorsal y anal que reemplazan la aleta caudal perdida durante el desarrollo

Maravilla sin cola

La forma del pez luna (*Mola mola*) se debe a que le faltan las vértebras y la aleta de la cola, que se sustituyen por un colgajo coriáceo: el clavus, que funciona como un timón. Las aletas verticales dorsal y anal se mueven de lado a lado e impulsan al pez, que se mueve muy despacio.

El lábrido limpiador se alimenta de parásitos de la piel, que el pez luna no puede eliminar porque le falta agilidad

Comienzos espinosos
La piel protectora y espinosa de
los alevines de pez luna recuerda
a la de los peces globo, sus parientes
cercanos. Estos alevines nacen de un
huevo, y presentan una cola que se
encoge a medida que se desarrollan.

Las anchas aletas
pectorales, que
estabilizan el cuerpo,
se mantienen hasta
la edad adulta

La piel gruesa y sin escamas
recubre una capa de tejido
gelatinoso de baja densidad
que mantiene la flotabilidad
del pez, que carece de vejiga
natatoria llena de gas

gigante lento

El plancton son organismos que van a la deriva en
el agua, pues no pueden nadar contra las corrientes.
La mayoría son diminutos; sin embargo, algunos
animales más grandes que no se propulsan se mueven
como el plancton. Entre ellos se encuentra el pez óseo
más pesado: el pez luna. Con un peso similar al de un
rinoceronte, carece de auténtica cola, la que en la
mayoría de los peces genera impulso.

HUEVOS FLOTANTES

Los peces pelágicos (de mar abierto) están adaptados a vivir a diferentes
profundidades, pero los huevos de la mayoría suben a la superficie. Allí
eclosionan en alevines, que se alimentan de plancton, dependiente, a
su vez, del sol. Cuantos más huevos se producen, más alevines pueden
sobrevivir. Un solo pez luna puede liberar 300 millones de huevos, un
récord entre los vertebrados.

El aceite de los
huevos les da
flotabilidad

Larva de
pez luna

El pez luna
vive cerca de
la superficie

Larva de
pez luminoso

Los peces
luminosos
(gonostomátidos)
viven en las
profundidades
marinas

Profundidad
(m)

1000

2000

Cuando las larvas
de especies de
aguas profundas
maduran, nadan
hacia las
profundidades

3000

4000

**DISTRIBUCIÓN VERTICAL DE HUEVOS,
LARVAS Y ADULTOS DE PECES PELÁGICOS**

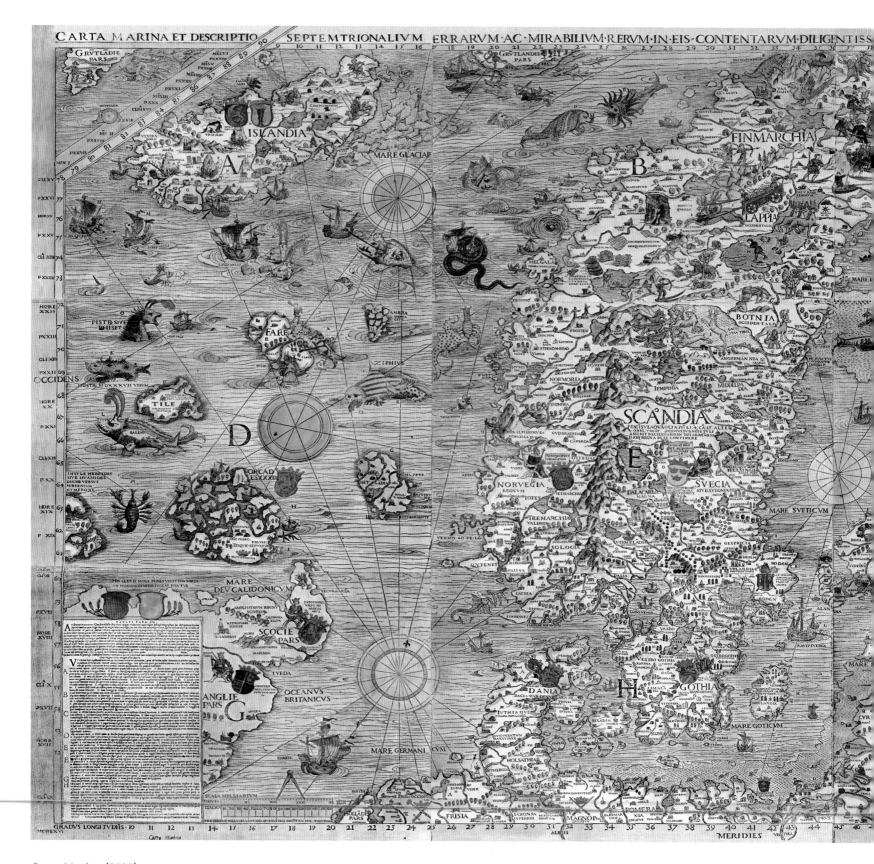

Carta Marina (1539)

El mapa más antiguo y preciso conocido de Escandinavia lo elaboró en el siglo XVI el eclesiástico católico sueco Olaus Magnus, exiliado en Roma. Además, escribió obras sobre la historia, la cultura y las maravillas naturales del norte de Europa. Su Carta Marina se imprimió en Venecia en 1539, a partir de nueve bloques de madera tallada, y muestra las tierras y los mares nórdicos repletos de vida, incluso con los monstruos que los pescadores y los marineros le describían a Olaus.

Nuevo mapa de todo el mundo (1648)
Una de las grandes obras de la edad de oro de
la cartografía holandesa es el innovador mapa
Nova totius terrarum orbis tabula, de Joan Blaeu.
Forma parte de un enorme atlas que muestra
el mundo descubierto con bastante precisión,
con el noroeste de América y Australasia
apuntados con contornos incompletos.

el mar en el arte

cartografía
de los mares

Desde las primeras inscripciones de signos y figuras en piedra, hace unos
40 000 años, los humanos han empleado su capacidad cognitiva para
trazar mapas de su entorno. En la era de los descubrimientos, en el siglo XV,
se realizaron cada vez más mapas de todo el mundo, a medida que los
europeos plasmaban y describían los territorios a los que viajaban con
fines comerciales y colonizadores.

Los mapas primitivos tallados en piedra
o madera, o como relieve tridimensional
de arena y arcilla, fueron reemplazados
con el tiempo por las xilografías, y luego
por la impresión en cobre (siglo XVI) y
la litografía (siglo XIX). Los cartógrafos
medievales basaron las proporciones de
los países en su riqueza y poder relativos.
Eso cambió en el siglo XIV, cuando se
redescubrió y se tradujo al latín la obra
del griego Tolomeo (*c.* 100–*c.* 170 d. C.),
cuyos cálculos del tamaño y de las
proporciones de la Tierra cambiaron la
cartografía occidental, aunque luego se
revelaron incorrectos.

En 1539, el eclesiástico sueco Olaus
Magnus elaboró un mapa de Escandinavia
(izda.) que corrigió la vaga representación
de Tolomeo del norte de Europa. En ese
mapa, la geografía es muy reconocible

e, incluso, los remolinos en el océano
puede que representen corrientes y
frentes conocidos, pero lo maravilloso
es el detalle. La vida cotidiana de los
escandinavos –montar en trineo, ordeñar
renos o arponear focas– se desarrolla
en un mundo natural repleto de bestias
reales y fantásticas; especialmente en
el mar, donde un dragón lucha con un
crustáceo gigante, los barcos anclan por
error en una ballena con colmillos y una
serpiente marina roja se describe en la
leyenda del mapa como «gusano de 200
pies de largo que se enrolla alrededor de
un gran barco y lo destruye».

Un siglo más tarde, el extraordinario
mapa del mundo del cartógrafo holandés
Joan Blaeu (arriba) muestra la enorme
destreza para el grabado en cobre en la
edad de oro holandesa. No solo refleja
la destreza holandesa en la navegación; el
mapa evidencia, además, los conocimientos
científicos del cartógrafo, pues representa,
personificados, los cinco planetas que se
conocían por aquel entonces, con el Sol
en el centro, lo cual respaldaba la teoría
heliocéntrica de Copérnico, según la cual
la Tierra orbita alrededor del Sol, y no
a la inversa.

> 66 En la enorme extensión del océano Glacial [...]
> se encuentra un conglomerado de monstruos. 99

OLAUS MAGNUS, *HISTORIA DE LAS GENTES SEPTENTRIONALES* (1555)

Los fotóforos azules
emiten luz hacia abajo

Señales luminosas
El pez linterna *Lepidophanes guentheri*, una
especie de las profundidades del Atlántico, tiene
pares de células productoras de luz (fotóforos)
a lo largo de los costados y en la cabeza. La luz
se utiliza para la comunicación y el cortejo.

luces en la oscuridad

La bioluminiscencia es la capacidad que tienen algunos seres vivos de
producir luz (pp. 192–193). Esta propiedad es más común en peces de
aguas oscuras de mares profundos, donde pueden usar la bioluminiscencia
con varios fines. Para los peces depredadores, como los parientes del rape,
atraer las presas con un señuelo luminoso en un barbillón o suspendido
en una estructura a modo de caña de pescar es una eficiente estrategia
predadora. Otras especies utilizan la luz para disimular su silueta (abajo),
confundir a los depredadores o atraer parejas.

LA LUZ COMO CAMUFLAJE

Algunos peces, como el pez
pechito, tienen fotóforos en la
parte inferior. La luz disimula la
silueta del pez visto desde abajo;
la contrailuminación es, por tanto,
un método de camuflaje. El pez
regula la intensidad de la luz que
produce en función de la luz solar
que se filtre desde arriba, lo que
hace que el pez sea menos visible
para los depredadores.

Cuerpo cubierto de
escamas plateadas
reflectantes

Fotóforos emisores
de luz azul en la
parte inferior

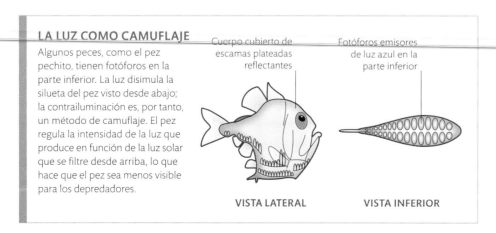

VISTA LATERAL   VISTA INFERIOR

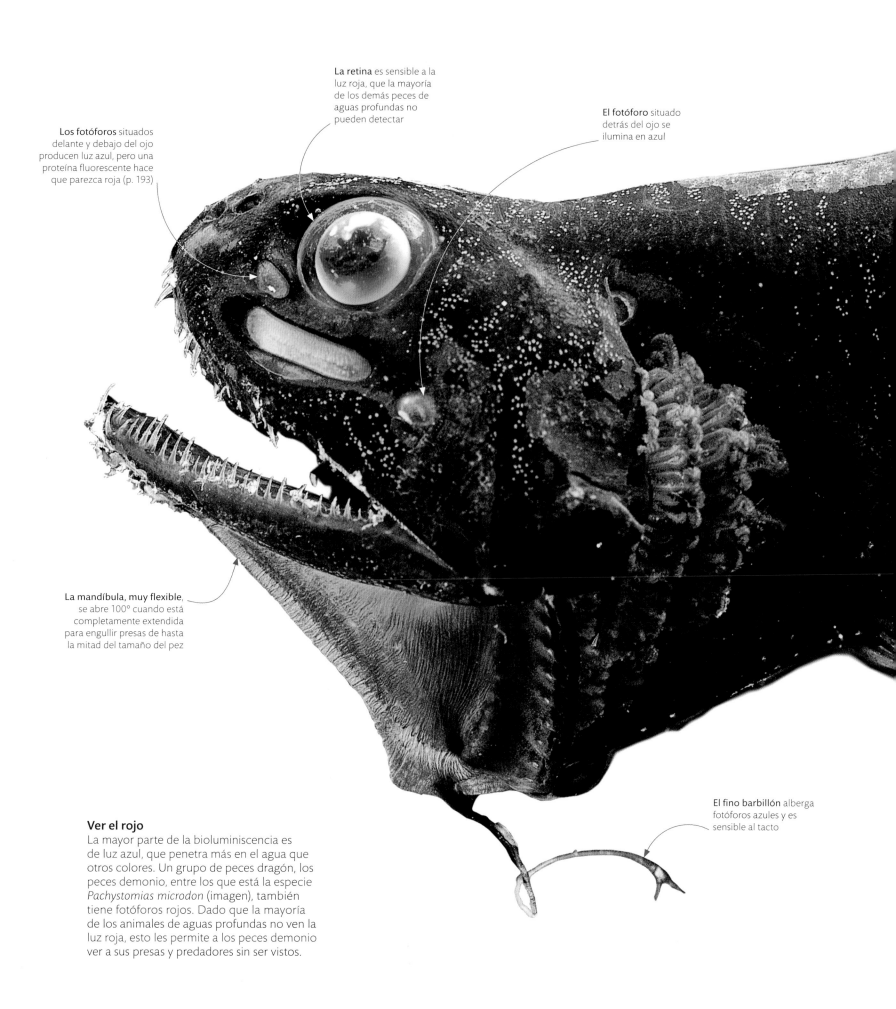

La retina es sensible a la luz roja, que la mayoría de los demás peces de aguas profundas no pueden detectar

El fotóforo situado detrás del ojo se ilumina en azul

Los fotóforos situados delante y debajo del ojo producen luz azul, pero una proteína fluorescente hace que parezca roja (p. 193)

La mandíbula, muy flexible, se abre 100° cuando está completamente extendida para engullir presas de hasta la mitad del tamaño del pez

El fino barbillón alberga fotóforos azules y es sensible al tacto

Ver el rojo

La mayor parte de la bioluminiscencia es de luz azul, que penetra más en el agua que otros colores. Un grupo de peces dragón, los peces demonio, entre los que está la especie *Pachystomias microdon* (imagen), también tiene fotóforos rojos. Dado que la mayoría de los animales de aguas profundas no ven la luz roja, esto les permite a los peces demonio ver a sus presas y predadores sin ser vistos.

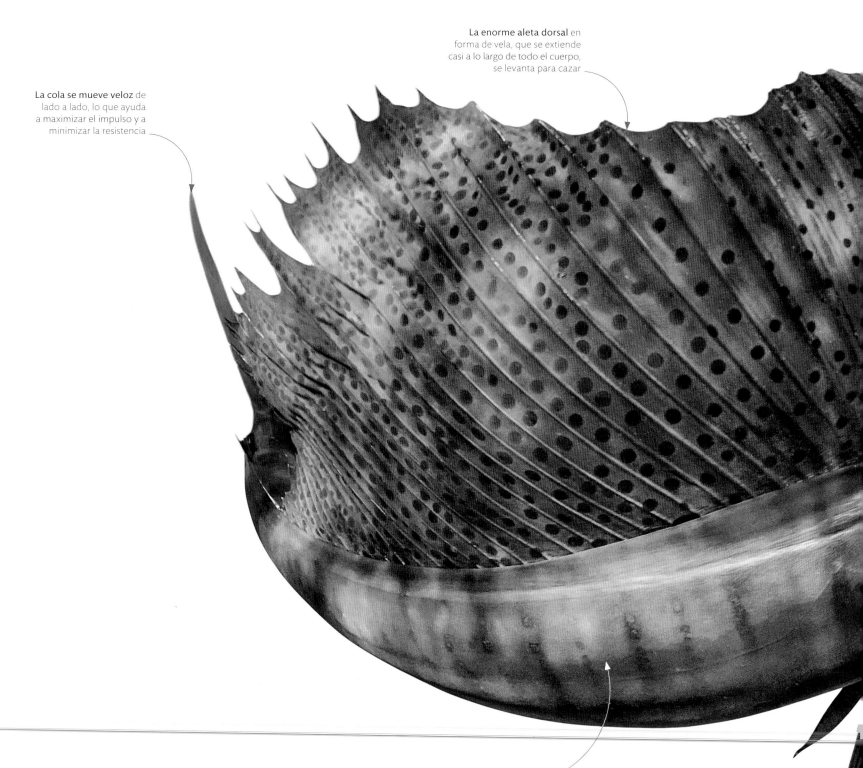

La cola se mueve veloz de lado a lado, lo que ayuda a maximizar el impulso y a minimizar la resistencia

La enorme aleta dorsal en forma de vela, que se extiende casi a lo largo de todo el cuerpo, se levanta para cazar

El tronco es hidrodinámico y musculoso, lo que ayuda al pez vela a nadar a máxima velocidad

Acercamiento a la velocidad

Cuando caza, el pez vela del Pacífico (*Istiophorus platypterus*) levanta la gran aleta dorsal: así maniobra mejor y consigue una estabilidad que lo ayuda a afinar la puntería. Caza sondeando bancos de peces más pequeños con su largo y afilado pico; luego, suelta un repentino golpe lateral, con lo que suele aturdir o incluso mutilar a varias presas a la vez.

ALETAS ESPECIALIZADAS

La aleta dorsal del pez vela suele estar replegada. Cuando caza, regula cuánto la levanta para estabilizar una maniobra, como, por ejemplo, agrupar un banco de peces pequeños para que le resulte más fácil capturarlos. La cola en forma de media luna genera el máximo impulso y reduce la resistencia, lo cual le permite al pez alcanzar gran velocidad en largas distancias.

La aleta se repliega en una ranura

ALETA REPLEGADA

La aleta erecta es más alta que el cuerpo

ALETA LEVANTADA

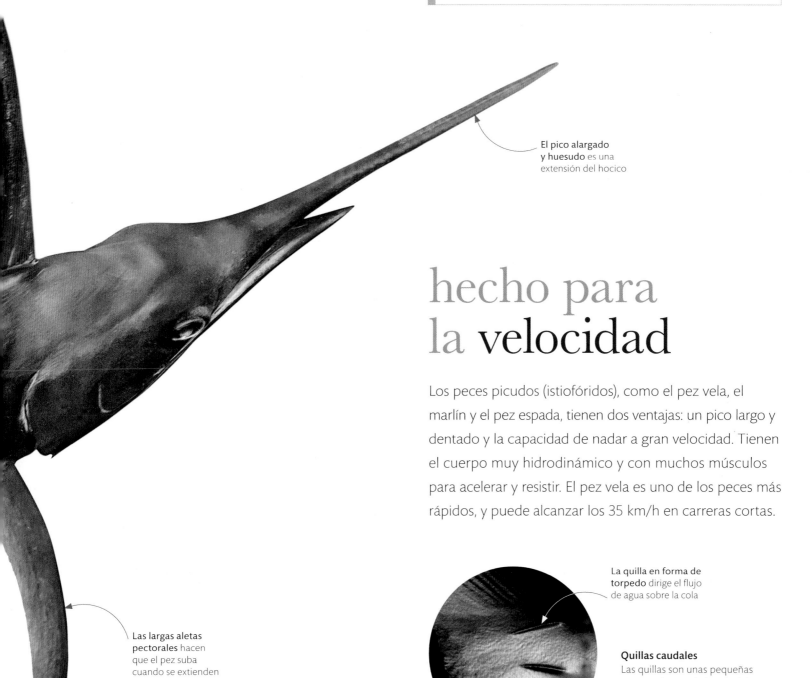

El pico alargado y huesudo es una extensión del hocico

hecho para la velocidad

Los peces picudos (istiofóridos), como el pez vela, el marlín y el pez espada, tienen dos ventajas: un pico largo y dentado y la capacidad de nadar a gran velocidad. Tienen el cuerpo muy hidrodinámico y con muchos músculos para acelerar y resistir. El pez vela es uno de los peces más rápidos, y puede alcanzar los 35 km/h en carreras cortas.

Las largas aletas pectorales hacen que el pez suba cuando se extienden

La quilla en forma de torpedo dirige el flujo de agua sobre la cola

Quillas caudales

Las quillas son unas pequeñas crestas córneas de la cola del pez vela que hacen que nade muy veloz, además de darle estabilidad. La cola bate de lado a lado hasta ocho veces por segundo.

albatros viajero

El albatros viajero *(Diomedea exulans)*, una de las aves voladoras más grandes del mundo, llega a medir 1,3 m de longitud y más de 3 m de envergadura, y a pesar 12 kg. Vive, principalmente, en la región circumpolar del océano Antártico, y puede vivir 50 años o más.

Cortejo elaborado
Cuando se exhibe, el albatros despliega las alas, mueve la cabeza, da golpes de pico y emite un sonido distintivo.

El albatros viajero es el ave de mayor envergadura (hasta 3,5 m). Es un consumado planeador que recorre grandes distancias en busca de calamares y otros cefalópodos, y puede cubrir hasta 10 000 km en 10–20 días. A menudo vuela varias horas sin batir las alas, planeando en las corrientes térmicas y dejando que lo empuje el viento. Pasa la mayor parte de su vida en el mar; durante sus seis primeros años, puede incluso no tocar tierra, si bien descansa en el agua ocasionalmente para digerir una comida pesada o cuando no hay suficiente viento para volar. Puede beber agua de mar, ya que segrega el exceso de sal a través de una glándula situada sobre el conducto nasal.

Alcanza la madurez sexual en torno a los once años, y se emparejan de por vida. Se reproducen una vez cada dos años; la hembra pone un huevo en un nido de barro y hierba, por lo general en islas subantárticas, y los progenitores se turnan para estar en el nido.

Los equipos de pesca humanos matan a miles de albatros cada año, lo cual pone en peligro la supervivencia de sus especies.

Volando sobre las olas
Los albatros pueden recorrer 1000 km al día, y se han registrado velocidades de 108 km/h; pero solo consumen un poco más de energía en vuelo que cuando están en el nido.

Alimentación beneficiosa para todos
La recuperación de grandes poblaciones de ballenas, incluso de algunas en peligro de extinción, como la ballena azul (en la foto, frente a la costa de México), puede ser clave para prevenir el cambio climático. Las heces de las ballenas son ricas en hierro, que se libera durante la digestión del krill ingerido. Ese hierro estimula el crecimiento de fitoplancton, que, a su vez, absorbe y almacena grandes cantidades de carbono.

alimentación
a granel

Hay dos tipos de ballenas: dentadas y barbadas; las segundas se alimentan por filtración, y tienen barbas en lugar de dientes. La ballena azul *(Balaenoptera musculus)*, el animal más grande de toda la historia evolutiva, tiene barbas, y es del grupo de los rorcuales, que se distinguen por presentar grandes pliegues en la garganta, que se expanden para acomodar un volumen grande de agua cargada de alimento. Al tragar un denso enjambre de krill, una ballena azul puede engullir 200 000 litros de agua y casi medio millón de calorías.

CÓMO FUNCIONAN LAS BARBAS
Las ballenas barbadas tienen cientos de barbas: láminas córneas elásticas que cuelgan de la mandíbula superior. Los pelos que rodean las barbas forman una cortina que impide que el alimento (sobre todo krill) se escape con el agua de mar que se expulsa al cerrar la boca.

El agua cargada de krill entra en la boca

La boca se abre casi 90°

El agua se expulsa a través de las barbas

La lengua se retrae y baja

Krill atrapado por las barbas

La lengua empuja hacia arriba; expulsa el agua

LA BOCA SE ABRE　　　**LA BOCA SE CIERRA**

Actividad antigua
La caldera de Tao-Rusyr, en la isla
Onekotan (archipiélago de las Kuriles),
cerca de la península de Kamchatka, se
formó por la actividad volcánica del sector
noroccidental del Cinturón de Fuego del
Pacífico hace más de nueve mil años.

destrucción
de los océanos

La capa externa rígida de la Tierra (litosfera) está dividida en
placas móviles (o tectónicas), que chocan en las llamadas zonas
de subducción. En esa placas, las rocas más viejas de la corteza
terrestre (la capa más externa) son arrastradas hacia el interior.
En las dorsales oceánicas se produce nuevo fondo marino, lo
cual ocurre al mismo ritmo en diversas áreas oceánicas (pp. 264–
265). Las zonas de subducción rodean el océano Pacífico y tragan
hasta 15 cm por año de fondo marino; son regiones de temperatura
y presión altas que producen terremotos y erupciones volcánicas;
por eso al área se la denomina Cinturón de Fuego del Pacífico.
Cuando se producen bajo el océano, los terremotos y corrimientos
pueden desencadenar devastadores tsunamis (pp. 76–77).

COLISIÓN DE PLACAS

Al chocar dos placas tectónicas, por ejemplo, una oceánica y una continental, la
presión obliga a la más antigua, cuya corteza es más fría y densa, a situarse bajo
la más joven. Se forma así una fosa oceánica, adonde se arrastran los sedimentos
marinos. A medida que las placas se acercan, se genera una gran tensión por
fricción. La energía se libera mediante terremotos periódicos, y el intenso calor
generado comienza a fundir las rocas. El magma fundido perfora hacia arriba
y forma un arco insular, que es una línea de montes marinos volcánicos.

Sedimentos oceánicos Fosa oceánica Movimiento de la placa continental Actividad volcánica donde el magma llega a la superficie

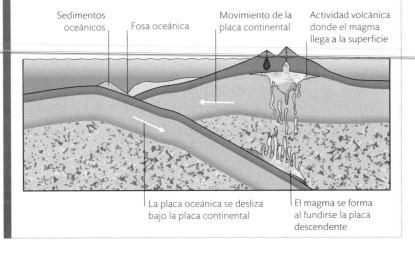

La placa oceánica se desliza bajo la placa continental

El magma se forma al fundirse la placa descendente

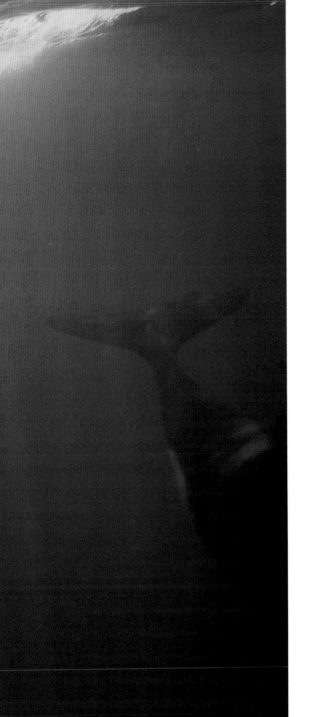

orca

La orca *(Orcinus orca)*, uno de los mayores depredadores, es también uno de los mamíferos marinos más rápidos, pues alcanza unos 55 km/h. A menudo mal llamada «ballena asesina», con sus 10 m de longitud es, en realidad, el mayor miembro de la familia de los delfines y uno de los más inteligentes.

Vive en todos los océanos, y es el mamífero marino de mayor distribución. Las marcas blancas y negras de las orcas las hacen muy visibles, así como la gran aleta dorsal de los machos (la mayor de todos los cetáceos), que puede alcanzar 1,8 m de altura.

Las orcas han prosperado en parte gracias a sus técnicas de caza, que los adultos enseñan a los jóvenes, como, por ejemplo: realizar ataques coordinados a ballenas grandes, conducir peces antes de aturdirlos con golpes de cola y provocar oleaje alrededor del hielo sobre el que hay focas. Las orcas son los únicos cetáceos que se comen a otros mamíferos.

Mantener el contacto
Los miembros del grupo se comunican mediante sofisticados chasquidos y silbidos de alta frecuencia, así como con llamadas pulsantes, que el oído humano percibe como gritos.

Los leones marinos, los pulpos, las nutrias marinas, las rayas, las tortugas, los calamares y los pingüinos forman parte de su dieta; sin embargo, lo que comen depende en gran medida del tipo de población al que pertenecen: así, las orcas que forman los grupos más grandes se alimentan, sobre todo, de pescado, calamares y pulpos; las que están de paso cazan mamíferos marinos casi exclusivamente; y las de alta mar se centran en el pescado, especialmente en tiburones.

Los grupos de orcas van desde unos pocos animales hasta grupos de cincuenta o más, y suelen estar formados por una hembra madura y sus crías y parientes. Se aparean todo el año, pero cuando tienen lugar la mayoría de los apareamientos es a finales de primavera y en verano. Después de 17 meses de gestación, la hembra pare una cría, que suele nacer con la cola por delante.

Provocando oleaje
Varias orcas nadan coordinadas bajo un bloque de hielo para crear una gran ola que provoque que la foca caiga al agua.

océanos polares

Las bajas temperaturas de los océanos polares frenan el movimiento y el crecimiento de los seres vivos. Sin embargo, el agua es rica en oxígeno y nutrientes, lo que permite que la vida marina prospere en este entorno extremo.

mariposa de mar

La mariposa de mar *(Limacina rangii)*, un caracol zooplanctónico con dos apéndices translúcidos en forma de ala, es fundamental para la ecología de los mares árticos. Se alimenta de zooplancton y fitoplancton, que atrapa lanzando una red mucosa.

Las mariposas de mar son pterópodos, gasterópodos marinos que se impulsan con los parapodios, modificaciones del pie similares a alas. El caparazón, de entre 1 y 14 mm de grosor, está formado por aragonito, un mineral de carbonato cálcico.

En la base de la red trófica del Ártico, las mariposas de mar viven en enormes enjambres en la capa superior del océano Ártico, donde consumen plancton e, incluso, otras mariposas de mar. A su vez, sirven de alimento a las ballenas y las focas, que pueden ser presas de los osos polares.

Una pesada armadura

Las mariposas de mar suelen estar protegidas por su densa concha de aragonito. Esa concha es pesada, y el animal se hunde rápidamente si no nada activamente o se cuelga de las redes mucosas con las que atrapa alimento.

El ciclo de vida de estos diminutos animales es corto, de un año, y, cuando mueren, el caparazón cae al fondo; así se crea un sumidero de carbono que mantiene toneladas de dióxido de carbono fuera de la atmósfera y, por tanto, ayuda a frenar el calentamiento global. Sin embargo, los océanos absorben más del 25 % de las crecientes emisiones de CO_2, lo que eleva su acidez (disminuye el pH). Resulta que la acidez del agua limita la disponibilidad de aragonito y la velocidad de crecimiento de la concha de las mariposas de mar. Aunque la ausencia de concha o que esta esté dañada no necesariamente mata al animal, sí lo hace más vulnerable a los depredadores y a las enfermedades. Por lo tanto, el tamaño y la salud de las poblaciones de las mariposas de mar son indicadores de hasta qué punto los ecosistemas marinos están afectados por el calentamiento global.

VOLAR POR EL AGUA

Las mariposas marinas nadan moviendo los parapodios (con aspecto de alas), que baten siguiendo el mismo patrón en forma de ocho que trazan las alas de los insectos. Ambos tipos de animal generan la subida y la bajada con el mismo movimiento: separan las alas al iniciar el descenso, y las rotan ligeramente al subirlas.

Trazo que dibujan los parapodios

Al bajar los parapodios, impulsa la elevación

Recuperación del parapodio

Elevación

Al subir los parapodios, impulsa la elevación

El cuerpo gira al moverse en el agua

MOVIMIENTO DE LOS PARAPODIOS DE LA MARIPOSA DE MAR

Los parapodios son modificaciones del pie

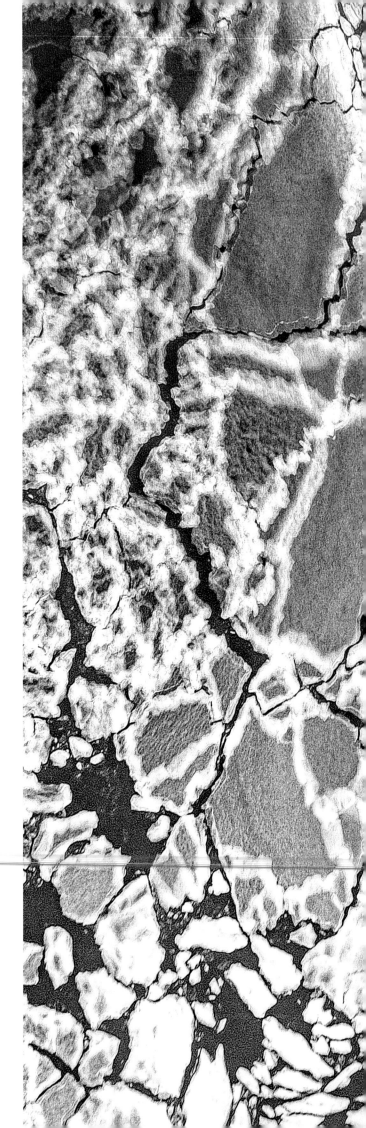

Patrones intrincados
Esta vista aérea de bancas de hielo frente a la costa islandesa muestra pequeños fragmentos, o galletas de hielo (derecha), que se forman en alta mar y se combinan para producir banquisas (izquierda) en las aguas menos profundas cercanas a la costa.

banquisas

El agua de los océanos polares se congela y descongela en un ciclo anual. Durante los meses de invierno, con muchas horas de oscuridad, la temperatura desciende hasta −30 °C, el mar se congela y forma banquisas y bancas de hielo. El agua congelada es menos densa que en estado líquido, por lo que el hielo que se forma flota en el mar. Cada año, esas banquisas forman placas de hielo que cubren unos 40 millones de km^2 del océano, es decir la superficie de Rusia, China y Estados Unidos juntos. En verano se funde entre el 60 y el 80 % de ese hielo, sin que ello tenga efecto neto en el nivel del mar. Las banquisas que permanecen congeladas en verano se hacen más gruesas de año en año y derivan con las corrientes. Las placas de hielo marino permanente está disminuyendo deprisa a medida que aumenta la temperatura global.

CÓMO SE CONGELA EL MAR

El viento helado sobre la superficie del mar hace que en las aguas polares aparezcan cristales de hielo, que se unen y forman una capa superficial llamada hielo grasoso, el cual se engrosa hasta formar una lámina continua. El viento y las olas rompen esa capa en trozos que, al chocar entre sí, dan lugar a fragmentos planos y con bordes elevados, o galletas de hielo. Finalmente, las galletas de hielo se fusionan en banquisas, más grandes y de hasta 2 m de grosor, que se separan en témpanos de hielo y después se vuelven a unir en placas más extensas. Cerca de la orilla, se forman gruesas placas o bancas de hielo que perduran mucho tiempo.

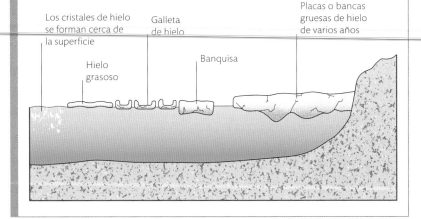

Los cristales de hielo se forman cerca de la superficie

Galleta de hielo

Placas o bancas gruesas de hielo de varios años

Hielo grasoso

Banquisa

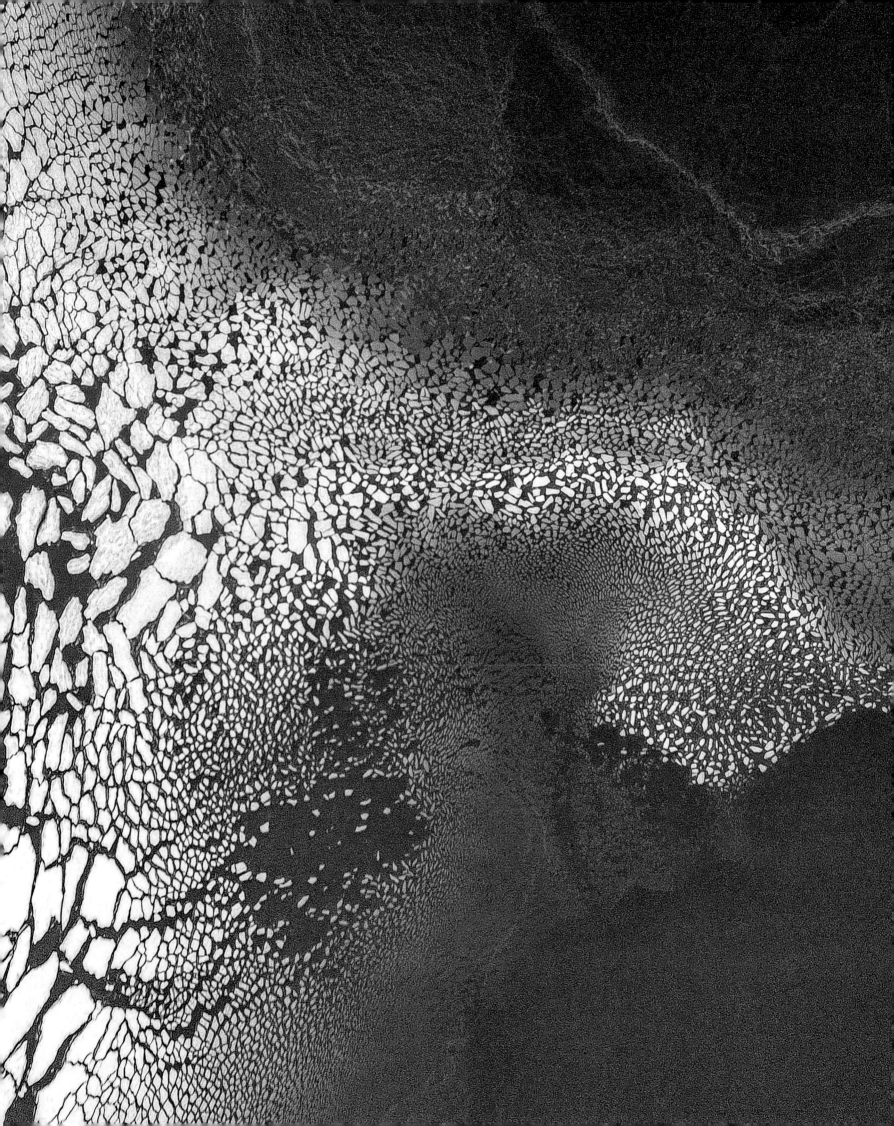

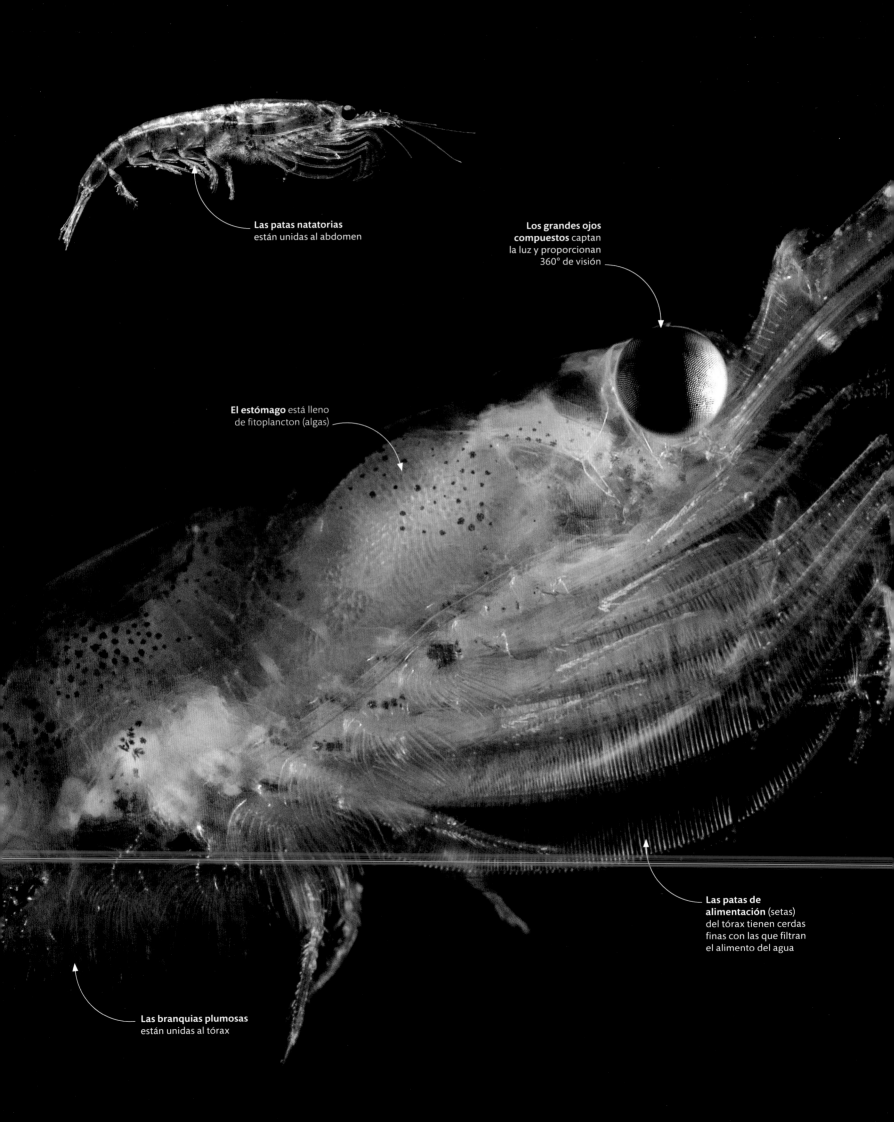

Las patas natatorias
están unidas al abdomen

**Los grandes ojos
compuestos** captan
la luz y proporcionan
360° de visión

El estómago está lleno
de fitoplancton (algas)

**Las patas de
alimentación** (setas)
del tórax tienen cerdas
finas con las que filtran
el alimento del agua

Las branquias plumosas
están unidas al tórax

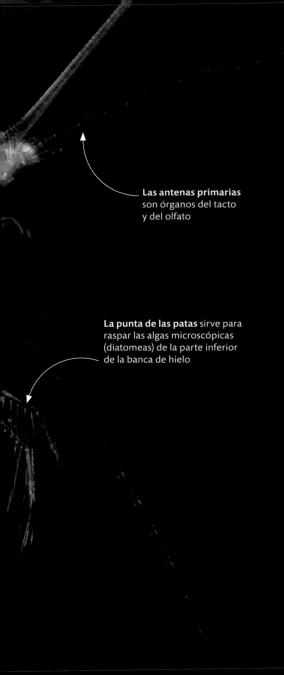

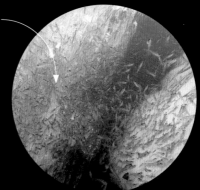

La parte inferior de la banquisa suele estar cubierta de césped de algas y en él come el krill

Las antenas primarias son órganos del tacto y del olfato

La punta de las patas sirve para raspar las algas microscópicas (diatomeas) de la parte inferior de la banca de hielo

Abundancia estacional

El krill antártico *(Euphausia superba)* crece hasta los 5–6 cm de longitud con una dieta de algas unicelulares, como las diatomeas. El krill filtra las algas del agua con las patas, y rastrillan las que están en la parte inferior de la banca de hielo. En invierno, cuando escasea el alimento, puede reducir el tamaño de su cuerpo para limitar la posibilidad de morir de hambre.

Biomasa marina

El krill es uno de los animales más numerosos en el océano. Forma enjambres de más de 10000 individuos por metro cúbico. Las ballenas, las focas, algunas aves y los calamares consumen hasta 300 millones de toneladas de krill antártico al año.

enjambres polares

Como la Tierra está inclinada, en su giro alrededor del Sol se produce una variación estacional de la cantidad de luz que llega a las regiones polares. Las muchas horas de luz del verano dan lugar al crecimiento masivo y la reproducción del fitoplancton marino (sobre todo, algas unicelulares) y, en consecuencia, también de los animales que se alimentan de él; entre ellos, están los pequeños crustáceos conocidos en conjunto como krill, que constituyen una de las formas de vida y fuentes de alimento más abundantes del planeta.

Las antenas secundarias tienen forma de látigo y son más largas que las primarias

RED ALIMENTARIA MARINA

El fitoplancton habita en la superficie del mar, donde llega la luz del sol, necesaria para la fotosíntesis. Como productores primarios, los organismos del fitoplancton son la base de la red trófica marina. En el Antártico, el fitoplancton es el alimento del krill, que es el consumidor primario y, a la vez, resulta crucial en la red alimentaria, ya que hay muchos animales que se alimentan de él. En el Ártico, los copépodos sustituyen al krill como consumidores primarios.

Especialistas árticos
Los cotoideos son una familia de pequeños
peces habituales en los mares helados de las
altas latitudes del norte. La especie *Enophrys
diceraus*, autóctona de los mares de Alaska
y Siberia, presenta una concentración de
proteína anticongelante en la sangre mayor
que la de cualquier pez.

Los ojos están situados
en lo alto de la cabeza,
para escudriñar mejor
el agua en busca de
comida y depredadores

Boca inclinada
hacia arriba y
adaptada para
atrapar comida
desde abajo

Las excrecencias carnosas
pueden imitar a las algas,
y sirven de camuflaje

La cola constituye dos tercios de la longitud del cuerpo, y es toda músculos

Adaptaciones al agua fría
Los peces del hielo antártico, como *Champsocephalus gunnari*, son los únicos vertebrados que carecen de hemoglobina. Pueden sobrevivir sin ella, ya que viven en aguas extremadamente frías, con un alto contenido de oxígeno. Para evitar que se les congele la sangre en el helado mar, estos peces producen proteínas anticongelantes.

el anticongelante
en los peces

Como el hielo ocupa más volumen que el agua, la congelación puede ser letal para los organismos, ya que provoca que se rompan las células. El agua del mar es líquida hasta unos −2 °C, y los organismos que viven en condiciones bajo cero han evolucionado para afrontarlo. Mientras que los mamíferos y las aves queman glúcidos y lípidos para mantenerse calientes, muchos peces producen proteínas anticongelantes que inhiben la formación de hielo.

PROTEÍNAS ANTICONGELANTES

Muchos peces que habitan en aguas polares producen proteínas sanguíneas que impiden que el pez se congele. Estas proteínas anticongelantes (PAC), del inglés *antifreeze proteins* (AFP) se unen a los diminutos cristales de hielo que se forman en la sangre e impiden que se unan entre ellos; así, si el pez tiene suficiente PAC, los cristales de hielo no crecen lo bastante como para que la sangre se congele.

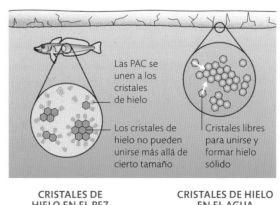

Las PAC se unen a los cristales de hielo

Los cristales de hielo no pueden unirse más allá de cierto tamaño

Cristales libres para unirse y formar hielo sólido

CRISTALES DE HIELO EN EL PEZ

CRISTALES DE HIELO EN EL AGUA

zooplancton

El zooplancton es el conjunto de animales que van a la deriva con las corrientes. Entre ellos se encuentran algunos de los animales marinos más diminutos, que, junto con el fitoplancton (pp. 258–259), forman la base de las redes tróficas del océano. La viscosidad del agua puede hacer que su avance sea como el de una persona que se moviera inmersa en jarabe, por lo que dependen de las corrientes para dispersarse. Las larvas de animales que de adultos se desplazan libremente forman parte del zooplancton, pero también hay organismos que viven toda su vida como plancton.

Larva fantástica
La especie *Brotulotaenia nielsen*i pone huevos que flotan hasta la superficie, donde eclosionan. Las larvas planctónicas viven a poca profundidad y van al fondo cuando maduran. Los elaborados radios de las aletas y el intestino externo de la larva la asemejan a una colonia de sifonóforos con sus tentáculos urticantes, lo cual es posible que disuada a los depredadores.

Meroplancton
Este grupo de zooplancton es plancton solo una parte de su vida –por lo general, en la fase larvaria–, y muchos se parecen poco o nada a su forma adulta final. Se alimentan de otro plancton o pueden vivir de la yema del huevo del que nacieron. Cuando son adultos pueden trasladarse a aguas más profundas del océano o permanecer en aguas abiertas.

El abdomen en forma de cola se pliega bajo el cangrejo adulto durante la metamorfosis

CANGREJO EN FASE DE MEGALOPA
Calápidos

Bandas enroscadas de pelos microscópicos pulsantes (cilios), que ayudan a la propulsión

LARVA TORNARIA DE
Ptychodera flava

El manto transparente tiene células con pigmentos (cromatóforos) que se forman al principio del desarrollo

LARVA DE
Wunderpus photogenicus

Holoplancton
El holoplancton está formado por animales que son plancton durante todo su ciclo vital. Viven en la columna de agua abierta (zona pelágica) y, como el meroplancton, suelen ser transparentes. Varían en forma y tamaño y presentan diversas adaptaciones, desde la forma del cuerpo hasta flotadores llenos de gas.

Apéndices en forma de antena que al moverse hacen que parezca que el animal salta

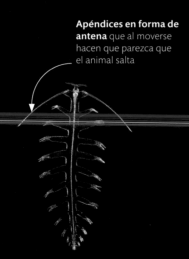

GUSANO POLIQUETO
Tomopteris (Johnstonella) helgolandica

Las aletas carnosas y aladas (parapodios) ayudan a las babosas de mar a desplazarse por el agua

ÁNGEL DE MAR
Clione limacina

Caracol de concha plana que puede medir 3 cm de largo

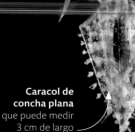

MARIPOSA DE MAR
Clio recurva

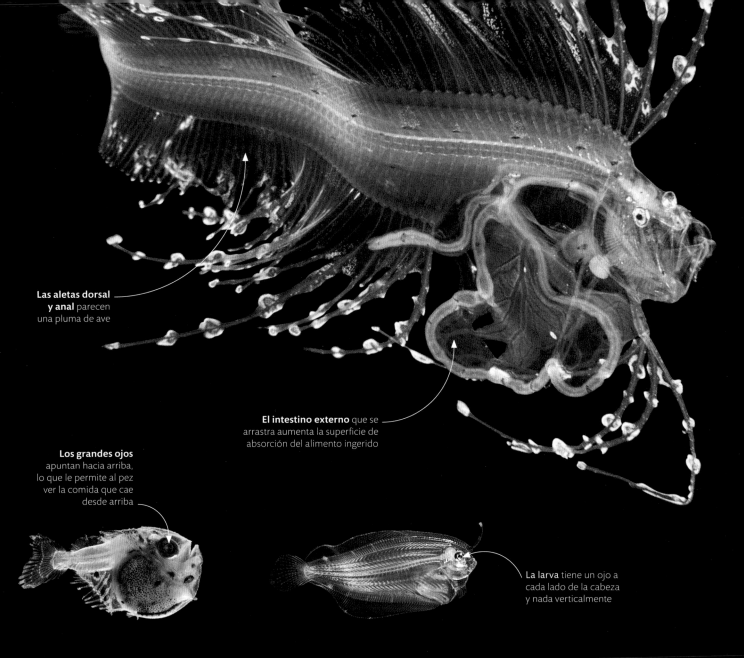

Las aletas dorsal y anal parecen una pluma de ave

El intestino externo que se arrastra aumenta la superficie de absorción del alimento ingerido

Los grandes ojos apuntan hacia arriba, lo que le permite al pez ver la comida que cae desde arriba

La larva tiene un ojo a cada lado de la cabeza y nada verticalmente

JUVENIL DE PEZ HACHA
Argyropelecus olfersii

LARVA DE LENGUADO CHUECO
Engyprosopon xenandrus

Los ojos en forma de espejo le sirven a este crustáceo para localizar pequeñas presas

Todo el intestino es visible a través del cuerpo transparente de este caracol

La superficie está cubierta de tubérculos cartilaginosos

CEFALÓPODO CRÁNQUIDO
Cranchia scabra

OSTRÁCODO
Gigantocypris muelleri

CARACOL HETERÓPODO
Cardiapoda placenta

Los polluelos se apiñan en grupos a partir de los tres meses, mientras los adultos cazan para obtener alimento

Apariencia engañosa
Cubiertos de plumón marrón durante su primer año de vida, los polluelos de pingüino rey se parecen muy poco a los adultos, hasta el punto de que se llegó a pensar que eran una especie distinta.

especies destacadas

pingüino rey

Estas aves se encuentran, principalmente, en las islas cercanas a la Antártida de los océanos Atlántico e Índico. En todo el mundo hay más de 2,2 millones de pingüinos rey *(Aptenodytes patagonicus)*, y la mayor concentración está en las islas Georgias del Sur.

Con una altura de hasta 1 m y un peso de hasta 16 kg, el pingüino rey es el segundo más grande. El primero es el pingüino emperador *(Aptenodytes forsteri)*, cuyas colonias suelen tener acceso cercano al mar, pues los nidos se suelen formar en playas o en la hierba que no está cubierta de nieve y hielo.

El ciclo de reproducción más largo es el del pingüino rey, que dura entre 13 y 16 meses (incluida la premuda de los adultos). No construyen nidos. La hembra pone un huevo entre noviembre y abril; se lo pasa a su compañero y se va al mar a cazar. El macho lleva el huevo (y luego el polluelo)

Dinámica de grupo
El pingüino rey es muy sociable. Las peleas son raras, incluso en las colonias grandes, y con los individuos pegados aleta con aleta. Pero los adultos que se reproducen tienden a separarse de los que no lo hacen.

en las patas y lo cubre con una bolsa de cría; así, guardando el huevo, espera el regreso de la hembra, y pierde hasta el 30 % de su peso. Más tarde, los grupos de polluelos se acurrucan juntos mientras los progenitores salen al mar en busca de alimento; entre comida y comida pueden pasar tres meses, por lo que dependen de las reservas de grasa para sobrevivir. Los adultos pueden nadar hasta 500 km para encontrar peces y calamares. Hay evidencias de que los cambios en la ubicación de la convergencia antártica harán aumentar esa distancia.

Los ojos del pingüino rey están adaptados a las diferencias extremas de la cantidad de luz. A la luz del sol, sus pupilas se contraen hasta una abertura del tamaño de un alfiler; sin embargo, se expanden 300 veces cuando hay poca luz, por ejemplo, cuando bucean a 300 m de profundidad. Ninguna otra ave puede modificar tanto el tamaño de las pupilas.

GRASA

La grasa de los cetáceos y pinnípedos es una capa gruesa y bastante firme de tejido graso que se encuentra debajo de la piel (formada por la epidermis y la dermis). Además de células adiposas, esa grasa contiene abundantes fibras de colágeno, que estabilizan la capa de grasa, y está fuertemente unida al músculo por una capa de tejido conectivo. El grosor de la capa oscila entre los 2 cm en una foca pequeña o una marsopa y los 30 cm en las grandes ballenas.

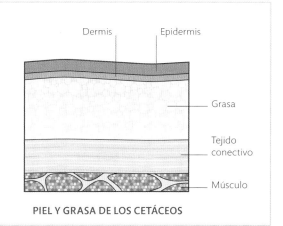

Dermis Epidermis

Grasa

Tejido
conectivo

Músculo

PIEL Y GRASA DE LOS CETÁCEOS

Prescindir de la piel

La morsa (*Odobenus rosmarus*) tiene una fina capa de pelo, pero al llegar a la edad adulta suele perderlo todo, excepto un bigote de enormes y erizados pelos. Estos gruesos pelos, sensibles al tacto, son una ayuda vital para cazar presas, como las almejas, en sedimentos blandos.

capas aislantes

Para los mamíferos que viven en mares fríos, la pérdida de calor es un problema. Los cetáceos (ballenas, delfines y marsopas) y los pinnípedos (focas, leones marinos y morsas) dependen para sobrevivir de una gruesa capa de grasa que tienen bajo la piel. La grasa evita que el calor corporal se escape por la piel, y almacena energía, incluyendo proteínas y lípidos. El grosor y el contenido de grasa de esa capa se ajustan según la estación, y el suministro de sangre se restringe durante las inmersiones, lo que minimiza la pérdida de calor.

Protección flexible

La piel de un macho de morsa puede tener un grosor de 6 cm, y cubre una capa de grasa de al menos igual espesor. Además de ser aislante, ese acolchado de todo el cuerpo le proporciona protección cuando lucha, como una especie de armadura blanda.

Las cicatrices en la piel de los machos son pruebas de heridas de colmillo

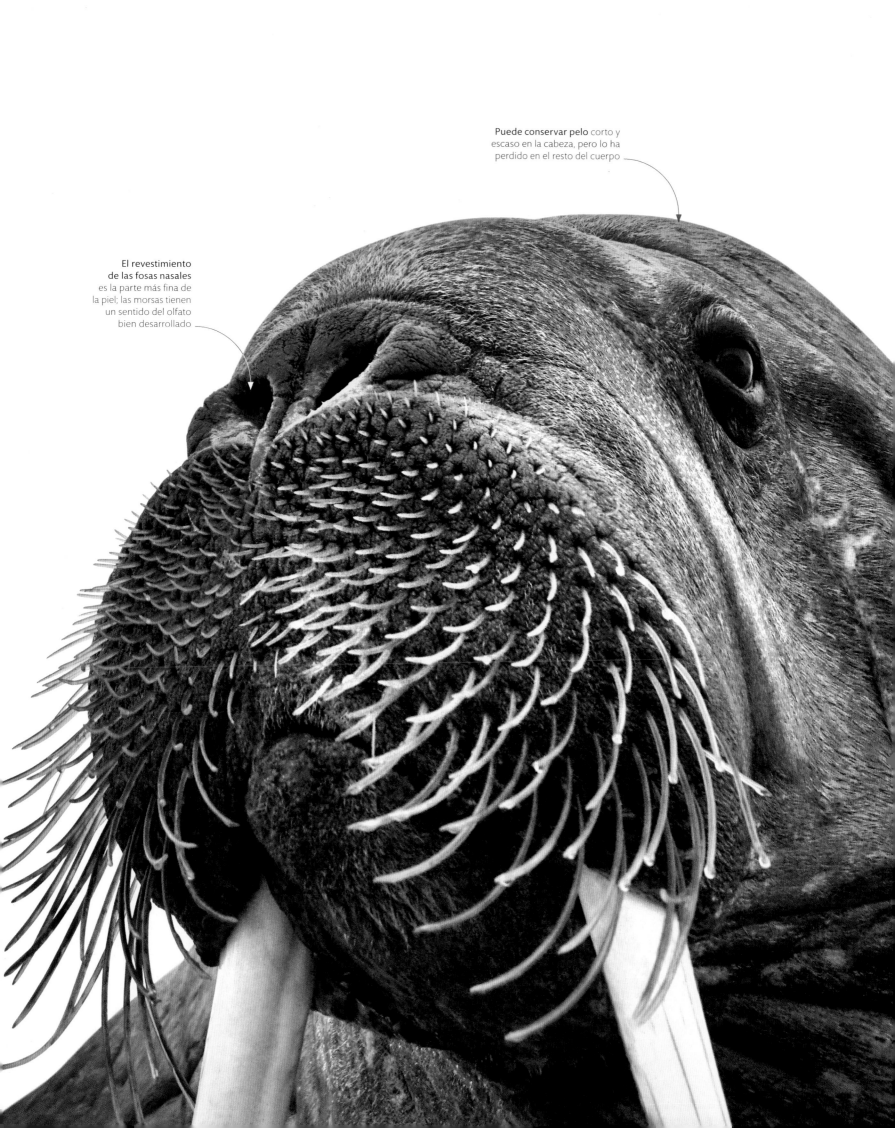

Puede conservar pelo corto y escaso en la cabeza, pero lo ha perdido en el resto del cuerpo

El revestimiento de las fosas nasales es la parte más fina de la piel; las morsas tienen un sentido del olfato bien desarrollado

elefante marino del sur

El elefante marino del sur *(Mirounga leonina)* recibe su nombre por su tamaño y por la probóscide inflable en forma de trompa que se observa en los machos adultos. De todos los mamíferos, esta especie es la que presenta más diferencia de tamaño y peso entre machos y hembras.

Los elefantes marinos viven en las frías aguas antárticas y subantárticas. Se alimentan en el mar y pueden pasar unos diez meses al año buscando peces y calamares. Se sumergen 20–30 minutos, pero pueden permanecer bajo el agua unas dos horas y alcanzar más de 2000 m de profundidad; para ello, exhalan antes de sumergirse para eliminar todos los gases que podrían causar problemas de presión. Los glóbulos rojos del elefante marino tienen el doble de hemoglobina que los de animales terrestres de similar tamaño y, además, almacenan mucho oxígeno en los músculos; así aseguran el suministro constante de ese gas. Ralentizan el ritmo cardíaco a 5–15 latidos por minuto, de manera que la sangre solo llega a los órganos vitales.

Aunque ven mal a la luz del día, su visión está adaptada a la caza en aguas profundas y oscuras. Son muy sensibles a la longitud de onda de la luz que emite el pez linterna (pp. 282–283), una de sus principales fuentes de alimento.

Su régimen temporal de alimentación requiere que acumulen suficiente grasa para pasar dos largos períodos de tiempo en tierra: una muda de un mes, entre enero y febrero; y la temporada de cría, que comienza a mediados de agosto. Para ello, vuelven al mismo lugar en tierra todos los años. Los machos pueden pasar varias semanas e incluso meses luchando por el control de un harén de hembras con las que luego se reproducirán. Los machos más grandes consiguen vastos harenes de unas cincuenta hembras o más.

A la orilla para reproducirse
Un macho de elefante marino del sur se acerca a una de las islas Georgias del Sur, donde también hay una gran colonia de pingüinos rey. Más de la mitad de la población mundial de estas focas viene a reproducirse aquí.

Diferencia de tamaño
El dimorfismo sexual (diferencia de aspecto entre machos y hembras de una especie) es extremo en estas focas. Los machos llegan a pesar unas tres toneladas, mientras que las hembras alcanzan solo los 600–800 kg.

Los enormes machos pueden ser diez veces más grandes que las hembras

Las hembras se aparean de nuevo unos días después de destetar a los cachorros

bigotes sensibles

El pelo de los mamíferos tiene varias funciones. A las focas les proporciona impermeabilidad, aislamiento e información sensorial. Estos animales tienen unos bigotes de pelos largos y rígidos (o vibrisas) muy sensibles, los cuales crecen en folículos que detectan la más mínima vibración y transmiten al cerebro la información a través de los nervios sensoriales. Eso le permite a la foca navegar en aguas turbias y captar el movimiento de presas y depredadores, y también evaluar el tamaño de los agujeros en el hielo y acceder a ellos para respirar.

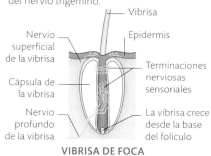

EL SISTEMA SENSORIAL DE LAS VIBRISAS

Los folículos de los bigotes de las focas están llenos de vasos sanguíneos y fibras nerviosas que procesan la información sensorial sobre el entorno y la transmiten al cerebro a través del nervio trigémino.

Vibrisa

Nervio superficial de la vibrisa

Epidermis

Cápsula de la vibrisa

Terminaciones nerviosas sensoriales

Nervio profundo de la vibrisa

La vibrisa crece desde la base del folículo

VIBRISA DE FOCA

Al sol del verano
La foca de Weddell (Leptonychotes weddellii) sale del mar en el corto verano antártico para parir, disfrutar del sol y mudar. A diferencia de los bigotes, que crecen continuamente, el pelaje se desprende y se sustituye una vez al año.

El pelaje de los **adultos** es graso y prácticamente impermeable

Las vibrisas, **gruesas y rígidas** le permiten a la foca detectar presas a casi 200 m de distancia

Las vibrisas de los cachorros son más finas que las de los adultos

El suave lanugo proporciona un buen aislamiento antes de que el cachorro desarrolle grasa

Cría de foca
La foca de Weddell nace con bigotes y está cubierta de lanugo, un pelaje fino y denso que, tras cuatro semanas, es sustituido por el pelaje adulto, más impermeable.

Las aletas traseras de las focas verdaderas sirven de órgano propulsor al nadar, y no pueden sostener el cuerpo en tierra

Las aletas delanteras se utilizan para dirigir el movimiento y ajustar la velocidad al nadar; las traseras se encargan de la propulsión

Formas fantásticas
Este inmenso iceberg se formó en la bahía de Disko, en el oeste de Groenlandia, donde el fiordo de hielo de Ilulissat desemboca en el mar. El 10% del hielo que se fragmenta de los glaciares de Groenlandia procede de este glaciar.

plataformas de hielo e icebergs

Los indlandsis y los glaciares encierran un enorme volumen de agua sobre la masa de tierra de las regiones polares. En las zonas costeras de la Antártida y Groenlandia, los indlandsis y los glaciares forman imponentes acantilados de hasta 50 m de altura. Las plataformas de hielo están compuestas por hielo denso acumulado durante cientos de años; a menudo son de un azul intenso, porque se han eliminado las burbujas de aire, que son blancas. Las algas marinas congeladas en el hielo pueden darle una intensa coloración verde. Un iceberg es una sección de una plataforma de hielo o de un indlandsis que se ha desprendido del cuerpo principal de estos. Las de las regiones polares están disminuyendo a causa del calentamiento global; eso libera un enorme volumen de agua al océano.

FORMACIÓN DE ICEBERGS

Las plataformas de hielo y los glaciares se apoyan en tierra, mientras que la parte exterior flota en el mar. Con la subida y la bajada de las mareas, la parte flotante está expuesta a un movimiento que provoca una gran tensión, sobre todo donde hay fisuras. Así se abren grietas y se desprenden trozos de hielo, que se abalanzan al mar en forma de icebergs. Algunos icebergs pueden ser tan grandes como un país pequeño. Solo en Groenlandia se desprenden cada año más de 50 000 icebergs de gran tamaño.

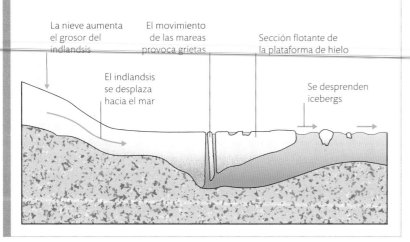

La nieve aumenta el grosor del indlandsis

El movimiento de las mareas provoca grietas

Sección flotante de la plataforma de hielo

El indlandsis se desplaza hacia el mar

Se desprenden icebergs

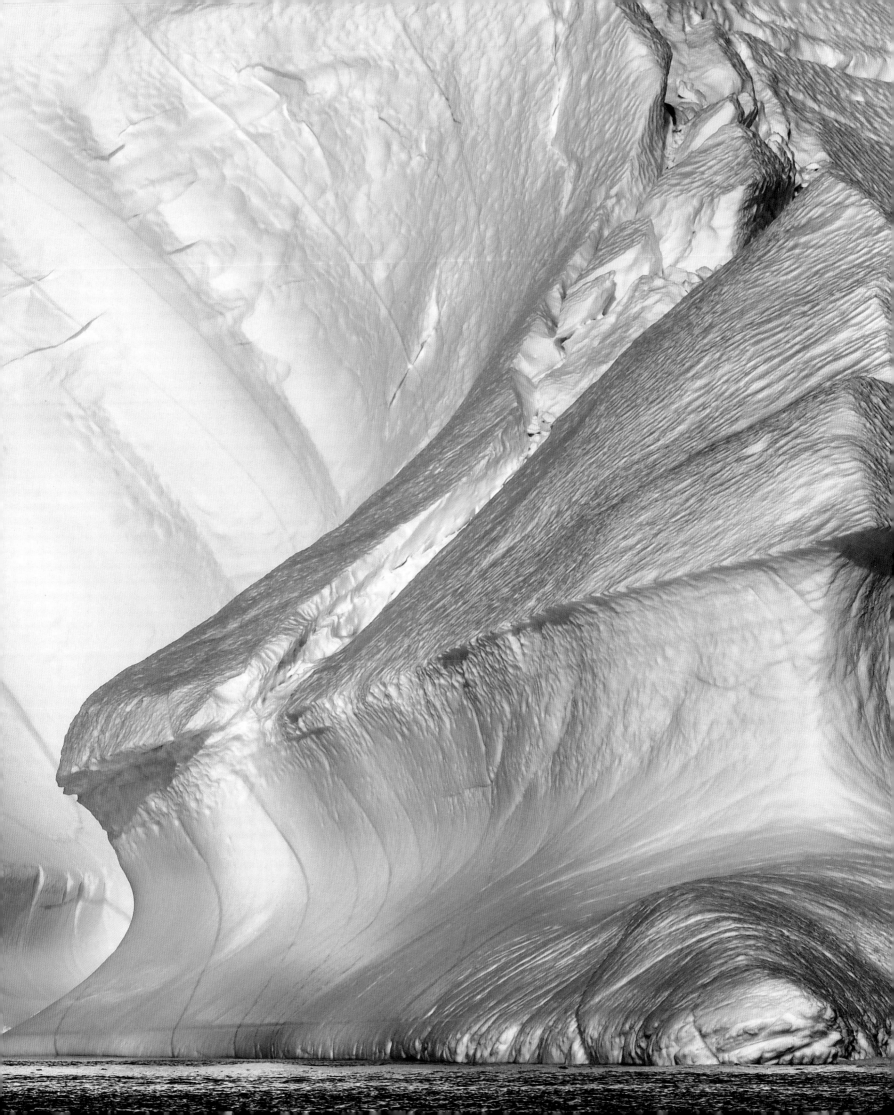

Oso marino

El oso polar vive, caza y se reproduce en el hielo marino o en el agua. Solo sale a tierra cuando se ve obligado por el deshielo. El pelaje pierde gran parte de sus propiedades aislantes en el agua, pero la densa capa de subpelo atrapa el calor corporal, lo que garantiza que el oso se mantenga caliente.

Sus enormes garras actúan como palas, raquetas de nieve y potentes remos para nadar

Gigante del Ártico

Un oso polar macho adulto erguido mide más de 3 m, y puede pesar más de media tonelada. Además de su pelaje y su capa de grasa, su enorme tamaño es también una adaptación al frío extremo.

pelaje polivalente

El pelaje protege a muchos mamíferos polares del frío extremo, pero el aislamiento que proporciona varía según la especie. El pelaje del oso polar es muy eficaz gracias a que tiene dos capas: una exterior que repele el agua, formada por largos pelos de guarda, y una densa capa de subpelo que mantiene caliente al oso. Los pelos de guarda son cónicos y huecos, lo que hace que el pelaje sea más ligero y le dé más flotabilidad al animal. Aunque los osos polares parecen blancos y se mimetizan con su entorno ártico de nieve y hielo, la piel es negra, y el pelo, incoloro.

COLOR Y CALOR

Los pelos del oso polar son transparentes. La luz que incide sobre ellos se dispersa y se refleja; por eso el oso parece blanco. Como todos los mamíferos con pelaje, el metabolismo del oso polar genera calor, con lo cual el cuerpo se mantiene caliente y en funcionamiento. El principal aislamiento se lo proporciona el subpelo, donde el aire atrapado en la densa pelambre ayuda a que no se escape el calor del cuerpo con las corrientes de aire.

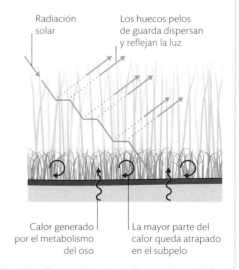

Radiación solar

Los huecos pelos de guarda dispersan y reflejan la luz

Calor generado por el metabolismo del oso

La mayor parte del calor queda atrapado en el subpelo

PIEL Y PELAJE DEL OSO POLAR

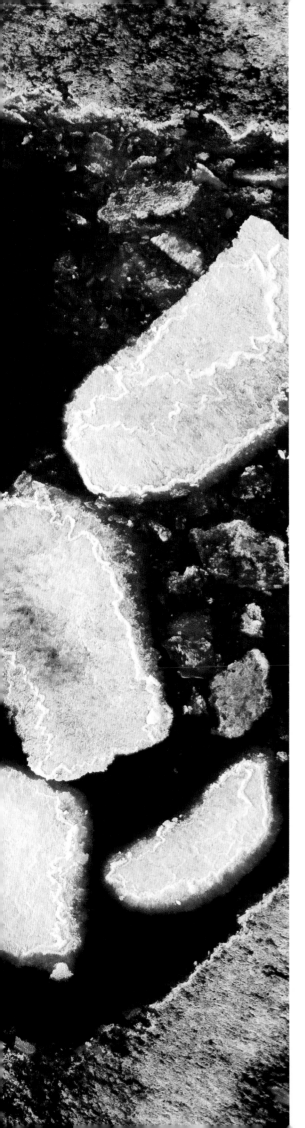

narval

El narval (*Monodon monoceros*) se identifica fácilmente por su impresionante colmillo, que le da el apodo de «unicornio del mar». El colmillo es, de hecho, un diente sensible y alargado que sale de un lateral de la mandíbula superior del animal.

Los narvales pertenecen al grupo de las ballenas dentadas, pero solo tienen un diente o, a veces, dos. Los colmillos son suaves por fuera y más duros y densos hacia el núcleo, y tienen millones de terminaciones nerviosas cerca de la superficie. Se encuentran, sobre todo, en los machos (solo el 3 % de las hembras los tienen), y crecen en espiral en sentido contrario a las agujas del reloj durante toda la vida del animal. Se creía que el colmillo solo se usa para la defensa, pero se ha descubierto que también es un órgano sensorial: sus nervios detectan información del agua, lo que ayuda al animal a «leer» el entorno para detectar la presencia de alimento o de potenciales parejas y para medir la salinidad del agua. El narval no emplea el colmillo para ensartar la comida, sino para golpear y aturdir a la presa, la cual se traga entera.

Los machos alcanzan la madurez sexual hacia los nueve años (las hembras, a los seis o siete); entonces llegan a medir 4–4,5 m de largo y a pesar 1000–1600 kg. Habitan en las aguas árticas de Rusia, Noruega, Groenlandia y Canadá; en torno al 75 % de la población mundial vive en las ricas aguas de la bahía de Baffin y el estrecho de Davis, entre Groenlandia y Canadá. En invierno, cuando el mar se convierte en banca de hielo, se pueden sumergir hasta 1100 m para cazar peces de aguas profundas, como el fletán, y después salen a la superficie por grietas o agujeros en el hielo para respirar.

Salir a tomar aire

En invierno, los narvales se reúnen en grupos de entre 2 y 20, en zonas de banca de hielo. Cuando salen a la superficie, como estos machos en Nunavut (Canadá), son vulnerables a depredadores, como los osos polares.

EL COLMILLO DEL NARVAL

Los nervios del diente (o colmillo) están conectados a los poros de la superficie exterior a través de unos diez millones de túbulos que se encuentran en la capa de dentina. Cuando el agua del mar pasa por ellos, las células especializadas de su base detectan los cambios en la composición, la presión y la temperatura del agua, y transmiten la información al cerebro a través de las células nerviosas del colmillo.

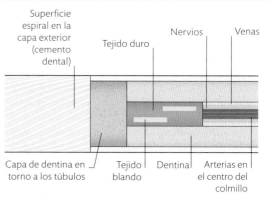

Superficie espiral en la capa exterior (cemento dental) · Tejido duro · Nervios · Venas

Capa de dentina en torno a los túbulos · Tejido blando · Dentina · Arterias en el centro del colmillo

SECCIÓN TRANSVERSAL DEL COLMILLO DE NARVAL

glosario

ABDOMEN Parte posterior del cuerpo de los vertebrados y los artrópodos.

ABISAL Zona más profunda del mar, y relativo a ella. La llanura abisal es la superficie casi plana del fondo del océano profundo, más abajo del margen continental. La zona abisal está comprendida entre 4000 m y 6000 m de profundidad. *Véase también* zona hadal.

ACIDIFICACIÓN Aumento de la acidez, que en el mar se debe, sobre todo, al aumento del dióxido de carbono disuelto; dicho aumento es consecuencia de las actividades humanas.

ACTINIA *Véase* anémona de mar.

AFLORAMIENTO Ascenso de las aguas profundas del océano a la superficie. Puede causarlo el viento que sopla paralelo a la costa o un obstáculo, como un monte submarino que se interpone en la circulación de una corriente de aguas profundas. El agua que aflora suele contener abundantes nutrientes que enriquecen la superficie y atraen vida marina. *Véase también* hundimiento.

ALBUFERA Área cerrada de agua costera casi aislada del mar por una barrera de tierra; también es la porción de mar que queda dentro del anillo de un atolón.

ALETA Miembro utilizado para nadar por diversos vertebrados acuáticos, como peces, ballenas, focas, pingüinos y tortugas.

ALETA ADIPOSA Pequeña aleta que se encuentra entre las aletas dorsal y caudal en algunos peces óseos.

ALETA ANAL Aleta impar presente en la parte inferior de muchos peces, cerca de la cola.

ALETA CAUDAL Aleta de la cola.

ALETA DORSAL Aleta situada en el lomo de un pez o de un cetáceo.

ALETA PECTORAL Aleta unida al pecho, hacia la parte delantera de un pez, detrás de las branquias; siempre son dos, una a cada lado.

ALETA PÉLVICA Aleta que se encuentra en el abdomen de los peces, más atrás y más abajo que las pectorales; siempre son dos, una a cada lado.

ALGA Organismo que fotosintetiza pero que no es una planta. Una gran parte son algas marinas, y, entre ellas, hay muchas formas microscópicas. Las cianobacterias ya no se consideran algas. *Véase también* cianobacterias.

AMPOLLA DE LORENZINI Órgano sensorial de la piel de los tiburones y sus parientes ubicado en la zona de la cabeza. Detecta campos eléctricos débiles como los que producen los músculos de potenciales presas.

ANÁDROMO Pez que vive en el mar y migra por un río para reproducirse, como el salmón. *Véase también* catádromo.

ANÉMONA DE MAR Orden de cnidarios individuales (no coloniales) de cuerpo blando que solo tienen fase de pólipo. *Véase también* pólipo.

ANFÍPODOS Orden de crustáceos pequeños al que pertenecen los saltamontes y sus parientes acuáticos, tanto marinos como de agua dulce.

ANTENA Apéndice sensitivo de los artrópodos, situado en la cabeza y siempre en número par.

APOSEMATISMO *Véase* coloración de advertencia.

ARTRÓPODOS Grupo importante de animales invertebrados, con patas articuladas y un esqueleto exterior duro. Comprende los crustáceos, los insectos y los arácnidos.

BANCA DE HIELO Hielo marino flotante que no está unido a la tierra. Puede formar una masa grande compuesta por fragmentos fusionados o consistir en bloques separados.

BANCO En oceanografía, región o meseta somera que se eleva desde el fondo marino y queda rodeada por aguas más profundas.

BANQUISA Hielo que se forma directamente en el mar, a diferencia de los icebergs y las plataformas de hielo, que se forman en tierra y, luego, tras desprenderse, caen al océano.

BARBA DE BALLENA Pieza córnea (de queratina) que crece en la boca de muchas ballenas. Tiene forma de lámina con flecos pilosos y el animal la usa para filtrar las partículas de alimento del agua.

BARBILLÓN Receptor sensible carnoso cercano a la boca, a menudo con forma de prolongación larga, en algunos peces, como los siluros. *Véase también* bigote.

BÉNTICO Relativo a un organismo que vive en el fondo del mar.

BIGOTE Pelo rígido, largo y sensitivo de la cara de un mamífero. En los peces (como en el pez gato), a veces se llaman bigotes a lo que en realidad son largas y finas barbillas. *Véase también* vibrisas.

BIOELECTROGÉNESIS Generación de campos eléctricos por parte de algunos organismos, por ejemplo, los peces. Los campos eléctricos débiles se utilizan para la ecolocalización, y los fuertes sirven para atacar a otros organismos o para defenderse de ellos.

BIOLUMINISCENCIA Producción de luz por parte de ciertos seres vivos. A veces, la luz la generan las células del organismo, y, en otros casos, se debe a bacterias.

BIVALVOS Clase de moluscos que presentan dos conchas articuladas. Son bivalvos las almejas, los mejillones, las vieiras y las ostras, entre otros moluscos.

BRANQUIA Estructura que absorbe el oxígeno del agua, propia de peces, moluscos y crustáceos. Las branquias pueden ejercer otras funciones, como tamizar el agua para obtener partículas de alimento.

CALCÁREO Que contiene carbonato cálcico.

CÁLIZ En los lirios de mar, estructura en forma de copa que alberga los órganos del animal.

CAMUFLAJE Características de un ser vivo, como el color o la forma del cuerpo, que dificultan que sea detectado visualmente. *Véase también* cripsis.

CAPARAZÓN Escudo protector que cubre la superficie superior de una tortuga, un crustáceo o un cangrejo herradura. *Véase también* concha.

CARROÑA Materia animal muerta o en descomposición.

CATÁDROMO Pez que vive en aguas continentales y migra al mar para reproducirse. *Véase también* anádromo.

CEFALÓPODOS Clase de moluscos con tentáculos, como los calamares, las sepias, los pulpos y los nautilos.

CEFALOTÓRAX Parte del cuerpo formada por la unión de la cabeza y el tórax, propia de algunos artrópodos: los arácnidos y algunos crustáceos. *Véase también* abdomen, opistosoma, prosoma.

CIANOBACTERIAS Grupo de bacterias microscópicas fotosintetizadoras, que antes se consideraban algas azules. Sus diminutas células carecen de núcleo, como otras bacterias. *Véase también* alga, protista.

CIANÓFORO Cromatóforo azul. *Véase también* cromatóforo.

CICLÓN TROPICAL Sistema meteorológico circulante propio de las regiones tropicales y subtropicales, impulsado por el agua cálida del mar y que produce vientos violentos y lluvias intensas. También se conoce como huracán o tifón en diferentes partes del mundo.

CIGUATERA Intoxicación por ingerir marisco tóxico, a menudo causada por el consumo de peces que han ingerido dinoflagelados que producen ciguatoxina. *Véase también* dinoflagelados.

CILIO Pelo microscópico de la superficie de algunas células de animales, como los plumeros de mar. Suelen servir para desplazarse o para generar corrientes.

CIRCULACIÓN TERMOHALINA Circulación mundial de corrientes de aguas profundas impulsada por la diferencia de temperatura y salinidad entre distintas masas de agua.

CIRROS Proyecciones pequeñas, rígidas, parecidas a pelos, de algunos animales, que a menudo se utilizan para aferrarse a una superficie o para moverse. Se encuentran, por ejemplo, en los lirios de mar.

CLASE Categoría taxonómica usada en la clasificación de los seres vivos. En la secuencia de categorías, una clase forma parte de un filo y se subdivide en órdenes. *Véase también* filo, orden.

CLOACA Abertura en la parte posterior del cuerpo que forma parte de varios aparatos fisiológicos animales. En algunos vertebrados, como los peces óseos y los anfibios, a esta única abertura van a parar el intestino, los riñones y el aparato reproductor.

CLOROFILA Pigmento verde con el que las plantas, las algas y otros organismos, como las cianobacterias, captan la energía del sol y la usan en la fotosíntesis. Hay varios tipos de clorofila. *Véase también* cianobacteria, fotosíntesis.

CNIDARIOS Filo de animales invertebrados con tentáculos urticantes; entre ellos están las anémonas de mar, los corales y las medusas.

COLMILLO Diente agrandado de un mamífero, por ejemplo, el de la morsa o el narval.

COLORACIÓN CRÍPTICA *Véase* camuflaje, cripsis.

COLORACIÓN DE ADVERTENCIA Colores de un animal que los depredadores perciben como un aviso de peligro o de toxicidad.

CONCHA Cubierta dura que protege a animales como los moluscos y los braquiópodos. *Véase también* caparazón.

CONVECCIÓN Movimientos circulantes de un fluido causados por la aplicación de calor en una parte, de manera que el fluido más caliente, y por lo tanto menos denso, sube e impulsa la circulación.

COPÉPODOS Clase de pequeños crustáceos nadadores que constituyen una parte importante del plancton.

CORALITO Esqueleto en forma de copa de aragonito (un carbonato cálcico) que se forma bajo el cuerpo de un pólipo de coral.

CORDADOS Filo de animales que comprende todos los vertebrados y los tunicados. *Véase también* tunicados.

CORRIENTE Flujo horizontal o vertical regular a gran escala de agua marina con dirección constante. Se da el mismo nombre a un flujo menor cerca de la costa.

CORRIENTE DE SUPERFICIE Corriente en la superficie del mar, generalmente impulsada por el viento.

CORTEZA CONTINENTAL Parte de la corteza terrestre que forma los continentes. Es menos densa y más gruesa que la corteza oceánica. *Véase también* corteza oceánica.

CORTEZA OCEÁNICA Corteza terrestre situada bajo el mar. Es más fina y densa que la corteza continental. *Véase también* corteza continental.

COSTA ALTA Litoral en el que la tierra se ha elevado con respecto al nivel actual del mar. *Véase también* costa baja.

COSTA BAJA Litoral en el que la superficie de tierra ha quedado más baja que el nivel actual del mar. *Véase también* costa alta, costa emergente.

COSTA DE EROSIÓN Litoral que el mar erosiona gradual y continuamente.

COSTA EMERGENTE *Véase* costa alta.

COSTA SUMERGIDA *Véase* costa baja.

CRIPSIS Características o comportamientos que ayudan a un animal a no ser detectado, como, por ejemplo, vivir en hábitats ocultos, usar algún tipo de camuflaje y tener actividad nocturna.

CROMATÓFORO Célula o grupo de células animales que contiene pigmentos. Cada tipo de cromatóforo da un color diferente. Los animales con cromatóforos pueden modificar la distribución de pigmentos en las células individuales y, así, alterar su aspecto. *Véase también* cianóforo, iridóforo.

CRUSTÁCEOS Subfilo de artrópodos al que pertenecen los cangrejos, las langostas, los camarones, los percebes y los copépodos.

CTENÓFOROS Filo de animales carnívoros flotantes, parecidos a las medusas.

CUENCA OCEÁNICA Región ocupada por un océano profundo o parte de él, que está formada por un fondo de corteza oceánica rodeada por aguas menos profundas o por tierra.

DEPREDADOR Animal que captura y come otros animales.

DERIVA Flujo de agua superficial a gran escala que es más ancho y más lento que una corriente.

DERIVA LITORAL Proceso por el que los sedimentos son transportados a lo largo de la línea de costa como resultado de que las olas del mar rompen haciendo ángulo oblicuo con la costa.

DESOVE Masa de huevos liberados por muchos animales marinos. El mismo nombre recibe el hecho de liberar esas masas, que también se denomina freza.

DETRITÍVORO Animal cuyo alimento consiste en pequeños fragmentos de materia orgánica muerta (detritos).

DIATOMEAS Grupo de algas microscópicas unicelulares que presentan una cubierta protectora como una caja y con ornamentos. La mayoría de ellas son fotosintetizadoras, y forman parte del plancton que vive cerca de la superficie del agua, donde participan en muchas cadenas tróficas. *Véase también* fitoplancton, fotosíntesis, plancton.

DINOFLAGELADOS Grupo de organismos microscópicos unicelulares con dos flagelos, que los ayudan a moverse. Muchos de ellos son fotosintetizadores y forman parte del plancton que vive cerca de la superficie. *Véase también* flagelo, fotosíntesis, plancton.

DORSAL Relativo al lado superior o al dorso de un animal. *Véase también* ventral.

DORSAL OCEÁNICA Cordillera submarina que recorre el fondo del mar y en la que se forma nueva corteza oceánica.

DUNA Acumulación de arena formada por la acción de los vientos que soplan hacia tierra firme.

ECOLOCALIZACIÓN Método de detección y localización de objetos que utilizan los delfines y otros animales. Se emiten ondas sonoras cuyo eco se recoge e interpreta. *Véase también* melón.

ECTOPARÁSITO Parásito que vive sobre el cuerpo de otro organismo. *Véase también* parásito.

ENDOESQUELETO Esqueleto que está dentro del cuerpo y no por fuera; lo son el de los vertebrados y el de los equinodermos.

ENDOPARÁSITO Parásito que vive dentro del cuerpo de otro organismo. *Véase también* parásito.

EPITELIO Capa de células vivas de la superficie del cuerpo de un animal o de un órgano interno.

EQUINODERMOS Filo de invertebrados marinos al que pertenecen las estrellas de mar, los erizos de mar, los pepinos de mar y sus parientes. Estos animales presentan pies ambulacrales, con los que algunos se desplazan como si caminaran. *Véase también* pie ambulacral.

ESCAMA Estructura protectora, a menudo dispuesta en superposición con las contiguas, propia de la piel de los peces, los reptiles y algunos invertebrados.

ESPECIE Categoría taxonómica que designa un tipo particular de ser vivo, como el oso polar o el pingüino emperador. Si una especie tiene reproducción sexual, se puede definir como el conjunto de individuos capaces de reproducirse entre sí y producir descendencia fértil. En la secuencia de categorías, una especie forma parte de un género y se puede subdividir en subespecies. *Véase también* género.

ESPÍCULA Pequeña unidad esquelética del cuerpo de muchas esponjas y algunos cnidarios. Las espículas tienen muchas formas y tamaños, y son determinantes en la clasificación de las esponjas.

ESPIRÁCULO En las rayas (peces), abertura detrás de cada ojo por la que entra el agua a las branquias. En las ballenas y sus parientes (cetáceos), fosas nasales ubicadas en la parte superior de la cabeza; según las especies, hay uno o dos. (En los insectos, orificio respiratorio.)

ESPONJAS Taxón de animales de cuerpo simple y movimiento lento que se alimentan filtrando partículas del agua.

ESTENOHALINO Ser vivo cuya tolerancia a la sal solo abarca un rango pequeño. *Véase también* eurihalino, salinidad.

EURIHALINO Ser vivo capaz de sobrevivir en aguas de un amplio rango de salinidad. *Véase también* estenohalino, salinidad.

EXOESQUELETO Esqueleto en el exterior del cuerpo, como el de los artrópodos.

FAMILIA Categoría taxonómica usada en la clasificación de los seres vivos. En la secuencia de categorías, una familia forma parte de un orden y se subdivide en géneros. *Véase también* género, orden.

FANERÓGAMA MARINA Planta herbácea del orden alismatales que se ha adaptado a vivir en el mar. A diferencia de las algas, son plantas verdaderas.

FECUNDACIÓN EXTERNA Fecundación en la que el óvulo y el esperma se combinan fuera del cuerpo, normalmente en el agua. *Véase también* fecundación interna.

FECUNDACIÓN INTERNA Fecundación en la que los óvulos y los espermatozoides se encuentran y se fusionan dentro del cuerpo de un animal. *Véase también* fecundación externa.

FILO Categoría de la clasificación biológica que está por encima de la clase y por debajo del reino. Ejemplos de filos son los cnidarios, los moluscos, los artrópodos y los cordados. *Véase también* clase, reino.

FILTRADOR Animal que se alimenta reteniendo pequeñas partículas de comida capturadas en su entorno; en el caso de las ballenas, a través de las barbas. Los filtradores son un tipo de suspensívoros. *Véase también* barba de ballena, suspensívoro.

FIORDO Entrada del mar que estuvo ocupada en su día por un glaciar. Suele ser profundo y de laderas escarpadas, que van bajando hacia la desembocadura. *Véase también* glaciar.

FITOPLANCTON Conjunto de organismos planctónicos que fotosintetizan. Lo constituyen, principalmente, algas microscópicas y cianobacterias. *Véase también* alga, cianobacterias, plancton.

FLAGELO Estructura microscópica en forma de látigo utilizada por algunos organismos unicelulares, como los dinoflagelados, para desplazarse. *Véase también* dinoflagelados.

FORAMINÍFEROS Organismos unicelulares protistas que viven principalmente en el fondo del mar, protegidos por un caparazón calcáreo, y que se alimentan de otros pequeños organismos. *Véase también* protistas.

FOSA OCEÁNICA Abismo enorme que se forma en el fondo marino allí donde el océano es más profundo y una placa tectónica se desliza bajo otra con la que limita. La más profunda es la fosa de las Marianas, ubicada en el océano Pacífico. *Véase también* subducción.

FOTÓFORO Órgano productor de luz que se encuentra en algunos peces, algunos cefalópodos y otros animales. Los fotóforos complejos pueden presentar lentes y filtros de color. *Véase también* bioluminiscencia.

FOTOSÍNTESIS Proceso por el que las plantas, las algas y las cianobacterias utilizan la energía del sol para convertir el agua y el dióxido de carbono en glúcidos, como primer paso para construir su estructura corporal y para proporcionar la energía necesaria en los procesos celulares. *Véase también* quimiosíntesis.

FREZA *Véase* desove.

FRONDA Estructura plana, similar a una hoja, propia de muchas algas marinas. A diferencia de las hojas de las plantas terrestres, las frondas de las algas no contienen vasos de transporte especializados para intercambiar materiales con el resto del organismo.

FUMAROLA NEGRA Respiradero hidrotermal en el que el agua caliente se oscurece por los minerales sulfurados. *Véase también* respiradero hidrotermal.

GALLETA DE HIELO Fase de la formación de la banquisa en aguas turbulentas en la que hay placas separadas. Las piezas de la galleta de hielo tienen los bordes elevados y redondeados como resultado de la colisión con otras piezas. *Véase también* banquisa.

GASTERÓPODOS Clase de moluscos, la mayor de ellas, que comprende todos los caracoles y las babosas.

GÉNERO Categoría taxonómica usada en la clasificación de los seres vivos. En la secuencia de categorías, un género forma parte de una familia y se subdivide en especies. El nombre científico de una especie consta de dos palabras: el nombre de género y el epíteto de especie. Por ejemplo, *Ursus maritimus*, el oso polar, es una especie del género *Ursus*, que además, tiene otras especies de oso. *Véase también* especie, familia.

GIRO OCEÁNICO Sistema de corrientes oceánicas que circulan alrededor de un punto central. Hay cinco grandes giros oceánicos.

GLACIAR Río de hielo que desciende lentamente desde un casquete de hielo o una región montañosa.

GLACIS CONTINENTAL Región donde el fondo marino profundo comienza a hacerse menos profundo en el borde del margen continental.

GUYOT Monte submarino con la parte superior plana. *Véase también* monte marino.

HERMAFRODITA Animal que puede actuar como macho y como hembra. Un hermafrodita simultáneo es macho y hembra al mismo tiempo, mientras que un hermafrodita secuencial cambia de un sexo a otro, ya sea una vez o repetidamente. *Véase también* protandria, protoginia.

HIDROZOOS Clase de cnidarios, principalmente coloniales, entre los que están los sifonóforos y algunas medusas pequeñas. *Véase también* cnidarios, medusas, sifonóforos.

HIELO FRAZIL Hielo que se forma en el agua fría y está formado por miles de cristales diminutos. Es una etapa temprana en el desarrollo del hielo marino y, en aguas turbulentas, puede formar galletas de hielo. *Véase también* banquisa, galleta de hielo.

HIELO MARINO *Véase* banquisa.

HUÉSPED Cualquier organismo del que se alimenta regularmente un parásito.

HUNDIMIENTO Convergencia del agua de la superficie hacia abajo. El hundimiento a gran escala en determinadas regiones da lugar a la circulación termohalina. *Véase también* afloramiento, circulación termohalina.

INDLANDSIS Extensión muy grande de hielo (más de 50 000 km²) que cubre de manera prolongada la superficie continental en regiones polares, como en la Antártida o Groenlandia.

INTERMAREAL *Véase* zona intermareal.

INVERTEBRADOS Animales sin columna vertebral, como los tunicados y los artrópodos. *Véase también* vertebrados.

IRIDÓFORO Tipo de cromatóforo reflectante o iridiscente. *Véase también* cromatóforo.

ISÓPODOS Orden de crustáceos pequeños entre los que están las cochinillas y muchas especies marinas.

KRILL Conjunto de crustáceos planctónicos parecidos a las gambas que forman una parte importante de las redes tróficas marinas, especialmente en el océano Antártico. Constituyen el orden eufausiáceos. *Véase también* plancton.

LARVA Fase juvenil de un animal, en la que su estructura es muy diferente a la de un adulto.

LÍMITE DE PLACA Frontera entre dos placas tectónicas. El límite constructivo (o divergente) es aquel en el que dos placas se separan y dejan que afloren nuevas rocas fundidas, como en las dorsales oceánicas. En un límite

destructivo (convergente), se juntan dos placas, y a menudo una se desliza bajo la otra. *Véase también* subducción.

LÍNEA LATERAL Sistema sensorial que recorre ambos costados del cuerpo en los peces y algunos otros vertebrados acuáticos. Detecta el movimiento y los cambios de presión en el agua circundante, por lo que sirve para notar la presencia de presas y depredadores.

LIQUEN Organismo en el que se combinan un hongo y un alga en simbiosis. Aunque son esencialmente terrestres, algunos toleran las salpicaduras del mar y prosperan en los puntos más altos de las costas rocosas.

MACROALGA Alga relativamente grande, fotosintetizadora y de aspecto parecido al de las plantas.

MAMÍFEROS Clase de vertebrados de sangre caliente que dan a luz a crías vivas (con algunas excepciones) y las alimentan con leche producida por la hembra. Las focas, los delfines, las ballenas, los manatíes y las nutrias marinas son mamíferos marinos.

MANDÍBULA Parte inferior de la quijada de los vertebrados. También se aplica a las piezas bucales mordedoras o trituradoras de muchos artrópodos. *Véase también* artrópodos.

MANGLE Árbol que tolera la sal y cuyas raíces están, por lo general, cubiertas por agua marina. Crece en zonas intermareales protegidas de las regiones cálidas del planeta. El ecosistema formado por estos árboles es el manglar.

MANTO Cubierta carnosa en el exterior del cuerpo de los moluscos y los braquiópodos segregada por la concha. El mismo nombre designa la capa rocosa de la Tierra entre la corteza y el núcleo.

MAR Palabra que se refiere al océano de forma genérica. Además, designa una región relativamente pequeña,

a menudo menos profunda, de un océano, parcialmente delimitada por tierra, como el mar del Norte o el mar Mediterráneo.

MAREA Variación regular de la altura de la superficie del mar en un punto determinado, causada por la atracción gravitatoria de la Luna y del Sol combinada con la rotación de la Tierra. En las regiones costeras, da lugar a movimientos horizontales del agua.

MARGEN CONTINENTAL Región del fondo marino que rodea un continente. Comprende la plataforma continental, el talud continental y el glacis continental.

MARISMA Ecosistema que se desarrolla en la zona intermareal superior de las costas resguardadas y de sedimento blando, sobre todo en climas fríos y templados, y en el que predomina una comunidad de pequeñas plantas terrestres tolerantes a la salinidad. En los trópicos, los manglares ocupan medios similares. *Véase también* mangle, zona intermareal.

MEDUSAS Miembros de la clase de cnidarios escifozoos, cuyos adultos flotan a la deriva o se impulsan lentamente en el agua. Someten a las presas usando sus células urticantes. Las muy tóxicas cubomedusas son una clase distinta pero relacionada. También se consideran medusas los pequeños hidrozoos que tienen esa forma. Además, se designa con ese nombre la forma corporal flotante de los cnidarios con forma de paraguas o de plato, que tienen una boca central en la parte inferior y tentáculos; esa forma está fijada al sustrato y suele alternar con el pólipo. *Véase también* cnidarios, hidrozoos, pólipo.

METAMORFOSIS Reordenación importante de las estructuras corporales que se produce durante el desarrollo de algunos animales.

MÍMESIS Similitud extrema entre un animal y otra cosa, como otro animal o una planta, gracias a la cual se consigue

engañar a depredadores y presas. *Véase también* camuflaje, cripsis.

MOLUSCOS Filo de animales invertebrados, de cuerpo blando cubierto, en la mayoría de ellos, por un caparazón duro. Forman este grupo los gasterópodos, los bivalvos y los cefalópodos.

MONTE MARINO Montaña submarina, generalmente formada por actividad volcánica. *Véase también* guyot.

MUTUALISMO Asociación entre individuos de dos especies animales en la que ambos se benefician; por ejemplo, la asociación que se establece entre los camarones limpiadores y las morenas. *Véase también* simbiosis.

NECTON Organismos que viven en aguas abiertas y nadan con la suficiente fuerza como para desplazarse y elegir la dirección, en vez de estar a merced de las corrientes. *Véase también* plancton.

NEMATOCISTO Célula urticante de un cnidario. Actúa como un pequeño arpón y suele estar cargada de sustancias tóxicas. *Véase también* cnidarios.

NEUMATÓFORO Parte de la raíz de los mangles que queda por encima del suelo y puede absorber aire. En los sifonóforos, como la carabela portuguesa, vesícula llena de gas que proporciona flotabilidad. *Véase también* sifonóforos.

NEUROMASTO Pequeña estructura sensorial que forma parte de la línea lateral, en los vertebrados acuáticos. *Véase también* línea lateral.

NOTOCORDA Cordón rígido que recorre a lo largo el cuerpo de los animales cordados. En la mayoría de los vertebrados es sustituida por la columna vertebral al principio del desarrollo embrionario. *Véase también* cordados.

NUTRIENTES Sustancias químicas, especialmente sales de elementos como el nitrógeno, el fósforo y el hierro, que son esenciales para el crecimiento de los seres vivos.

OCÉANO Cada una de las masas de agua salada que cubren, entre todas, casi el 70 % de la superficie del planeta Tierra. Son los océanos Atlántico, Pacífico, Índico, Ártico y Antártico; como todos están conectados, a veces también se habla del océano Mundial.

OJO COMPUESTO Ojo que está dividido en compartimentos separados, cada uno con su propio juego de lentes. Son una característica común a todos los artrópodos. *Véase también* ommatidio.

OMMATIDIO Cada uno de los ojos individuales que forman un ojo compuesto. *Véase también* ojo compuesto.

OPÉRCULO Cubierta externa y dura de las branquias de un pez óseo. También se puede referir a un disco córneo que sella la abertura de la concha de un caracol cuando el animal mete todo el cuerpo en el interior.

OPISTOSOMA Parte posterior del cuerpo de los quelicerados, como el cangrejo herradura o las arañas. *Véase también* abdomen, prosoma.

ORDEN Categoría taxonómica usada en la clasificación de los seres vivos. En la secuencia de categorías, un orden forma parte de una clase y se subdivide en familias. *Véase también* clase, familia.

OSÍCULOS Pequeñas unidades calcáreas que al unirse forman el esqueleto de un equinodermo.

PALPO En los artrópodos y otros invertebrados, estructura articulada que se ubica en número par cerca de la boca, por lo general con función sensorial. En los bivalvos, son un par de estructuras carnosas cercanas a la boca.

PARÁSITO Organismo que vive sobre otro organismo o dentro de él, del que se alimenta durante un largo periodo, causándole perjuicio. *Véase también* ectoparásito, endoparásito.

PECES CARTILAGINOSOS Clase de peces cuyo esqueleto está hecho de cartílago (no de hueso). A ella pertenecen los tiburones, las rayas y las quimeras.

PECES ÓSEOS Clase de peces que los incluye todos excepto los peces bruja (mixinos), las lampreas y los tiburones y sus parientes. Tienen un esqueleto interno de hueso (salvo algunas excepciones). *Véase también* peces cartilaginosos.

PERCEBE Crustáceo marino que se alimenta por filtración, con el cuerpo protegido por placas calcáreas y que vive adherido a superficies sólidas.

PICO Mandíbula cornea y sin dientes de los pájaros, las tortugas y los cefalópodos.

PIE AMBULACRAL Podio de los equinodermos, sobre todo cuando tiene el extremo con ventosa y sirve para caminar o agarrarse. *Véase también* sistema vascular acuífero.

PINZA Garra o estructura similar con la que los animales agarran, atacan y se defienden.

PLANCTON Organismos que flotan a la deriva en mar abierto y son arrastrados por las corrientes. *Véase también* necton.

PLATAFORMA CONTINENTAL Fondo marino relativamente plano y poco profundo que rodea un continente y es geológicamente parte de él.

PLATAFORMA DE HIELO Extensión de un indlandsis o de un glaciar que flota en el mar y está unida a tierra.

PODIO Pequeña estructura de funcionamiento hidráulico propia de los equinodermos, que lo usan para respirar o desplazarse; en este caso suele tener ventosas en la punta, y se denomina pie ambulacral. *Véase también* pie ambulacral, sistema vascular acuífero.

PÓLIPO Una de las dos formas que presentan los cnidarios. Tiene forma de copa con una boca en la superficie superior rodeada de tentáculos. La anémona de mar es un pólipo. *Véase también* cnidarios, medusas.

PREDADOR *Véase* depredador.

PRESA Animal que es alimento de un depredador (o más de uno) en la estructura de una red trófica.

PROSOMA Parte anterior del cuerpo de los quelicerados, como el cangrejo herradura o las arañas. *Véase también* cefalotórax, opistosoma.

PROTANDRIA Forma de hermafroditismo en la que un organismo es primero macho y luego hembra. *Véase también* hermafrodita, protoginia.

PROTISTAS Categoría amplia que abarca los organismos que no se consideran ni animales ni plantas ni hongos. La mayoría son microscópicos, aunque se suelen incluir las algas. Todos los protistas tienen células con núcleo, por lo que las cianobacterias no se pueden considerar protistas. *Véase también* cianobacterias, foraminíferos.

PROTOGINIA Forma de hermafroditismo en la que un organismo es primero hembra y luego macho. *Véase también* hermafrodita, protandria.

QUELA Pinza, en particular las de los artrópodos, como los cangrejos. Una pata en forma de quela es una pata que acaba en una pinza.

QUERATINA Proteína resistente que constituye las garras, las uñas y el pelo.

QUIMIOSÍNTESIS Proceso mediante el que un organismo utiliza la energía almacenada en sustancias químicas simples como el sulfuro de hidrógeno o el metano. Se diferencia de la fotosíntesis, cuya fuente de energía es la luz solar. Muchas bacterias pueden hacer quimiosíntesis, especialmente las que viven alrededor de respiraderos hidrotermales. *Véase también* fotosíntesis, respiradero hidrotermal.

QUITINA Glúcido que contiene nitrógeno y forma partes del esqueleto de algunos animales, como el exoesqueleto de los artrópodos. Por lo general, está mezclada con otros materiales que aumentan su dureza y resistencia. *Véase también* exoesqueleto.

RADIOLARIOS Grupo de organismos unicelulares que forman parte del plancton. Actúan como pequeños animales y se alimentan de otras pequeñas formas de vida. Tienen esqueleto de sílice, y la mayoría son de forma esférica.

RÁDULA Órgano raspador que se encuentra en la boca de muchos moluscos y que está formado por dientes córneos.

RAÍZ AÉREA Raíz que crece desde un punto por encima del suelo o que llega a estar en esa zona, como ocurre en muchos mangles. *Véase también* mangle.

REBALAJE Movimiento de agua batida en la costa después de que rompa una ola.

REFRACCIÓN Cambio de dirección de las ondas, entre ellas las de luz, cuando pasan de un medio a otro, y también de las olas de agua cuando llegan a zonas poco profundas.

REINO Categoría más alta en la clasificación biológica tradicional.

REPRODUCCIÓN ASEXUAL Forma de reproducción en la que no se unen dos células sexuales, sino que solo participa un organismo. Un ejemplo es la gemación de nuevos individuos a partir de un progenitor, que se da en algunos invertebrados marinos, como los corales.

REPRODUCCIÓN SEXUAL Reproducción que implica la fusión de dos células sexuales (normalmente, un óvulo y un espermatozoide), a la que sigue el desarrollo de un nuevo individuo a partir del óvulo fecundado. *Véase también* reproducción asexual.

RESACA Flujo de agua que vuelve al mar después de que rompa una ola. *Véase también* rebalaje.

RESPIRADERO HIDROTERMAL Fisura en una zona volcánicamente activa del fondo marino por la que el agua rica en sustancias químicas sale de la roca a altas temperaturas.

RIZOIDE Estructura que sujeta un alga al sustrato. Como no absorbe sustancias, no es una verdadera raíz, sino solo un órgano de sujeción.

RIZOMA Tallo horizontal subterráneo de una planta.

RIZOSFERA Región del suelo o del sustrato que rodea a una raíz y que está influida por sus actividades y su metabolismo.

ROMPEOLAS Estructura larga y sólida construida en el mar para proteger un puerto de las agresivas condiciones oceánicas.

SALINIDAD Concentración de sal en el agua.

SALPA Tunicado colonial que flota y se alimenta de fitoplancton. *Véase también* fitoplancton, tunicados.

SEDIMENTO Partículas transportadas por el agua que se depositan por la fuerza de la gravedad. La arena, el limo y el lodo constituyen el sedimento.

SIFÓN Estructura tubular que aspira o expulsa agua. Los moluscos bivalvos y los tunicados tienen un par de sifones, que utilizan para alimentarse por filtración y para obtener oxígeno del agua.

SIFONÓFOROS Orden de hidrozoos coloniales que flotan y se parecen a las medusas, entre los que se encuentra la carabela portuguesa. *Véase también* hidrozoos, medusas.

SIMBIOSIS Asociación estrecha entre dos organismos. Cuando es mutuamente beneficiosa, se denomina mutualismo. *Véase también* mutualismo.

SIMETRÍA BILATERAL Forma de simetría corporal que consiste en presentar un lado derecho y otro izquierdo, cabeza y cola. *Véase también* simetría radial.

SIMETRÍA RADIAL Tipo de simetría caracterizada por la forma de estrella, en oposición a la simetría bilateral, que muestra dos lados: el derecho y el izquierdo. Presentan simetría radial algunos animales marinos, como las anémonas, las estrellas de mar y los erizos de mar. *Véase también* simetría bilateral.

SISTEMA VASCULAR ACUÍFERO Sistema hidráulico de los equinodermos que hace funcionar sus pies ambulacrales. *Véase también* pie ambulacral, podio.

SUBDUCCIÓN Proceso en el que la corteza oceánica de una placa tectónica se desliza bajo el borde de otra placa. *Véase también* corteza oceánica, fosa oceánica, tectónica de placas.

SUBMAREAL Por debajo del nivel de la bajamar en una costa.

SUSPENSÍVORO Animal que se alimenta atrapando pequeñas partículas de comida suspendidas en el agua. Los filtradores son un tipo de suspensívoros. *Véase también* filtrador.

TAGMA Cada una de las secciones en que se divide el cuerpo de los artrópodos y de algunos gusanos segmentados.

TALUD CONTINENTAL Fondo marino inclinado que va desde el borde de la plataforma continental hasta el glacis continental.

TECTÓNICA DE PLACAS Conjunto de procesos relacionados con el movimiento y la colisión de las placas tectónicas en que se dividen la corteza y el manto superior de la Tierra. *Véase también* dorsal oceánica, subducción.

TEJIDO Conjunto de células de un tipo determinado, como el tejido nervioso o el tejido muscular. Cada órgano está formado por diferentes tipos de tejidos combinados entre sí.

TELSON Parte posterior de un artrópodo. En los crustáceos, como las langostas y algunos cangrejos, forma la parte central del abanico de la cola.

TENTÁCULO Estructura alargada y blanda con la que el animal captura alimento o se defiende y ataca. Muchos invertebrados marinos tienen varios tentáculos.

TERMOCLINA En el mar, capa de agua situada a una profundidad determinada y en la que la temperatura media cambia rápidamente con la profundidad. La termoclina también se forma en lagos.

TÓRAX Región del pecho de los vertebrados. También es la región central del cuerpo de los artrópodos.

TSUNAMI Ola marina de gran tamaño y movimiento rápido generada por un terremoto submarino o un gran deslizamiento de tierras costero.

TUNICADOS Taxón de animales invertebrados emparentados con los vertebrados; entre ellos se encuentran las ascidias y las salpas. *Véase también* cordados.

VALVA Cada una de las dos conchas articuladas de un molusco bivalvo.

VEJIGA NATATORIA Estructura llena de gas propia de la mayoría de los peces óseos y que regula la flotabilidad del pez y lo estabiliza en la columna de agua.

VENTOSA Estructura con la que un animal se adhiere a una superficie.

VENTRAL Relativo a la parte delantera o inferior de un animal. *Véase también* dorsal, invertebrados.

VERTEBRADOS Animales con columna vertebral. Forman un subfilo de los cordados, que está constituido por los peces, los anfibios, los reptiles, las aves y los mamíferos. *Véase también* cordados.

VIBRISAS Pelos rígidos, largos y táctiles de gran número de mamíferos y que transmiten información sensorial; pueden estar en distintas partes de la cabeza, y especialmente sobre los labios, a modo de bigotes, como en la foca. *Véase también* bigote.

VISIÓN BINOCULAR Tipo de visión en la que los objetos se ven simultáneamente con los dos ojos, lo que permite percibir profundidad y distancia.

ZONA HADAL Zona más profunda del océano, por debajo de 6000 m, que solo existe en las fosas oceánicas. *Véase también* abisal.

ZONA INTERMAREAL parte de la costa entre el punto que alcanza la pleamar y aquel en el que queda el agua en la bajamar.

ZOOIDE Individuo de un animal invertebrado colonial que está conectado físicamente por hilos de tejido a otros individuos. El término se utiliza en relación con los briozoos y los tunicados, pero no con los cnidarios.

ZOOPLANCTON Animales y organismos similares a los animales que viven en el plancton. *Véase también* plancton, protistas.

ZOOXANTELA Dinoflagelado simbiótico que vive en el cuerpo de muchos corales y de algunos otros animales, y que produce nutrientes para ellos mediante la fotosíntesis. *Véase también* dinoflagelados.

índice

agradecimientos

DK desea expresar su agradecimiento a: Derek Harvey por su ayuda en la planificación de la obra, su asesoramiento en las sesiones fotográficas y sus comentarios sobre los textos y las imágenes; Rob Houston por su colaboración en la organización de los contenidos del proyecto; Trudy Brannan y Colin Ziegler, del Natural History Museum (Londres), por su apoyo editorial; Barry Allday, Ping Low, Peter Mundy y James Nutt, del Goldfish Bowl (Oxford), por su apoyo en las sesiones fotográficas; Steve Crozier por el retoque fotográfico; Rizwan Mohd por el procesamiento de las imágenes en alta resolución; Katie John por la revisión, y Helen Peters por la elaboración del índice.

DK también desea expresar su gratitud a las siguientes personas:

Diseño de cubierta sénior:
Suhita Dharamjit

Maquetación sénior:
Harish Aggarwal

Coordinación editorial de cubiertas:
Priyanka Sharma

Dirección editorial de cubiertas:
Saloni Singh

Paul Starosta / Stone. **121 Getty Images:** Jay Fleming / Corbis Documentary (cdb). **122-123 Dreamstime.com:** Jeneses Imre. **124 Science Photo Library:** Alexander Semenov. **125 Alamy Stock Photo:** Wolfgang Pölzer (cdb); World History Archive (cia); Stocktrek Images, Inc. / Brook Peterson (cd). **128-129 Tom Shlesinger. 128 New World Publications Inc:** Ned DeLoach (sd). **131 Alamy Stock Photo:** Florilegius (cda). **132-133 BioQuest Studios. 132 Science Photo Library:** Alexander Semenov (si). **134 123RF.com:** Ten Theeralerttham / Rawangtak (cd). **Getty Images:** Auscape / Universal Images Group (sc). **naturepl.com:** Alex Mustard (sd). **Alexander Semenov:** (c). **135 Alamy Stock Photo:** John Anderson (sc). **Getty Images:** Wild Horizon / Universal Images Group (sd). **naturepl.com:** Georgette Douwma (ci); Norbert Wu (si); Jurgen Freund (c); David Shale (cd); Georgette Douwma (ecd). **Bo Pardau:** (esd). **136-137 Alamy Stock Photo:** Pete Niesen. **136 Getty Images:** Oxford Scientific (sc). **138 Science Photo Library:** Andrew J. Martinez (si). **140-141 Yen-Yi Lee, Taiwan. 142-143 BioQuest Studios. 144-145 Maurizio Angelo Pasi. 145 Alamy Stock Photo:** Nature Photographers Ltd / Paul R. Sterry (sd). **146-147 Getty Images:** BigBlueFun / 500px. **147 Kunstformen der Natur by Ernst Haeckel:** (sc). **148 Alamy Stock Photo:** Blickwinkel / W. Layer (si). **148-149 Nat Geo Image Collection:** David Doubilet. **150-151 Alamy Stock Photo:** David Fleetham. **151 Salty Black Photography by Ernie Black:** (sd). **152 Alamy Stock Photo:** Agefotostock. **153 123RF.com:** Antonio Abrignani (sd). **Kunstformen der Natur de Ernst Haeckel. 154 Alamy Stock Photo:** Reinhard Dirscherl (sd). **155 Image from the Biodiversity Heritage Library:** Atlas Ichthyologique Des Indes Orientales Néêrlandaises : Publié Sous Les Auspices Du Gouvernement Colonial Néêrlandais (sc). **158-159 © Arthur Anker. 158 Alamy Stock Photo:** Stephen Frink Collection (bd).

162 Dreamstime.com: Isselee (cib); Isselee (bc, cdb). **163 Dreamstime. com:** Izanbar. **164 Getty Images:** DEA / N. Cirani / De Agostini. **165 Alamy Stock Photo:** Heritage Image Partnership Ltd / Werner Forman Archive / Art Gallery of New South Wales, Sydney (si); Heritage Image Partnership Ltd / Werner Forman Archive / Private Collection, Prague (ci). **167 Getty Images:** Giordano Cipriani / The Image Bank (cdb). **168-169 Dreamstime.com:** Isselee. **168 Getty Images:** Hal Beral / Corbis (sd). **169 Dreamstime.com:** Isselee (b). **170 Alamy Stock Photo:** Jane Gould (bi). **174 iStockphoto. com:** Marrio31 (cd). **Minden Pictures:** Becca Saunders (si). **Nat Geo Image Collection:** Joel Sartore - National Geographic Photo Ark (sd). **naturepl.com:** Georgette Douwma (ci); Alex Mustard (sc); Alex Mustard (c); Georgette Douwma (bi); Linda Pitkin (bd). **175 Alamy Stock Photo:** Reinhard Dirscherl (ci); Andrey Nekrasov (bi). **naturepl.com:** Fred Bavendam (c); Alex Mustard (si). **176-177 Alamy Stock Photo:** Blue Planet Archive. **176 Getty Images:** Michael Aw / Stockbyte (bc). **177 Getty Images:** Giordano Cipriani / The Image Bank (sd). **180 Getty Images:** DEA / Archivio J. Lange / De Agostini. **181 Alamy Stock Photo:** Azoor Travel Photo (sd); The History Collection (ci). **182-183 François Libert | flickr.com/ photos/zsispeo/:** (b). **182 Alamy Stock Photo:** David Fleetham (s). **183 Alamy Stock Photo:** David Fleetham (sd). **184-185 iStockphoto.com:** Ilbusca. **186-187 Getty Images:** Aukid Phumsirichat / EyeEm. **187 Alamy Stock Photo:** NZ Collection (bc). **188-189 Getty Images:** Brent Durand / Moment. **189 Alamy Stock Photo:** Mauritius Images GmbH (bc). **190 Alamy Stock Photo:** The History Collection (sd). **190-191 Nat Geo Image Collection:** Cristina Mittermeier. **192 Science Photo Library:** Alexander Semenov (c). **193 Ocean Wise Conservation Association:** Neil Fisher / Vancouver Aquarium (bc). **Science Photo Library:** Alexander Semenov (s). **194**

Kunstformen der Natur de Ernst Haeckel. 195 Science Photo Library: Alexander Semenov (bc); Alexander Semenov (bd). **196-197 Rijksmuseum, Amsterdam:** Donación de Dissevelt-van Vloten. **197 Alamy Stock Photo:** The History Collection (sd). **199 Alamy Stock Photo:** Nature Picture Library / Richard Robinson (sd). **200-201 BioQuest Studios. 201 Dr. Karen Osborn:** (sd). **202-203 David Moynahan. 202 Alamy Stock Photo:** David Fleetham (c). **204 Ramiro Gonzalez:** (bc). **204-205 Todd Aki / https://www.flickr. com/photos/90966819@N00/ albums. 205 Alamy Stock Photo:** StellaPhotography (sc). **Science Photo Library:** Power And Syred (sd). **206-207 ESA:** NASA / A.Gerst. **208-209 Science Photo Library:** Alexander Semenov (s); Alexander Semenov (c). **208 Getty Images:** Wild Horizon / Universal Images Group (bd). **210 Alamy Stock Photo:** Stocktrek Images, Inc. / Ethan Daniels (ebD). **naturepl.com:** Alex Mustard (c, cd, ecd, bc, bd). **211 Alamy Stock Photo:** Nature Picture Library / Franco Banfi (cd). **Getty Images:** Antonio Camacho / Moment Open (ci). **naturepl.com:** Franco Banfi (bc); Alex Mustard (c); Solvin Zankl (bi); Norbert Wu (bd). **Alexander Semenov:** (s). **212 Alamy Stock Photo:** Blickwinkel (si). **212-213 Getty Images:** Maarten Wouters / Stone. **215 Alamy Stock Photo:** Brandon Cole Marine Photography (bc). **216-217 Getty Images:** Fine Art / Corbis Historical. **217 Alamy Stock Photo:** Antiquarian Images (sc). **220-221 Alexander Semenov. 221 naturepl.com:** Sue Daly (sc). **222 Alamy Stock Photo:** Pulsar Imagens (sd); WaterFrame (cd). **iStockphoto.com:** Searsie (bc). **Museums Victoria:** Chris Rowley / CC BY 4.0 (ci). **Nat Geo Image Collection:** Joel Sartore - National Geographic Photo Ark (bd). **naturepl. com:** Sue Daly (si); Georgette Douwma (sc); Visuals Unlimited (c); Lynn M. Stone (bi). **223 iStockphoto.com:** Tae208 (si). **naturepl.com:** Georgette Douwma (bd); Norbert Wu (ci); David

Shale (bi). **224 Alamy Stock Photo:** Panther Media GmbH / Jolanta Wajcicka (bc). **226-227 Edwar Herreno. 226 James Ferrara:** (b). **228-229 Jorge Cervera Hauser / Pelagic Fleet. 229 Dreamstime. com:** Sergey Uryadnikov (sc). **230-231 SuperStock:** Minden Pictures. **232 Science Photo Library:** Alex Mustard / Nature Picture Library. **233 Alamy Stock Photo:** Imagebroker (bd); Andrey Nekrasov (cb). **naturepl. com:** Visuals Unlimited (cda). **234-235 Getty Images:** Yuichi Sahacha / 500Px Plus. **238-239 Davide Lopresti. 239 iStockphoto.com:** Clintscholz / E+ (sd). **240-241 Malcolm Thornton Photography. 240 Getty Images:** Wei Hao Ho / Moment (cib). **242 National Audubon Society:** (bc). **naturepl.com:** Alan Murphy / BIA (s); Tui De Roy (bd). **243 Alamy Stock Photo:** Paul Barnes. **244-245 Alamy Stock Photo:** Design Pics Inc / Tom Soucek (b). **245 Science Photo Library:** Thomas & Pat Leeson (sd). **246-247 Sheila Smart Photography. 247 iStockphoto. com:** Cinoby / E+ (bc). **248-249 Gabriel Barathieu:** underwater-landscape.com. **250-251 NASA:** Image By Norman Kuring, Nasa's Ocean Color Web. **252 Alamy Stock Photo:** Imagebroker (b). **252-253 naturepl. com:** Brandon Cole. **254-255 iStockphoto.com:** Bitter. **256-257 Science Photo Library:** Alexander Semenov. **256 NOAA:** Kevin Raskoff, Cal State Monterey / Hidden Ocean Expedition 2005 / NOAA / OAR / OER (ca). **258 Alamy Stock Photo:** Science History Images / Eric Grave (sc). **Science Photo Library:** Wim Van Egmond (si, ci, cd); Raul Gonzalez (sd); Marek Mis (c). **259 Alamy Stock Photo:** Scenics & Science (sd). **Jan van IJken Photography & Film:** (bd). **Science Photo Library:** Wim Van Egmond (si, sc, ci); Marek Mis (esi); M. I. Walker (eci). **260-261 Science Photo Library:** Alexander Semenov. **261 Alamy Stock Photo:** Nature Photographers Ltd / Paul R. Sterry (sd). **262 naturepl.com:** David Shale (cdb, ci). **262-263 naturepl.com:** David Fleetham. **263 Nat Geo Image Collection:** Emory Kristof (sd).